"十四五"职业教育国家规划教材

融媒体·特色教材

职业教育国家在线精品课程配套教材

# Altium Designer 16
# 印制电路板设计
# （项目化教程）

## 第二版

徐　敏　主　编

吴俏英　陈应华　副主编

刘恩华　主　审

U0387215

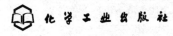

化学工业出版社

·北京·

## 内容简介

本书以 Altium Designer 16 为教学平台，以印制电路板（PCB）设计流程为主线，介绍了印制电路板设计的方法和技巧，内容主要包括电路原理图设计和 PCB 设计两大部分，设置了 8 个经典学习项目，项目设计上遵从学习者的认知规律，由浅入深，由简入繁，讲解透彻，实践性强，让读者一步一个脚印，在完成若干个项目的过程中逐步掌握相应的知识和技能。

本书配有丰富的 PCB 设计实操案例和讲解视频。为方便读者学习，所有项目均提供视频，读者通过扫描二维码可以随时随地学习。本书深入贯彻党的二十大精神与理念，落实立德树人根本任务，融入了中华优秀传统文化、对称美、工匠精神等课程思政元素，有利于实现"做中学、做中教、做中育"。

本书可作为高职高专电子信息类专业的教材，也可以作为从事电子产品设计与开发的工程技术人员学习 PCB 设计的参考书。

**图书在版编目（CIP）数据**

Altium Designer 16 印制电路板设计：项目化教程/
徐敏主编. —2 版. —北京：化学工业出版社，2022.1
（2024.9 重印）
"十三五"职业教育国家规划教材
ISBN 978-7-122-40728-3

Ⅰ.①A… Ⅱ.①徐… Ⅲ.①印刷电路-计算机辅助
设计-应用软件-高等职业教育-教材 Ⅳ.①TN410.2

中国版本图书馆 CIP 数据核字（2022）第 019301 号

责任编辑：葛瑞祎　王听讲　　　　　　　　装帧设计：刘丽华
责任校对：宋　夏

出版发行：化学工业出版社（北京市东城区青年湖南街 13 号　邮政编码 100011）
印　　装：三河市双峰印刷装订有限公司
787mm×1092mm　1/16　印张 18½　字数 490 千字　2024 年 9 月北京第 2 版第 6 次印刷

购书咨询：010-64518888　　　　　　　　售后服务：010-64518899
网　　址：http://www.cip.com.cn
凡购买本书，如有缺损质量问题，本社销售中心负责调换。

定　　价：59.00 元

　　本书为"十四五"职业教育国家规划教材，是"十三五"职业教育国家规划教材《Altium Designer 16 印制电路板设计（项目化教程）》的修订版。本书以 Altium Designer 16 为平台，Altium Designer 16 是 Altium 公司推出的 PCB 设计软件，是目前国内应用十分广泛的电子设计自动化软件。

　　本书是学习 Altium Designer 软件的入门教材，主要介绍 Altium Designer 软件的两个主要组成部分：电路原理图设计和 PCB 设计。本书以印制电路板设计流程为主线，介绍了印制电路板设计的方法和技巧，主要包括认识 Altium Designer 16、设计单管放大电路原理图、原理图元件的设计、设计单片机控制电路原理图、设计功率放大电路层次原理图、设计单管放大电路 PCB、设计 PCB 元件、设计流水灯 PCB 八个教学项目。项目设计上遵从学习者的认知规律，由浅入深，由简入繁，讲解透彻，实践性强，让读者一步一个脚印，在完成若干个项目的过程中逐步掌握相应的知识和技能，同时培养了工匠精神。

　　本书的主要特色及本次修订要点如下。

　　1. 在内容选取上，结合高职专业教学标准以及企业 PCB 设计岗位需求，同时考虑到学习者的可持续发展，以"必需、够用"为原则，突出常用功能和实际操作技能，部分设计案例和参数设置等内容以二维码形式呈现，拓展了学习内容，丰富了学习形式，更好地满足了不同读者的学习需求。总学时建议为 64 学时，有条件的院校建议安排一周的集中实践操作训练。

　　2. 以项目和任务为主体来设计教学内容，摒弃了传统教材完全按照知识体系结构的编写方式，以项目为载体，重构理论与实践知识，每个项目之间自然衔接，既相互独立又相互联系，层层递进。按照设计流程，以任务组织教材内容，重点讲解操作步骤和技巧，注重实操性，注重中华优秀传统文化、对称美、工匠精神等思政元素的融入，实现"做中学，做中教，做中育"，使读者能够更快地入门，由浅入深地掌握印制电路板设计的方法和技巧，润物细无声地提升职业素养。

　　3. 基于信息技术融入教学，打造互联网 + 新形态立体化教材。全书提供全部项目的视频资源，读者通过扫描二维码可以随时随地学习，同时在中国大学 MOOC 上春秋两季同步开设与教材配套的国家精品在线课程《电子产品 PCB 设计》，资源丰富，有利于减轻读者的压力，提高学习兴趣，让知识、技能更容易被接受。

本书由江苏信息职业技术学院徐敏担任主编，广东生态工程职业学院吴俏英和广州科技贸易职业学院陈应华担任副主编。具体编写分工如下：吴俏英担任项目 5 的编写与修订，陈应华和广东生态工程职业学院董炫良共同承担项目 8 的编写与修订，其余内容由徐敏编写、修订并统稿。本书在编写和修订过程中得到了江苏信息职业技术学院课程组陈洁、王恩亮、郑雪芳等老师，无锡矽鹏半导体检测有限公司周国成工程师，华勤技术股份有限公司徐前技术总监，江苏工匠、江苏省技能大师唐杰，以及化学工业出版社相关人员的大力支持，江苏信息职业技术学院刘恩华教授对本书进行了审阅，在此一并表示感谢！

由于作者水平有限，书中难免有不足之处，敬请读者批评指正！

编　者

# 目录

项目 3 原理图元件的设计 ⋯⋯⋯⋯⋯⋯⋯⋯⋯⋯⋯ 73

## 项目 6 设计单管放大电路 PCB ·················· 149

认识Altium Designer 16

**【知识目标】**
- 了解 Altium 的发展历史;
- 了解 Altium Designer 的优势及特点;
- 理解 PCB 设计的工作流程;
- 掌握 Altium Designer 16 的安装与授权;
- 熟悉 PCB 工程项目文件操作。

**【能力目标】**
- 会正确安装并授权软件;
- 熟练掌握软件的基本操作。

**【素质目标】**
- 养成良好的软件使用习惯;
- 养成严谨的工作作风;
- 认识到难与易的辩证统一,树立积极向上的人生态度。

**【导　　入】**

　　EDA (Electronic Design Automatic, 电子设计自动化) 技术是计算机在电子工程技术上的一项重要应用,是在电子线路 CAD 技术的基础上发展起来的计算机设计软件系统。它是计算机技术、信息技术和 CAM (计算机辅助制造)、CAT (计算机辅助测试) 等技术发展的产物。利用 EDA 工具,大量工作可以通过计算机完成,并可以将电子产品从电路设计、性能分析,到设计出印制板的整个过程在计算机上自动处理完成。目前比较流行的 EDA 软件有 Protel、OrCAD、Multisim、Zuken 等,其中 Protel 是国内最早使用和最为流行的。

认识Altium Designer
软件-项目概述

📝 读书笔记

## 任务 1. 1 Altium Designer 16 基础认识

Altium Designer
概述

### 1. 1. 1 Altium 的产生与发展

1998 年，Protel 公司推出了基于 Windows 95/NT 平台的 Protel 98，Protel 98 首次将 5 种核心 EDA 工具包括原理图输入、可编程逻辑器件（PLD）设计、仿真、板卡设计和自动布线集成于一体，并以其出众的自动布线能力获得了业内人士的一致好评。

1999 年，Protel 公司又推出了新一代的电子线路设计系统——Protel 99。它既有原理图逻辑功能验证的混合信号仿真，又有 PCB 信号完整性分析的板级仿真，构成了从电路设计到真实板分析的完整体系。进入 21 世纪，Protel 公司整合了数家电路设计软件公司，正式更名为 Altium。

2002 年，Altium 公司推出了 Protel DXP，其中集成了更多工具，使用更方便，功能更强大。

2004 年，Altium 公司推出了 Protel DXP 2004 SP2，大大提高了布线的成功率和准确率，并全面支持 FPGA（现场可编程门阵列）设计技术。

2005 年年底，Altium 公司推出了 Protel 系列的高版本 Altium Designer，它是完全一体化电子产品开发系统的新版本。Altium Designer 是业界首例将设计流程、集成化 PCB 设计、可编程器件（如 FPGA）设计和基于处理器设计的嵌入式软件开发功能整合在一起的产品。

2006～2015 年，Altium Designer 6.0～15 多个版本相继推出，集成了更多工具，使用更方便，功能更强大，特别在印制电路板（PCB）设计上性能不断提高。

2016 年，Altium Designer 16 推出，它更新扩展了 Altium Designer 平台，包括多个增强 PCB 设计生产效率与设计自动化的全新特性，从而使工程师能够在更短的时间内零差错地实现更复杂的 PCB 设计。

Altium 公司每年都在对软件进行优化改进，2017～2022 年间陆续推出 Altium Designer 17～22 版本，通常软件版本越高，功能越齐全，对硬件的配置提出的要求就越高。Altium Designer 16 版本稳定性好，对硬件要求适中，其功能完全能够满足原理图以及 PCB 设计的需要，所以目前仍是使用比较广泛的一个版本。

### 1. 1. 2 Altium Designer 的优势及特点

1）提供布线的新工具

高速的设备切换和新的信息命令技术，意味着需要将布线处理成电路的组成部分，而不仅是"线的相互连接"。需要将全面的信号完整性分析、阻抗控制交互式布线、差分信号对发送和交互长度调节协调工作，才能确保信号及时、同步到达。通过灵活的总线拖曳、引脚和零件的互换，以及 BGA 逃逸布线，设计人员可以轻松地完成布线工作。

2）为复杂的板间设计提供良好的环境

在 Altium Designer 中，具有 Shader Model 3 的 Direct X 图形功能，可以使 PCB 编辑效率大大提高。对 PCB 的底层进行设计时，通过【翻转板子】命令，就可以像顶层设计那样轻松。通过优化的嵌入式板数组支持，可完全控制设计中所有多边形的多边形管理器、PCB 层集和动态视图管理选项的协同工作，即可提供更高效率的设计环境。它具有智能粘贴功能，不仅可以将网络标签转移到端口，还可以使用文件编辑来简化从旧工具转移设计的步骤，使其成为一个更好的设计环境。

3）提供高级元器件库管理

元器件库是有价值的设计源，它提供给用户丰富的原理图元件库和 PCB 封装库，并且为设计新的元器件提供了封装向导程序，简化了封装设计过程。随着技术的发展，需要利用公司数据库对它们进行栅格化。当数据库链接提供从 Altium Designer 返回到数据库的接口时，新的数据库就增加了很多新功能，可以直接将数据从数据库放置到电路图中。新的元器件识别系统可管理元器件到库的关系，覆盖区管理工具可提供项目范围的覆盖区控制，这样便于提供更好的元器件管理的解决方案。

4）增强的电路分析功能

为了提高设计成功率，Altium Designer 中的 Pspice 模型、功能和变量支持，以及灵活的新配置选项，增强了混合信号模拟功能。在完成电路设计后，可对其进行必要的电路仿真，观察观测点信号是否符合设计要求，从而提高了设计的成功率，并大大缩短了开发周期。

5）统一的光标捕获系统

Altium Designer 的 PCB 编辑器提供了很好的栅格定义系统。通过可视栅格、捕获栅格、元件栅格和电气栅格等功能，可以有效地将设计对象放置到 PCB 文档中。Altium Designer 统一的光标捕获系统已达到一个新的水平，该系统汇集了 3 个不同的子系统，共同驱动并达到将光标捕获到最优选的坐标集：自定义栅格，可按照需求选择直角坐标系和极坐标系；捕获栅格，可以自由地放置并提供随时可见的对于对象排列进行参考的线索；增强的对象捕捉点，使得放置对象时光标能自动定位到基于对象热点的位置。利用这些功能的组合，可轻松地在 PCB 工作区放置和排列对象。

6）增强的多边形覆铜管理器

Altium Designer 的多边形覆铜管理器提供了更强大的功能，包括管理 PCB 中所有多边形覆铜的附加功能。附加功能还包括创建新的多边形覆铜、访问对话框的相关属性和多边形覆铜删除等，全面地丰富了多边形覆铜管理器的内容，并将多边形覆铜管理整体功能提升到了新的高度。

7）强大的数据共享功能

Altium Designer 完全兼容 Protel 系列以前版本的设计文件，并提供对 Protel 99 SE 下创建的 DDB 和库文件的导入功能，同时它还增加了 P-CSD、OrCAD 等软件的设计文件和库文件的导入功能。它的智能 PDF 向导，可以帮助用户把整个项目或所选定的设计文件打包成可移植的 PDF 文档，增加了团队之间的设计协作能力。

8）全新的 FPGA 设计功能

Altium Designer 与微处理器相结合，充分利用大容量 FPGA 器件的潜能，可更快地开发出更加智能化的产品。其设计的可编程硬件元素不用做重大改动，即可重新定位到不同的 FPGA 器件中，设计师不必受特定 FPGA 厂商或系列器件的约束。它无须对每个采用不同处理器或 FPGA 器件的项目更换不同的设计工具，因此可以节省成本，保证设计师工作于不同项目时的高效性。

9）支持 3D PCB 设计

Altium Designer 全面支持 STEP 格式，与 MCAD 工具无缝链接；依据外壳的 STEP 模型生成 PCB 外框，减少中间步骤，实现更加准确的配合；3D 实时可视化，使设计充满乐趣；应用器件体生成复杂的器件 3D 模型，解决了器件建模的问题；支持设计圆柱体或球

认识Altium Designer 16 项目①

3

形器件；3D 安全间距实时监测，在设计初期即可解决装配问题。

### 1.1.3　硬件环境需求

Altium Designer 对操作系统的要求比较高，建议采用 Windows XP、Windows 2000 或版本更高的操作系统，它不再支持 Windows 95、Windows 98 和 Windows ME 操作系统。

为了获得符合要求的软件运行速度和更稳定的设计环境，Altium Designer 对计算机的硬件要求也比较高。

1）推荐的计算机硬件最佳性能配置

- CPU：英特尔酷睿$^{TM}$2 双核/四核 2.66GHz 或同等/更快的处理器；
- 内存：4GB；
- 硬盘：10GB 或更大的硬盘空间；
- 显卡：256MB 或更高显卡；
- 显示器：双重显示器，屏幕分辨率至少 1680×1050 像素（宽屏）或 1600×1200 像素（4：3）；
- USB2.0 端口；
- 并口；
- Adobe Reader 8 或更高版本。

2）最低的计算机硬件配置

- CPU：英特尔奔腾$^{TM}$1.8GHz 或同等处理器；
- 内存：1GB 内存空间；
- 硬盘：3.5GB 硬盘空间；
- 显卡：128MB 显卡或同等显卡；
- 显示器：分辨率不低于 1280×1024 像素；
- 并口；
- USB2.0 端口；
- Adobe Reader 8 或更高版本。

 **任务 1.2　软件安装与授权**

软件的安装与授权

### 1.2.1　安装 Altium Designer

（1）将 Altium Designer 安装盘放入光驱，系统自动弹出安装向导界面，如图 1-1 所示。如果光驱没有自动执行，可以运行安装盘下 SETUP 目录中的 setup.exe 进行安装。

（2）点击【Next】按钮后，弹出【License Agreement】对话框，如图 1-2 所示。在对话框中，可以通过点击【Select Language】选项右侧的下拉菜单选择显示语言，如 "Chinese"。选中【I accept the license agreement】选项。

（3）点击【Next】按钮，进入【Select Design Functionality】，如图 1-3 所示。在该对话框中可以设置需要安装的功能。若只是实现 PCB 设计，只需选择【PCB Design】选项即可，本例保持默认设置。

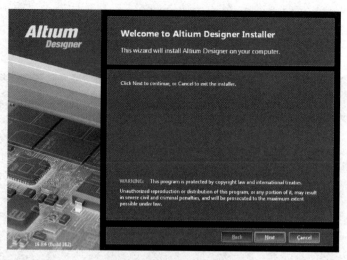

图 1-1　安装向导界面

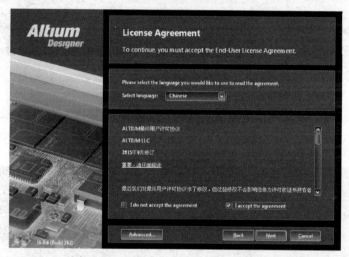

图 1-2　【License Agreement】对话框

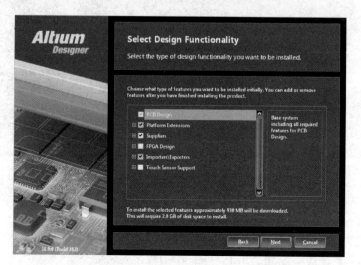

图 1-3　【Select Design Functionality】对话框

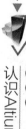

（4）单击【Next】按钮，进入【Destination Folders】对话框，如图 1-4 所示。在此对话框中设定安装路径，读者可以根据需要设定，本例采用默认设置。

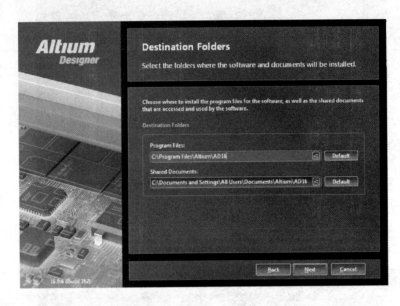

图 1-4 【Destination Folders】对话框

（5）单击【Next】按钮，进入【Ready To Install】对话框，如图 1-5 所示。

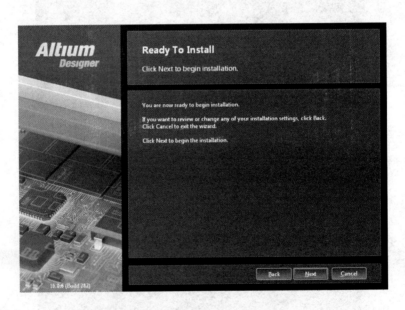

图 1-5 【Ready To Install】对话框

（6）单击【Next】按钮，开始安装 Altium Designer 程序，如图 1-6 所示。

当程序安装完成后，会出现如图 1-7 所示的安装完成对话框。

单击【Finish】按钮，至此 Altium Designer 程序安装完毕。

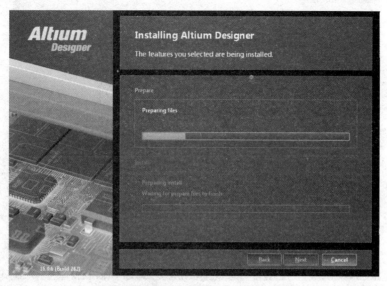

图 1-6　开始安装 Altium Designer 程序

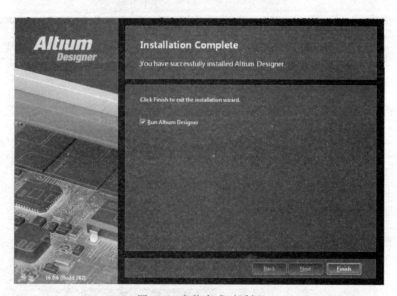

图 1-7　安装完成对话框

## 1.2.2　授权 Altium Designer 16

　　执行菜单命令【开始】→【所有程序】→【Altium Designer】，启动 Altium Designer，如图 1-8 所示，软件启动画面如图 1-9 所示。软件启动后进入软件的主页面，如图 1-10 所示。

　　从 Altium Designer 的主页面可以看出，页面处于协议管理界面，有两个选项，其一是【My Account】，其二是【Available Licenses】。【My Account】显示【not signed in】，说明账户未激活；【Available Licenses】显示【unlicensed】，说明软件未授权。未授权的软件是不能正常使用的，必须给软件加载授权文件。

　　单击【ADD standalone license file】添加协议文件，如图 1-11 所示。

图 1-8 运行 Altium Designer

图 1-9 Altium Designer 的启动画面

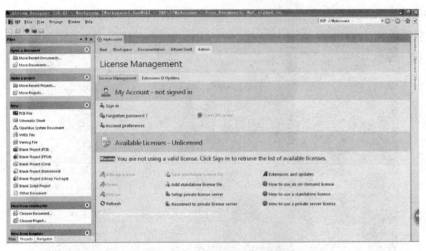

图 1-10 Altium Designer 的主页面

图 1-11 添加协议文件

添加协议文件后，主页面如图 1-12 所示。可以看出，软件的状态【Status】为【OK】，说明软件已经授权成功，可以正常使用。

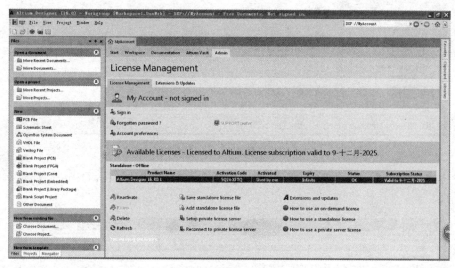

图 1-12　成功授权的软件主页面

 **任务 1.3　系统参数设置**

## 1.3.1　中英文编辑界面切换

图 1-13 所示是英文状态的编辑界面，为了以后设计方便，可将该状态切换到中文编辑状态。

执行菜单命令【DXP】→【Preferences】，如图 1-13 所示。系统将弹出【Preferences】窗口，如图 1-14 所示。

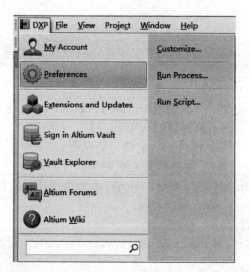

图 1-13　DXP 菜单命令

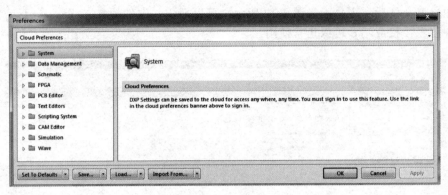

图 1-14 【Preferences】窗口

在该窗口选择【System】→【General】命令，打开【System-General】窗口，如图 1-15 所示。

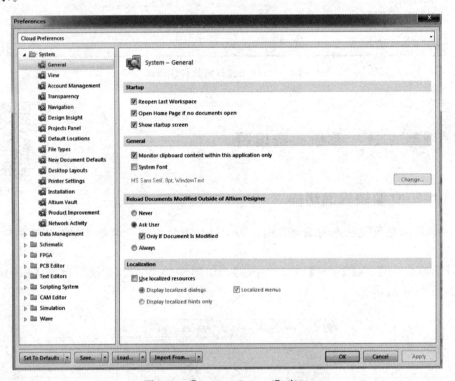

图 1-15 【System-General】窗口

该窗口包含 4 个设置选项，分别是【Startup】、【General】、【Reload Documents Modified Outside of Altium Designer】和【Localization】。

① 【Startup】：设置 Altium Designer 启动后的状态。

• Reopen Last Workspace：重新打开上次的工作空间；

• Open Home Page if no documents open：无文档打开时，打开主页面；

• Show startup screen：显示启动画面。

② 【General】：常规设置。

• Monitor clipboard content within this application only：设置剪切板是否只满足于该应用软件；

• System Font：设置系统字体。选中此选项时，则【Change】按钮被激活，单击该按钮弹出系统字体设置对话框，如图 1-16 所示。

③【Reload Documents Modified Outside of Altium Designer】：用于设置重新载入修改过的文档打开后是否保存。本设置有以下三个选项：

- Never：不保存；
- Ask User：询问用户是否保存；
- Always：始终保存。

④【Localization】：设置中/英文环境切换。选中【Use localized resources】复选框时，系统会弹出一个提示框，如图 1-17 所示。

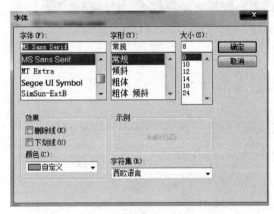

图 1-16　系统字体设置对话框　　　　　　　图 1-17　信息提示对话框

单击【OK】按钮，然后在图 1-15【System-General】窗口单击【Apply】按钮，使设置生效。再单击【OK】按钮，退出设置界面。关闭软件，重新进入 Altium Designer 系统，发现已经变成中文的编辑环境了，如图 1-18 所示。

图 1-18　中文编辑环境

### 1.3.2　系统自动备份设置

在项目设计过程中，为防止因意外故障出现设计内容丢失，一般需要进行系统自动备份设置，以减小损失。

执行菜单【DXP】→【Data Management】→【Backup】，弹出【Data Management-Backup】选项，如图 1-19 所示。在其中可以设置自动备份的时间间隔、保持的版本数目及备份文件保存的路径。

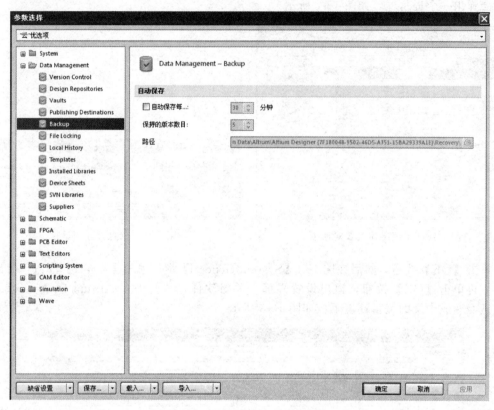

图 1-19　【Backup】窗口

 ### 任务 1.4　熟悉 Altium Designer 的工作环境

软件操作界面

### 1.4.1　原理图编辑环境

执行菜单命令【文件】→【新建】→【原理图】，打开一个新的原理图文件，如图 1-20 所示。

### 1.4.2　PCB 编辑环境

执行菜单命令【文件】→【新建】→【PCB】，打开一个新的 PCB 文件，如图 1-21 所示。

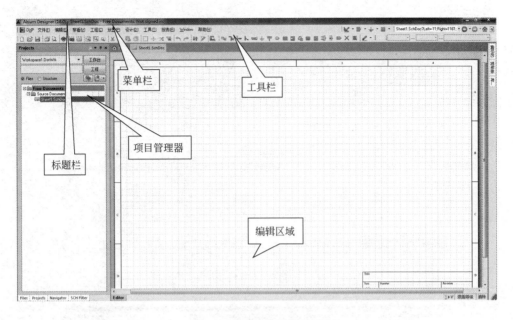

图 1-20　原理图编辑环境

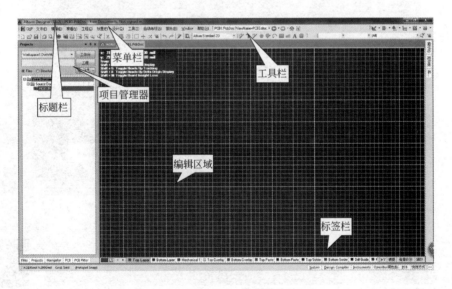

图 1-21　PCB 编辑环境

### 1.4.3　原理图库文件编辑环境

执行菜单命令【文件】→【新建】→【库】→【原理图库】，打开一个新的原理图库文件，如图 1-22 所示。

### 1.4.4　PCB 库文件编辑环境

执行菜单命令【文件】→【新建】→【库】→【PCB 库】，打开一个新的 PCB 库文件，如图 1-23 所示。

认识Altium Designer16

项目 ①

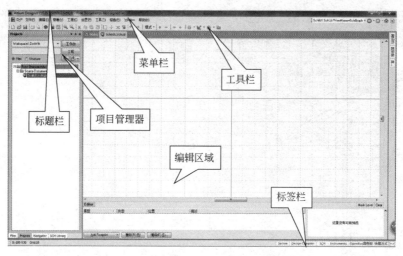

图 1-22　原理图库文件编辑环境

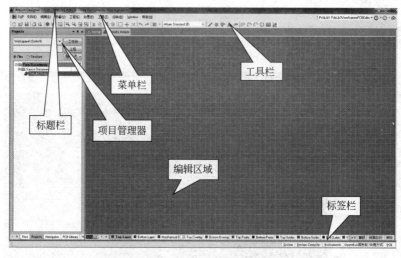

图 1-23　PCB 库文件编辑环境

 **任务 1.5　工程项目文件操作**

工程项目文件操作

在 Altium Designer 中，PCB 设计通常是先建立 PCB 工程项目文件，然后在该项目文件下建立原理图、PCB 等其他文件，将属于同一个项目的所有文件都保存在同一个项目设计文件夹中，以便于文件管理。

### 1.5.1　新建 PCB 项目

执行菜单命令【文件】→【新建】→【项目】，弹出【New Project】窗口，如图 1-24 所示。

（1）Project Types：工程项目类型。本选项有 PCB 工程项目、FPGA 工程项目、核心工程项目、嵌入式工程项目、集成库等，根据需要选择相应的工程项目类型，本例选择

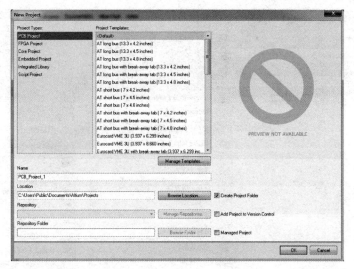

图 1-24 【New Project】窗口

PCB Project。

（2）Project Templates：工程项目模板。本选项提供了众多模板文件，可以根据需要选择，若创建的工程项目没有适合的模板可以选用，则可以选择【Default】选项。

（3）Name：设置工程项目名称。

（4）Location：设置工程项目存放路径。【Create Project Folder】选项打钩，则新建项目文件夹。

（5）Repository：设置将工程项目添加到库管理，通常可以不用。

（6）Repository Folder：库文件夹。

选择【PCB Project】→【Default】，工程项目名设为"Myproject"，存放路径设为 L:\AD16，单击【OK】，新建的 PCB 工程项目文件将出现在项目管理器窗口，如图 1-25 所示。从项目管理器可以看出，目前该 PCB 工程项目下面没有文件。

图 1-25 新建 Myproject 项目

## 1.5.2 新建设计文件

根据前文所述，一个 PCB 设计项目中可能包含原理图文件、PCB 文件、原理图库文件，以及 PCB 库文件等多个文件。而在新建的空白项目中，没有原理图和 PCB 的任何文件，因此绘制原理图或 PCB 时必须在该项目中新建或追加对应的文件。

添加新文件的方法有两种，我们以添加原理图文件为例进行介绍。

• 方法一：执行菜单命令【文件】→【新建】→【原理图】添加原理图文件。

• 方法二：用鼠标右键单击工程项目名，在弹出的菜单中选择【给工程添加新的】→【Schematic】新建原理图文件，如图 1-26 所示。

采用相同的方法，在 PCB 设计项目中分别添加 PCB 文件、原理图库文件以及 PCB 库文件，新建好的 PCB 项目设计主要文件后的项目管理器如图 1-27 所示，图中【Source Documents】文件夹保存的是原理图和 PCB 文件，【Libraries】文件夹中保存的是相应的元件库。

认识Altium Designer16　项目❶

15

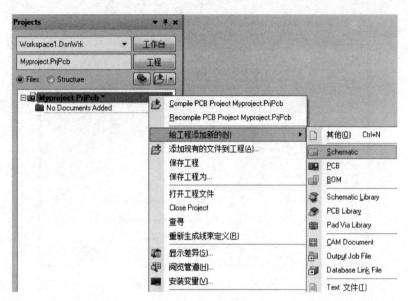

图 1-26　新建原理图文件

　　用鼠标右键单击文件名，在弹出的菜单中选择菜单命令【保存为】，可以对文件进行更名保存。

## 1.5.3　追加已有文件到项目中

　　有些电路在设计时文件未放置在项目文件中，此时若要将它添加到项目文件中，可以用鼠标右键单击项目文件名，在弹出的菜单中选择【添加现有的文件到工程】，如图 1-28 所示，屏幕弹出一个窗口，在窗口选择要追加的文件后，单击【打开】按钮实现文件添加。

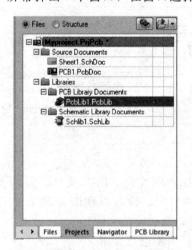

图 1-27　新建文件后的项目管理器

图 1-28　添加文件

## 1.5.4　打开项目文件

　　在电路设计中，有时需要打开已有的某个文件，可以执行菜单命令【文件】→【打开】，屏幕弹出【打开】文件窗口，选择所需要的路径和文件后，单击【打开】按钮打开相应文件，如图 1-29 所示。若只打开项目文件，则可以执行菜单命令【文件】→【打开项目】，窗口中只显示已有的项目。

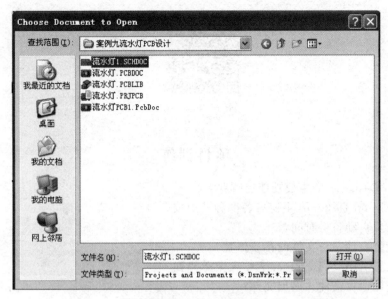

图 1-29  【打开】文件窗口

## 1.5.5  关闭项目文件

当想要关闭打开的项目文件时，只需要用鼠标右键单击项目文件名，在弹出的菜单中选择【Close Project】菜单，即可关闭项目文件。若工作区的文件未保存过，屏幕将弹出一个对话框提示是否保存文件，如图 1-30 所示。若选择【保存所有】，则所有文件都保存；若选择【都不保存】，则所有文件都不保存；也可以在文档后面的下拉菜单选择文件是否保存，自定义要保存的文件。

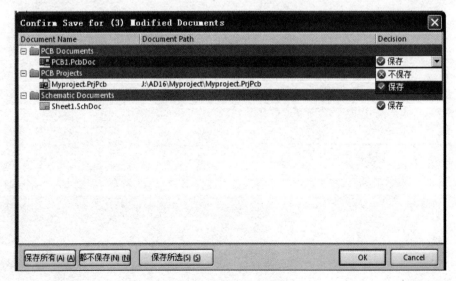

图 1-30  保存文件窗口

**思政小课堂**　　读经典，树立正确的难易观

读经典，树立正确
的难易观

## 项目训练

1. Altium Designer 的主要功能有哪些？
2. 说明 Altium Designer 主窗口各部分的组成。
3. 如何设置自动备份时间？
4. 如何设置自动备份文件的存放位置？
5. 如何设置 Altium Designer 为中文菜单界面？
6. 如何新建项目文件并追加文件？

项目2

设计单管放大电路原理图

【知识目标】
- 熟悉原理图编辑器的界面；
- 熟悉常用的工具；
- 掌握简单电路原理图设计方法。

【能力目标】
- 掌握电路原理图设计的一般步骤；
- 会熟练使用合适的工具设计简单电路原理图。

设计单管放大电路
原理图-项目概述

【素质目标】
- 提高良好的电路原理图设计规范意识；
- 树立兼顾绘图正确与美观的观念；
- 培养创新思维。

【导　　入】
　　电子产品 PCB 设计的一般流程如图 2-1 所示，电路原理图的绘制是 PCB 设计的基础，然后才能进行 PCB 的设计，因此本项目就以图 2-2 所示的单管放大电路为例介绍原理图绘制的步骤和方法。电路原理图设计的流程如图 2-3 所示。

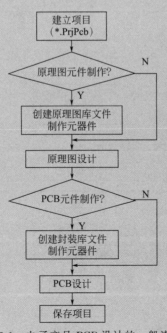

图 2-1　电子产品 PCB 设计的一般流程

📝 读书笔记

_____

_____

_____

_____

_____

　　从图 2-2 中可以看出，该电路图主要由元器件、导线、电源、端口、波形、电路说明以及标题栏构成。在本项目中，元器件较少，采用先放置元器件、电源和端口，然后布局调整，再进行连线，最后进行属性修改。对于较大的电路，可以采用边布局、边连线，最后调整的方式。

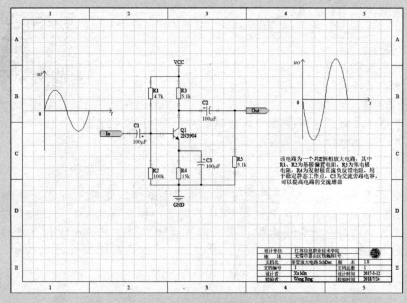

图 2-2　单管放大电路原理图

图 2-3　电路原理图设计的流程

**任务 2.1　新建原理图文件**

## 2.1.1　创建项目文件

在 Altium Designer 主窗口下，执行菜单命令【文件】→【创建】→【项目】，弹出如图 2-4 所示的新项目窗口，在窗口中【Project Types】选择【PCB Project】，【Project Templates】选择【Default】，【Name】设置项目名称，本例输入【单管放大电路】，【Location】设置项目存放位置，点击【OK】，则创建了一个名为【单管放大电路. PrjPcb】的项目，如图 2-5 所示。

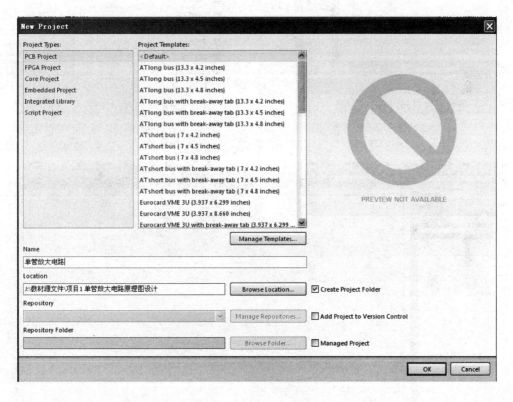

图 2-4　New Project 窗口

## 2.1.2　创建原理图文件

执行菜单命令【文件】→【New】→【原理图】，创建原理图文件，或用鼠标右击图 2-5 项目文件名，在弹出的菜单中选择【给工程添加新的】→【Schematic】新建原理图文件，如图 2-6 所示。系统在当前项目文件下新建一个名为"Source Documents"的文件夹，在该文件夹下建立原理图文件"Sheet1. SchDoc"，并进入原理图设计界面，如图 2-7 所示。

项目②　设计单管放大电路原理图

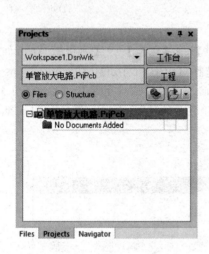

图 2-5　单管放大电路.PrjPcb 项目

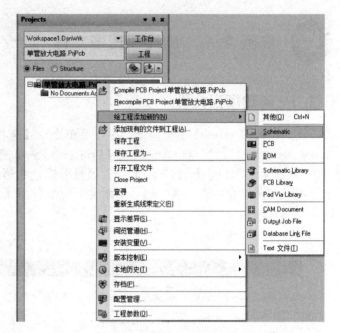

图 2-6　新建原理图文件

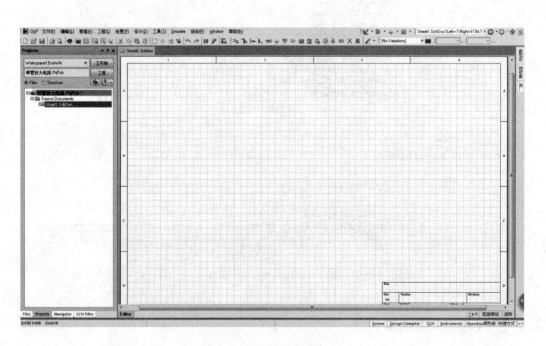

图 2-7　新建的原理图文件

用鼠标右击原理图文件【Sheet1.SchDoc】，在弹出的菜单中选择【保存为】，屏幕弹出如图 2-8 所示的对话框，将文件改名为【单管放大电路】，单击【保存】，可以看到原理图文件将保存到项目文件的保存路径下。

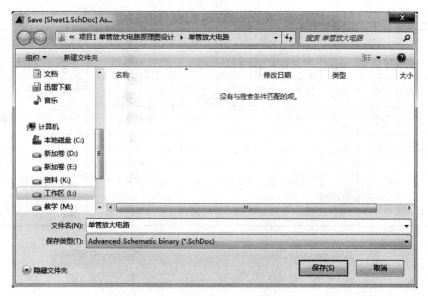

图 2-8　保存原理图文件

## 2.1.3　原理图编辑器

原理图编辑器由主菜单栏、标准工具栏、布线工具栏、实用工具栏、【原理图编辑】窗口、仿真工具栏、【元器件库】面板和面板控制中心等组成。了解这些组成部分的用途，可以更有效地完成原理图的绘制。

熟悉原理图编辑器

### 1) 主菜单栏

Altium Designer 系统在处理不同类型文件时，主菜单栏内容会发生相应的变化。在原理图编辑环境中，主菜单栏如图 2-9 所示。在主菜单栏中可以完成所有对原理图的编辑操作。

图 2-9　主菜单栏

### 2) 标准工具栏

Altium Designer 提供了形象、直观的工具栏，如图 2-10 所示，用户可以单击工具栏上的按钮来执行常用的命令。标准工具栏按钮功能如表 2-1 所示。

图 2-10　标准工具栏

执行菜单命令【察看】→【工具栏】→【原理图标准】，可以打开或关闭标准工具栏。

### 3) 布线工具栏

Altium Designer 提供有布线工具栏，用于原理图的快速绘制，如图 2-11 所示。该工具栏主要完成放置原理图中的元器件、电源/地、端口、图纸符号和网络标签等的操作，同时给出了元器件之间的连线和总线绘制的工具按钮。布线工具栏按钮功能如表 2-2 所示。

表 2-1　标准工具栏按钮功能

| 图标 | 功能 | 图标 | 功能 | 图标 | 功能 | 图标 | 功能 |
|---|---|---|---|---|---|---|---|
|  | 创建文件 |  | 打开 PCB 发布视图 |  | 复制 |  | 清除当前过滤器 |
|  | 打开已有文件 |  | 打开工作区控制面板 |  | 粘贴 |  | 取消 |
|  | 保存当前文件 |  | 显示整个工作面 |  | 橡皮图章 |  | 重做 |
|  | 直接打印文件 |  | 缩放选择的区域 |  | 选择区域内部对象 |  | 上/下层次 |
|  | 打印预览 |  | 缩放选定对象 |  | 移动选择对象 |  | 交叉探针到打开的文件 |
|  | 打开器件视图页面 |  | 剪切 |  | 取消选取状态 |  | 浏览器件库 |

图 2-11　布线工具栏

表 2-2　布线工具栏按钮功能

| 图标 | 功能 | 图标 | 功能 | 图标 | 功能 | 图标 | 功能 |
|---|---|---|---|---|---|---|---|
|  | 放置导线 |  | 放置 GND 接地端口 |  | 放置器件图表符 |  | 放置忽略指定错误 ERC 检查指示符 |
|  | 放置总线 | VCC | 放置 VCC 电源端口 |  | 放置线束连接器 |  | 设置颜色 |
|  | 放置信号线束 |  | 放置器件 |  | 放置线束入口 |  |  |
|  | 放置总线入口 |  | 放置图表符 |  | 放置端口 |  |  |
| Net | 放置网络标号 |  | 放置图纸入口 |  | 放置忽略 ERC 检查指示符 |  |  |

执行菜单命令【察看】→【工具栏】→【布线】，可以打开或关闭布线工具栏。

4）实用工具栏

图 2-12　实用工具栏

Altium Designer 提供有实用工具栏。该工具栏包括了 4 个实用、高效的工具箱，即实用工具箱、排列工具箱、电源工具箱和栅格工具箱。实用工具栏如图 2-12 所示。实用工具栏各按钮功能如表 2-3 所示。

表 2-3　实用工具栏按钮功能

| 图标 | 名称 | 功　　能 |
|---|---|---|
|  | 实用工具箱 | 用于在原理图中绘制所需要的标注信息，不代表电气连接 |
|  | 排列工具箱 | 用于对原理图中的元器件位置进行调整、排列 |
|  | 电源工具箱 | 给出了原理图绘制中可能用到的各种电源 |
|  | 栅格工具箱 | 用于完成对栅格的操作 |

执行菜单命令【察看】→【工具栏】→【实用】，可以打开或关闭实用工具栏。

5）【原理图编辑】窗口

在【原理图编辑】窗口中，可以新绘制一个电路原理图，并完成该设计的元器件的放置，以及元器件之间的电气连接工作，也可以在原有的电路原理图中进行编辑和修改。该编辑窗口是由一些栅格组成的，这些栅格可以帮助用户对元器件进行定位。按住【Ctrl】键并调节鼠标滑轮或者用键盘上的【PgUp】、【PgDn】键，可以对该窗口进行放大或缩小，方便用户的设计。

6）仿真工具栏

Altium Designer 提供有仿真工具栏。该工具栏包括运行混合信号仿真、设置混合信号仿真参数、生成 XPICE 网络表等工作按钮。该工具栏主要用于在原理图绘制完成后，对原理图进行必要的仿真，以确保原理图的准确性，缩短电子设计的开发周期。

7）【元器件库】面板

在绘制原理图过程中，通过使用【元器件库】面板，可以方便地完成对元器件库的操作，如搜索或选择元器件、加载或卸载元器件库、浏览库中的元器件信息等。

8）面板控制中心

面板控制中心如图 2-13 所示，其用于开启或关闭各种工作面板。其中【快捷方式】一项提供了所有操作的快捷方式，用户可以根据自己的习惯选择使用菜单命令或快捷方式进行操作。

| System | Design Compiler | SCH | Instruments | OpenBus调色板 | 快捷方式 | >> |

图 2-13　面板控制中心

# 任务 2.2　图纸设置

为了更好地完成原理图的绘制，并使其符合绘制的要求，需要对原理图图纸进行相应的设置，包括图纸参数设置和图纸设计信息设置等。本任务就是让学生学会原理图图纸的设置。

## 2.2.1　图纸参数设置

进入电路原理图编辑环境后，系统会给出一个默认的图纸相关参数，但在多数情况下，这些默认的参数不能满足用户的要求，如图纸尺寸大小、图纸方向等。用户应根据所设计的电路复杂度，来对图纸的相关参数进行重新设置，为设计创造最优的环境。

设置图纸属性

1）图纸格式设置

在新建的原理图文件中，双击图纸边框或执行菜单命令【设计】→【文档选项】，如图 2-14 所示，打开【文档选项】窗口，如图 2-15 所示。可以看到，该窗口有 4 个选项卡，打开【方块电路选项】，设置图纸的大小、方向、标题栏和颜色等参数。

图 2-15 中的【标准风格】区用来设置标准图纸尺寸，用鼠标单击下拉列表框可选定图纸大小。在系统提供的各种标准图纸中，A0、A1、A2、A3、A4 为公制标准，依次从大到小；A、B、C、D、E 为英制标准，依次从小到大；此外还有 Orcad 等其他一些图纸格式。

【自定义风格】区用于自定义图纸尺寸，选中【使用自定义风格】复选框后，可以自定义图纸尺寸。

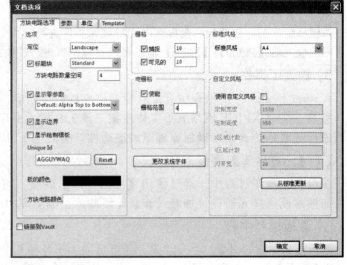

图 2-14　菜单命令【设计】　　　　　图 2-15　【文档选项】对话框

- 定制宽度：设置图纸宽度；
- 定制高度：设置图纸高度；
- X 区域计数：在 X 轴方向将图纸分成若干等份；
- Y 区域计数：在 Y 轴方向将图纸分成若干等份；
- 刃带宽：设置图纸边框的宽度。

【选项】区的【定位】下拉列表框用于设置图纸的方向，有 Landscape（横向）或 Portrait（纵向）两种选择。单击【标题块】右侧的下拉按钮，可对标题栏的格式进行设置，有【Standard】（标准格式）和【ANSL】（美国国家标准格式）两种选择。选中【标题块】复选框后，相应的【方块电路数量空间】文本编辑栏也被激活。

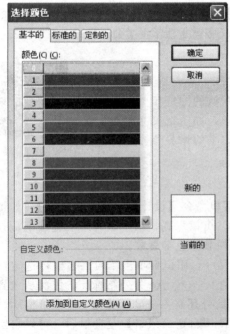

图 2-16　【选择颜色】对话框

单击【板的颜色】和【方块电路颜色】打开【选择颜色】对话框，修改图纸以及边缘区的颜色。【选择颜色】对话框如图 2-16 所示。

【选择颜色】对话框有 3 种颜色设置方式。单击要选择的颜色，会在右侧的【新的】栏中显示出来，单击【确定】按钮，即可完成颜色设置。

【选项】区还提供了 3 种复选框，即【显示零参数】、【显示边界】和【显示绘制模板】。

- 显示零参数：图纸会显示边框中的参数坐标；
- 显示边界：编辑窗口会显示图纸边框；
- 显示绘制模板：编辑窗口中会显示模板上的图形和文字。

在【文档选项】窗口的【栅格】区域中，可对栅格进行设置。

- 捕捉：光标每次移动距离的大小；

• 可见的：在图纸上可看到的栅格的大小。

选中【电栅格】区域中的【使能】复选框，可启动系统自动寻找电气节点功能。

栅格的存在方便了元器件的放置和线路的连接，用户可以轻松完成排列元器件和连线的整齐化，极大地提高了设计的速度和编辑效率。当然，设定的栅格值不是一成不变的，要根据实际需要进行设置。在设计过程中，执行菜单【察看】→【栅格】或点击实用工具栏里的 ，可以在弹出的菜单中随意地切换 3 种栅格的启用状态，或者重新设定捕捉栅格的栅格范围。【栅格】菜单如图 2-17 所示。

单击【更改系统字体】按钮，打开【字体】对话框，可以对原理图中所用的字体进行设置，如图 2-18 所示。所有参数设置完成后，单击【字体】对话框中的【确定】按钮，关闭【字体】对话框。

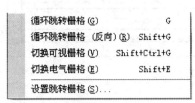

图 2-17 【栅格】菜单

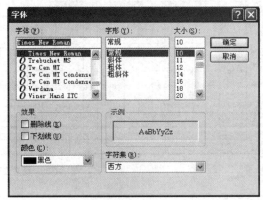

图 2-18 设置字体

在本例中，单管放大电路原理图比较简单，占用图纸不需要太大，所以图纸大小可选择自定义，尺寸为 700×500，图纸定位选择【Landscape】，【捕捉】栅格设置为 10，【可见的】栅格设置为 10，选中【电气栅格】复选框，并设置【栅格范围】为 4，设置好的【文档选项】对话框如图 2-19 所示，设置好的图纸如图 2-20 所示。

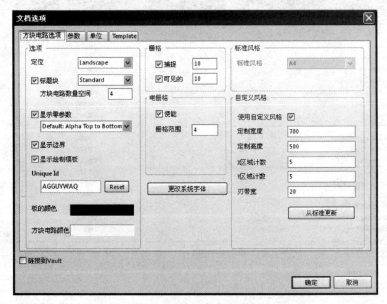

图 2-19 设置自定义图纸

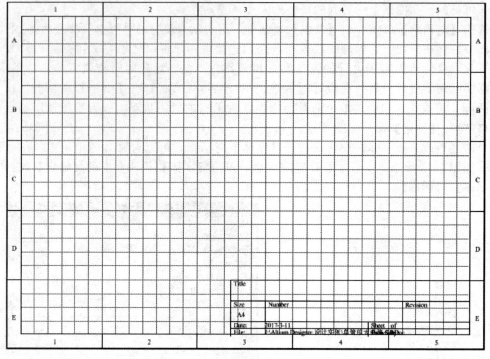

图 2-20　设置好的图纸

2）图纸信息设置

图纸的信息记录了电路原理图的信息和更新记录，这项功能可以使用户更系统、更有效地对电路图纸进行管理。

在【文档选项】对话框中选中【参数】选项卡，可看到图纸信息设置的具体内容，如图 2-21 所示。【参数】选项卡各参数功能如表 2-4 所示。

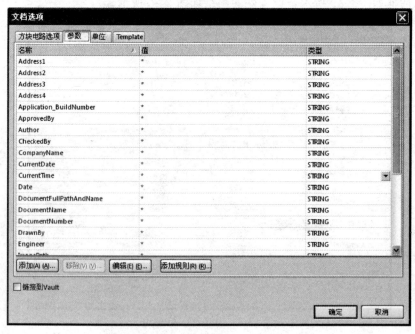

图 2-21　【参数】选项卡

表 2-4　【参数】选项卡各参数功能

| 参数 | 功能 | 参数 | 功能 |
|---|---|---|---|
| Address1～Address4 | 设置设计者通信地址 | DrawnBy | 设置绘图者姓名 |
| ApprovedBy | 项目负责人 | Engineer | 设置工程师姓名 |
| Author | 图纸设计者姓名 | ImagePath | 图像文件路径 |
| CheckedBy | 图纸检验者姓名 | ModifiedDate | 设置修改日期 |
| CompanyName | 设计公司名称 | Organization | 设置设计机构名称 |
| CurrentDate | 当前日期 | Revision | 设置图纸版本号 |
| CurrentTime | 当前时间 | Rule | 设置规则 |
| Date | 日期 | SheetNumber | 设置图纸编号 |
| DocumentFullPathAndName | 项目文件名和完整路径 | SheetTotal | 设置整个项目中图纸总数 |
| DocumentName | 文件名 | Time | 设置时间 |
| DocumentNumber | 文件编号 | Title | 设置图纸标题 |

　　双击某项待设置的设计信息或在选中某项待设置的设计信息后单击【编辑】按钮，即可打开相应的【参数属性】对话框，如图 2-22 所示，在【值】栏中输入具体信息值，即可更改相应的参数。设置完成后，单击【确定】按钮即可。

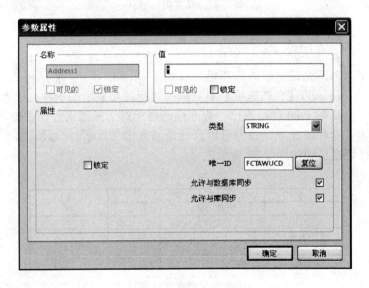

图 2-22　【参数属性】对话框

3）单位信息设置

　　Altium Designer 的原理图设计中提供有英制（mil❶）和公制（mm）两种单位制式，在图 2-21 中点击【单位】选项卡之后，屏幕弹出如图 2-23 所示的对话框，可进行单位制式的设置，一般软件默认使用英制单位系统，单位为 mil。通常在设计中，我们采用英制单位。

---

　　❶ 1mil＝0.0254mm。

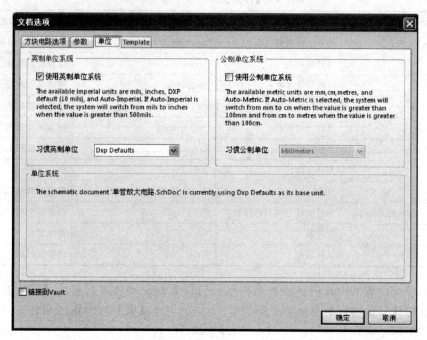

图 2-23　设置单位制式

### 4）标题栏设置

如图 2-20 所示，原理图右下方显示的是标题栏，Altium Designer 提供了两种预先设定好的标题栏，分别是 Standard（标准）和 ANSI 形式，在图 2-19 所示的【文档选项】对话框的【标题块】后的下拉列表框中可以设置。

从图 2-20 可以看出，标准标题栏相对于图纸太大，占据了很大的图纸篇幅，这种情况下，我们可以自己绘制自定义标题栏。设计好的标题栏效果如图 2-24 所示，标题栏尺寸如图 2-25 所示。

| 设计单位 | 江苏信息职业技术学院 | | | |
|---|---|---|---|---|
| 地　　址 | 无锡市惠山区钱藕路1号 | | | |
| 文档名 | 单管放大电路.SchDoc | 版　本 | 1.0 | |
| 文档编号 | 1 | 文档总数 | 1 | |
| 设计者 | Xu Min | 设计时间 | 2017-3-12 | |
| 校验者 | Wang Bing | 校验时间 | 2017-3-12 | |

图 2-24　自定义标题栏

单位：10 mil

图 2-25　标题栏尺寸

30

（1）绘制标题栏边框。标题栏一般位于图纸右下角，执行菜单命令【放置】→【实用工具】→【直线】进入画线状态，在标题栏的起始位置单击鼠标左键定义直线的起点，移动光标，光标上将拖着一根直线，移至终点位置单击鼠标左键放置直线，继续移动光标可继续放置直线，单击鼠标右键结束本次连线，可以继续定义下一条直线，双击鼠标右键则退出连线状态。边框绘制完毕的标题栏如图 2-26 所示。

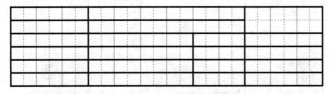

图 2-26　自定义标题栏边框

（2）放置 Logo。执行菜单命令【放置】→【实用工具】→【放置图像】，在弹出的对话框中选中单位 Logo，并放置在适合位置，如图 2-27 所示。

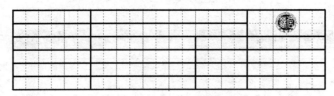

图 2-27　放置单位 Logo

（3）放置信息项字符串。标题栏绘制完毕，在其中添加说明该电路设计情况所需的信息字符串。

执行菜单命令【放置】→【文本字符串】，屏幕上出现的光标上带着字符串，单击键盘上的【Tab】键，屏幕弹出图 2-28 所示的设置字符串对话框，在【文本】栏中输入相应内容后单击【确定】按钮，移动光标到所需位置，单击鼠标左键放置字符串，直至放置结束。放置完毕的标题栏如图 2-29 所示。

（4）放置标题栏参数字符串。设定好标题栏中要显示的信息项后，在其后设置标题栏参数，以便显示相应信息。执行菜单命令【放置】→【文本字符串】，光标上粘着一个字符串，按键盘上的【Tab】键，屏幕弹出字符串【属性】对话框，如图 2-28 所示，单击下拉列表框，可以在其中选择所需的参数，移动到适当位置后单击鼠标左键放置参数字符串。依次将参数放置到指定位置后，完成标题栏参数设定。完成参数字符串设置后的标题栏如图 2-30 所示。

（5）设置显示参数信息。执行菜单命令【工具】→【设置原理图参数】，或执行菜单命令【DXP】→【参数选择】，屏幕弹出【参数选择】对话框，选中【Schematic】→【Graphical Editing】选项卡，选中【转换特殊字符串】选项，单击【确定】按钮完成设置，如图 2-31 所示。设置完成后，标题栏如图 2-32 所示。

图 2-28　设置字符串对话框

设计单管放大电路原理图

项目 ②

31

| 设计单位 | | | | | |
|---|---|---|---|---|---|
| 地　址 | | | | | |
| 文档名 | | | 版　本 | | |
| 文档编号 | | | 文档总数 | | |
| 设计者 | | | 设计时间 | | |
| 校验者 | | | 校验时间 | | |

图 2-29　放置信息项字符串

| 设计单位 | =CompanyName | | | | |
|---|---|---|---|---|---|
| 地　址 | =Address1 | | | | |
| 文档名 | =DocumentName | | 版　本 | =Revision | |
| 文档编号 | =SheetNumber | | 文档总数 | =SheetTotal | |
| 设计者 | =Author | | 设计时间 | =Date | |
| 校验者 | =CheckedBy | | 校验时间 | =CurrentDate | |

图 2-30　设置参数后的标题栏

图 2-31　【参数选择】对话框

| 设计单位 | * | | | | |
|---|---|---|---|---|---|
| 地　址 | * | | | | |
| 文档名 | 单管放大电路.SchDoc | | 版　本 | * | |
| 文档编号 | * | | 文档总数 | * | |
| 设计者 | * | | 设计时间 | * | |
| 校验者 | * | | 校验时间 | 2017-3-12 | |

图 2-32　标题栏参数值显示

（6）设置参数内容。打开【文档选项】对话框，选择【参数】选项卡，用鼠标左键单击对应名称处的【数值】框，输入需修改的信息后完成设置，如图 2-33 所示。具体参数设置内容如下。

图 2-33　设置参数信息

CompanyName：江苏信息职业技术学院；
Address1：无锡市惠山区钱藕路 1 号；
DocumentName：本项系统默认，无需输入；
SheetNumber：1；
Author：Xu Min；
CheckedBy：Wang Bing；
Revision：1.0；
SheetTotal：1；
Date：2017-3-12；
CurrentDate：本项系统默认，无需输入。
全部设置完成后的图纸如图 2-34 所示。

## 2.2.2　原理图系统环境参数的设置

系统环境参数的设置是原理图设计过程中重要的一步，用户根据个人的设计习惯，设置合理的环境参数，将会大大提高设计的效率。

执行菜单命令【DXP】→【参数选择】，或者在原理图编辑窗口单击鼠标右键，在弹出的快捷菜单中选择【选项】→【设置原理图参数】，如图 2-35 所示，屏幕弹出【参数选择】对话框，选中【Schematic】，可以看到有 11 个标签页供设计者进行设置。

原理图系统环境　　原理图系统环境
参数的设置　　　　参数的设置-续

设计单管放大电路原理图

项目❷

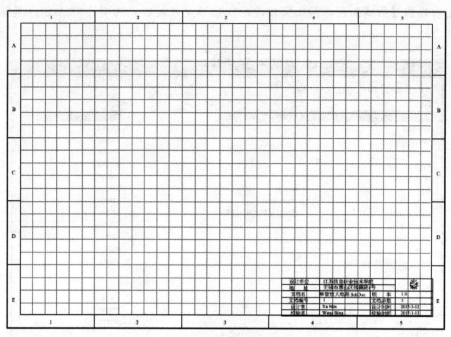

图 2-34　设置完成后的图纸

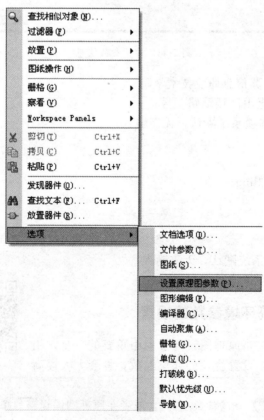

图 2-35　【设置原理图参数】菜单

## 1）General

用于设置电路原理图的环境参数，如图 2-36 所示。

图 2-36 【参数选择】对话框→【General】标签

（1）选项

① Break Wires At Autojunctions（自动添加节点）：选中该复选框，在两条交叉线处自动添加节点后，节点两侧的导线将被分割成两段。

② Optimize Wires Buses（最优连线路径）：选中该复选框后，在进行导线和总线的连接时，系统将自动选择最优路径，并且可以防止各种电气连线和非电气连线的相互重叠。

③ 元件割线：选中该复选框后，启动使用元器件切割导线功能，即当放置一个元器件时，若元器件的两个引脚同时落在一根导线上，则该导线将被切割成两段，两个端点自动分别与元器件的两个引脚相连。

④ 使能 In-Place 编辑：选中该复选框后，在选中原理图中的文本对象时，如元件的序号、注释等，双击后可以直接进行编辑、修改，而不必打开相应的对话框。

⑤ Ctrl＋双击打开图纸：选中该复选框后，按下【Ctrl】键，同时双击原理图文档图标，即可打开该原理图。

⑥ 转换交叉点：设置在"T"形连接处增加一段导线，形成 4 个方向的连接时，会自动产生两个相邻的三相连接点，如图 2-37 所示。若未选中该复选框，则形成两条交叉且没有电气连接的导线，如图 2-38 所示。若此时选中【显示 Cross-Overs】选项，则会在相交处显示一个拐过的曲线。

设计单管放大电路原理图

项目❷

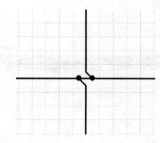

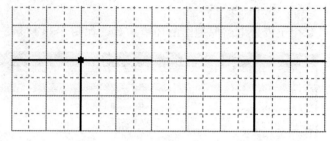

图 2-37　选中【转换交叉点】选项　　　　　图 2-38　未选中【转换交叉点】选项

⑦ 显示 Cross-Overs：选中该复选框后，非电气连接的交叉点处以半圆弧显示，如图 2-39 所示。

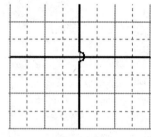

图 2-39　非电气连接的导线

⑧ Pin 方向：选中该复选框后，在原理图文档中显示元器件引脚的方向，引脚方向由一个三角符号表示。

⑨ 图纸入口方向：选中该复选框后，在顶层原理图的图纸符号中，会根据子图中设置的端口属性显示是输出端口、输入端口或其他性质的端口。图纸符号中相互连接的端口部分则不跟随此项设置改变。

⑩ 端口方向：选中该复选框后，端口的样式会根据用户设置的端口属性显示是输出端口、输入端口或其他性质的端口。

⑪ 未连接从左到右：选中该复选框后，原理图中未连接的端口将显示从左到右的方向。

⑫ 使用 GDI＋渲染文本＋：选中该复选框后，可使用 GDI 字体渲染功能，精细到字体的粗细、大小等功能。

⑬ 直角拖拽：选中该复选框后，在原理图上拖动元件时，与元件相连接的导线只能保持直角。若不选中该复选框，则与元件相连接的导线可以呈现任意的角度。

⑭ Drag Step 下拉列表框：在原理图上拖动元件时，拖动速度包括 4 种：Medium、Large、Small 和 Smallest。

（2）包括剪切板

① No-ERC 标记：选中该复选框后，在复制、剪贴设计对象到剪贴板或打印时，将包括图纸中的忽略 ERC 检查符号。

② 注释：选中该复选框后，在复制、剪贴设计对象到剪贴板或打印时，包含元器件的参数信息。

（3）Alpha 数字后缀。在放置复合元器件时，设置其子部件的后缀形式。

① Alpha：设置子部件的后缀以字母显示，如 U1A、U1B 等。

② 数字：设置子部件的后缀以数字显示，如 U1：1、U1：2 等。

（4）引脚余量

① 名称：设置元器件的引脚名称与元器件符号边缘的距离，系统默认值为 5mil。

② 数量：设置元器件的引脚编号与元器件符号边缘的距离，系统默认值为 8mil。

（5）默认电源器件名

① 电源地：设置电源地名称，系统默认为"GND"。

② 信号地：设置信号地名称，系统默认为"SGND"。

③ 接地：设置参考大地名称，系统默认为"EARTH"。

（6）过滤和选择的文档范围。设置过滤器和执行选择功能时默认的文档范围。

① Current Document：仅适用于当前打开的文档。

② Open Document：适用于所有打开的文档。

（7）默认空图表尺寸。设置默认的空白原理图的尺寸，用户可以从下拉列表框中选择。系统默认设置为 A4。

（8）分段放置。设置元件标识序号及引脚号的自动增量数。

① 首要的：设置在原理图上连续放置同一种元器件时，元器件的标识序号按照设置的数值自动增加，系统默认设置为1。

② 次要的：设定在创建原理图元件时，引脚号的自动增量数，系统默认设置为1。

（9）默认。用来设置默认的模板文件。

2）Graphical Editing

用于设置图形编辑环境参数，如图 2-40 所示。

图 2-40 【参数选择】对话框→【Graphical Editing】标签

（1）选项

① 剪贴板参数：用于设置将选取的元器件复制或剪切到剪贴板时，是否要指定参考点。如果选中该复选框，进行复制或剪切操作时，系统会要求指定参考点，对于复制一个将要粘贴回原来位置的原理图部分非常重要，该参考点是粘贴时被保留部分的点，建议选中该复选框。

② 添加模板到剪切板：若选中该复选框，当执行复制或剪切操作时，系统会把模板文

件添加到剪贴板上。若不选中该复选框,可以直接将原理图复制到 Word 文档中。建议用户取消选中该复选框。

③ 转化特殊字符:用于设置将特殊字符串转换成相应的内容。若选中该复选框,则当在电路原理图中使用特殊字符串时,显示时会转换成实际字符串,否则将保持原样。

④ 对象的中点:用来设置当移动元器件时,光标捕捉的是元器件的参考点还是元器件的中心。要想实现该选项的功能,必须取消选中"对象电气热点"复选框。

⑤ 对象电气热点:选中该复选框后,可以通过距离对象最近的电气点移动或拖动对象。建议用户选中该复选框。

⑥ 自动缩放:用于设置插入组件时,原理图是否可以自动调整视图显示比例,以适合显示该组件。建议用户选中该复选框。

⑦ 否定信号 '\':单一 '\' 表示负,选中该复选框后,只要在网络标签名称的第一个字符前加一个 '\',就可以将该网络标签名称全部加上横线。

⑧ 双击运行检查:设置在双击某一对象时,将会打开【Inspector(检查)】面板,而不是【对象属性】对话框。建议不要选中此对话框。

⑨ 确定被选存储清除:若选中该复选框,在清除选择存储器时,系统将会出现一个确认对话框;否则,确认对话框不会出现。通过该项功能可以防止由于疏忽而清除选择存储区,建议用户选中该复选框。

⑩ 掩膜手册参数:用来设置是否显示参数自动定位被取消的标记点。

⑪ 单击清除选择:设置单击原理图中的任何位置就可以取消设计对象的选中状态。

⑫ 'Shift' + 单击选择:设置同时使用 Shift 键和鼠标才可以选中对象。选中该功能会使原理图编辑很不方便,建议不要选择此复选框。

⑬ 一直拖拉:总是拖动。选中该复选框后,当移动某一元器件时,与其相连的导线也会被随之拖动,保持连接关系;否则,移动元器件时,与其相连的导线不会被拖动。

⑭ 自动放置图纸入口:设置系统自动放置图纸入口。

⑮ 保护锁定的对象:设置系统对锁定的图元进行保护。

⑯ 图纸入口和端口使用 Harness 颜色:选中该复选框,将原理图中的图纸入口与电路端口颜色设置为 Harness 颜色。

⑰ 重置粘贴的元件标号:选中该复选框后,将复制粘贴后的元件标号进行重置。

⑱ Net Color Override(覆盖网络颜色):选中该对话框后,激活网络颜色功能,可以单击  按钮,设置网络对象的颜色。

(2)自动扫描选项。主要用于设置系统的自动摇景功能。自动摇景是指当鼠标处于放置图纸元件的状态时,如果将光标移动到编辑区边界上,图纸边界自动向窗口中心移动。

① 类型:单击该选项的下拉按钮,弹出的下拉列表中有以下三个选项。

Auto Pan Off:取消自动摇景功能。

Auto Pan Fixed Jump:以 Step Size 和 Shift Step Size 所设置的值进行自动移动。

Auto Pan ReCenter:重新定位编辑区的中心位置,即以光标所指的边为新的编辑区中心。系统默认为 Auto Pan Fixed Jump。

② 速度:用于调节滑块设定自动移动速度。滑块越向右,移动速度越快。

③ 步进步长:用于设置滑块每一步移动的距离值。系统默认值为 30。

④ Shift 步进步长:用来设置在按下 Shift 键时,原理图自动移动的步长。一般该栏的值大于 Step Size 中的值,这样按下 Shift 键后,可以加速原理图图纸的移动速度。系统默认值为 100。

(3)撤销/取消撤销。设置撤销和重复操作的最深堆栈次数。

（4）颜色选项。设置所选中对象的颜色。单击后面的颜色选择栏，即可自行设置。

（5）光标。设置光标的类型。指针类型下拉列表框有 4 种选择，即 Large Cursor 90（90°大光标）、Small Cursor 90（90°小光标）、Small Cursor 45（45°小光标）和 Tiny Cursor 45（45°微小光标）。系统默认为 Small Cursor 90。

### 3）Mouse Wheel Configuration

用于设置鼠标滚轮的功能，如图 2-41 所示。

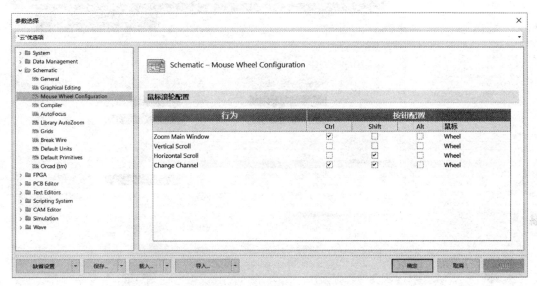

图 2-41 【参数选择】对话框→【Mouse Wheel Configuration】标签

① Zoom Main Window：缩放主窗口。在它后面有 3 个选项可供选择，即 Ctrl、Shift 和 Alt。当选中某一个后，按下此键并滚动鼠标滚轮，就可以缩放电路原理图。系统默认选择 Ctrl。

② Vertical Scroll：垂直滚动。同样有 3 个选项供选择。系统默认不选择。

③ Horizontal Scroll：水平滚动。系统默认选择 Shift。

④ Change Channel：转换通道。

### 4）Compiler

用于设置编译器参数，如图 2-42 所示。

在 Altium Designer 的原理图编辑器绘制好电路原理图以后，不能立即把它送到 PCB 编辑器，直接生成 PCB 印制板文件。因为实际应用电路的设计一般都比较复杂，或多或少会有一些错误或者疏漏之处。因此，Altium Designer 提供了编译器这样一个工具，它可以根据用户的设置对整个电路图进行电气检查，对检测出的错误生成各种报表和统计信息，帮助用户进一步修改和完善自己的设计工作。

① 错误与警告：用于设置对于编译过程中出现的错误是否显示出来，并可以选择颜色加以标记。系统错误有 3 种，分别是 Fatal Error（致命错误）、Error（错误）和 Warning（警告）。该选项采用系统默认值即可。

② 自动连接：用于设置在电路原理图连线时，在导线的"T"字形连接处，系统自动添加电气节点的显示方式。

### 5）AutoFocus

用于设置原理图的自动聚焦。它可以根据原理图中的元件或对象所处的状态（连接或

设计单管放大电路原理图

39

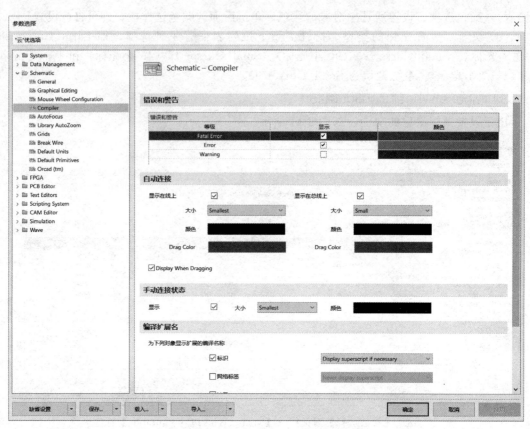

图 2-42 【参数选择】对话框→【Compiler】标签

未连接）分别进行显示，便于用户直观、快捷地查询或修改。

6）Library AutoZoom

用于设置元件的自动缩放，如图 2-43 所示。

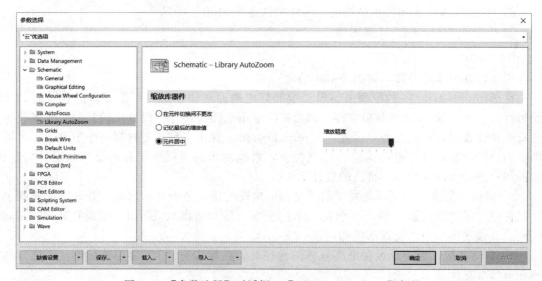

图 2-43 【参数选择】对话框→【Library AutoZoom】标签

共有 3 个单选按钮供用户选择："在元件切换间不更改"、"记忆最后的缩放值" 和 "元

40

件居中"。用户根据自己的实际情况选择即可，系统默认选中"元件居中"单选按钮。

7）Grids

用于设置原理图的网格，如图 2-44 所示。

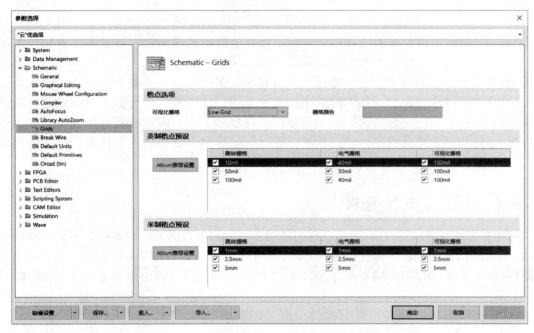

图 2-44 【参数选择】对话框→【Grids】标签

① 格点选项：用于设置栅格线型和颜色。

可视化栅格：可视栅格有两种线型供选择，Line Grid（线型）和 Dot Grid（点型）。

栅格颜色：用于设置栅格颜色，直接点击栅格颜色即可打开颜色对话框进行设置。

② 英制格点预设：用于将网格形式设置为英制网格形式。点击 Altium推荐设置 按钮，可以选择其中某一种形式，在旁边显示出系统对"跳转栅格""电气栅格""可视化栅格"的默认值，用户也可以自己单击设置。

③ 米制格点预设：用于将网格形式设置为米制网格形式。同英制格点同样的方法设置。

8）Break Wire

用于对原理图中的各种连线进行切割、修改。在设计电路的过程中，往往要擦除某些多余的线段，如果连接线条较长或连接在该线段上的元器件数目较多，我们不希望删除整条线段，此项功能可以使用户在设计原理图过程中更加灵活。

9）Default Units

用于设置电路板的单位。在原理图设计中，使用的单位系统可以是英制单位系统，也可以是米制单位系统，具体只需在 Default Units 中进行选择即可。

10）Default Primitives

用于设置原理图编辑时常用图元的原始默认值，这样，在执行各种操作时，如图形绘制、元器件插入等，就会以所设置的原始默认值为基准进行操作，简化了编辑过程。

11）Orcad（tm）

用于设置 Orcad 文档相关的选项。

任务 2.3　设置元器件库

电路原理图是由大量的元器件构成的，绘制电路原理图的过程就是在编辑窗口不断放置元器件并按要求连线的过程。Altium Designer 为用户准备了大量的元器件，这些元器件数量庞大，种类繁多，通常按照生产商和功能进行分类，存储在不同的文件中，这些库文件都存放在硬盘上，是不能直接使用的，用户需要哪个库，必须先加载它，也就是将它调入内存中，成为"活"的元器件库。但如果一次载入的元器件库过多，将占用较多的系统资源，降低程序的运行效率，所以一般只载入必要的元器件库，而其他的元器件库在需要时再载入。

## 2.3.1　认识 【库】 面板

【库】面板是 Altium Designer 系统中最重要的应用面板之一，它不仅仅为原理图编辑器服务，在 PCB 编辑器中同样也离不开它。为了更高效地进行电子产品设计，用户应当熟练地掌握它。在原理图编辑器右上方单击【库】选项，屏幕弹出如图 2-45 所示的【库】面板。

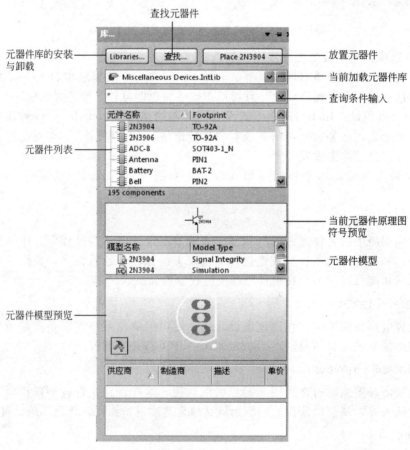

图 2-45　【库】面板

该面板中包含元器件库按钮、元器件查找按钮、放置元器件按钮、当前加载的元器件库列表、查询条件输入栏、元器件列表、当前元器件原理图符号栏、当前元器件模型等内容，用户可以在其中查看相应信息，以判断元器件是否符合要求。其中元器件模型预设栏默认是不显示状态，用鼠标单击该区域将显示元器件封装图形。

　　① 当前加载的元器件库：该栏列出了当前项目加载的所有库文件。单击右侧的下拉按钮，可以选择并改变激活的库文件。

　　② 查询条件输入栏：用于输入与要查询的元器件相关的内容，帮助用户快捷查找。

　　③ 元器件列表：用于列出满足查询条件的所有元器件或当前被激活的元器件库所包含的所有元器件。

　　④ 当前元器件原理图符号预览：用于预览当前元器件在原理图中的图形符号。

　　⑤ 元器件模型预览：用于预览当前元器件的各种模型，如元器件封装形式、仿真模型等。

## 2.3.2　元器件库的加载与卸载

　　为了方便地把相应的元器件原理图符号放置到图纸上，用户可以将包含所需元器件的元器件库载入到内存中，这个过程称之为元器件库的加载。当内存中载入过多的元器件库时，会占用大量的系统资源，降低应用程序的使用效率。所以，如果有的元器件库暂时用不到，应及时将该元器件库从内存中移出，这个过程称之为元器件库的卸载。下面我们就来介绍元器件库的加载和卸载操作。

认识并加载元件库

　　1）加载元器件库

　　单击图 2-45 中的【Libraries】按钮，屏幕弹出【可用库】对话框，选择【Installed】选项卡，如图 2-46 所示，窗口中显示了当前已加载的元器件库。

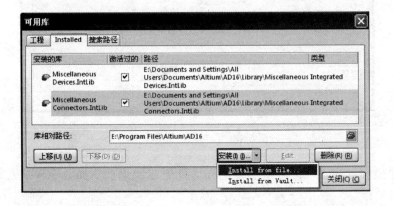

图 2-46　【可用库】对话框

　　在图 2-46 中【库相对路径】设置元器件库的存放路径，用户可以及时登录 Altium Designer 官方网站，下载最新元器件库，以方便设计。单击【安装】按钮，选择 "Installed from file"可以加载元器件库，屏幕弹出【打开】对话框，此时可以根据需要加载元器件库。比如我们需要加载 Philips Microcontroller 8-Bit. IntLib，则要先找到其所在的文件夹，Altium Designer 元器件库是按生产厂商进行分类的，每个厂商生产的元器件存放在一个文件夹内，文件夹按照英文字母顺序排列，选定某个厂商的元器件库文件夹，则该厂商的元器件列表会被显

设计单管放大电路原理图

项目②

43

示出来。如图 2-47 所示，单击【打开】按钮完成元器件库加载。此时，元器件库将会出现在【可用库】对话框中，如图 2-48 所示。

图 2-47 【打开】对话框

图 2-48 已加载的元器件库

重复上述操作过程，可以将所需要的元器件库逐一加载。加载完毕后，单击【关闭】按钮，关闭对话框。

在本项目的单管放大电路设计中，需要加载元器件库 Miscellaneous Devices.IntLib，它们包含了常用的电阻、电容、二极管、三极管、变压器、按键开关、接插件等元器件。Miscellaneous Devices.IntLib 已经在可用库中，可以使用了。

2）卸载元器件库

如果想卸载某个元器件库，则在图 2-48 所示的【可用库】对话框中选中该元器件库，并点击对话框下方的【删除】按钮，即可卸载已加载的元器件库。由于本项目中仅需要 Miscellaneous Devices.IntLib 库，所以可以卸载掉多余的库。

放置元器件

## 2.4.1　元器件的放置

在原理图绘制过程中，将各种元器件的原理图符号放到原理图图纸中是很重要的操作之一。在单管放大电路的设计中要用到电阻、电解电容和三极管 2N3904 三种元器件，它们都在 Miscellaneous Devices.IntLib 库中。下面介绍放置元器件的方法。

1）通过【库】面板放置元器件

在"当前加载元器件库栏"将 Miscellaneous Devices.IntLib 设为当前库。本项目中的电阻元器件名为"Res2"，在"元器件列表栏"拖动滚动条，在元器件列表中查找元器件，或者直接在元器件查询输入框输入"Res"，找到元器件后，【库】面板将显示该元器件的符号和封装图，如图 2-49 所示。单击【Place Res2】按钮，将光标移到工作区中，此时元器件已附着在光标上，我们称元器件此时为浮动状态。此时按键盘上【空格键】可以旋转元器件的方向，将光标移动到合适的位置后，单击鼠标左键，元器件 Res2 就被放置到图纸上，此时元器件仍处于浮动状态，可以继续放置该类元器件，或单击鼠标右键退出放置状态。放置元器件的过程如图 2-50 所示。

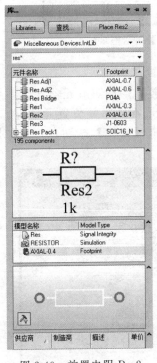

图 2-49　放置电阻 Res2

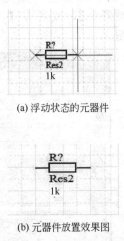

(a) 浮动状态的元器件

(b) 元器件放置效果图

图 2-50　放置元器件

当元器件处于浮动状态时，按下键盘上的【Tab】键，或者在元器件放置完成后，双击元器件，屏幕弹出【元器件属性】对话框，可修改元器件属性，具体的设置方法将在 2.4.2 节中进行介绍。

设计单管放大电路原理图　项目❷

2）通过菜单放置元器件

除了通过【库】面板放置元器件的方法，用户还可以通过执行菜单命令实现元器件的放置。执行菜单命令【放置】→【元件】，或者单击配线工具栏上的 ⬦ 图标，屏幕弹出如图 2-51 所示的【放置端口】对话框，【物理元件】栏中输入需要放置的元器件名称，如电阻为 Res2；【标识】栏中输入元器件标号，如 R1；【注释】栏中输入元器件型号，如 1k；【封装】栏用于设置元器件的 PCB 封装形式，默认为 AXIAL-0.4。所有内容输入完毕后，单击"确定"按钮，此时元器件便处于浮动状态，单击鼠标左键放置元器件。

图 2-51 【放置端口】对话框

3）通过查找的方式放置元器件

在放置元器件时，如果用户只知道元器件的名称，不知道元器件在哪个元器件库中，可使用系统提供的查找功能来查找元器件，加载元器件库并放置元器件。执行菜单命令【工具】→【发现器件】，或者在【库】面板上单击【查找】按钮，打开如图 2-52 所示的【搜索库】对话框。

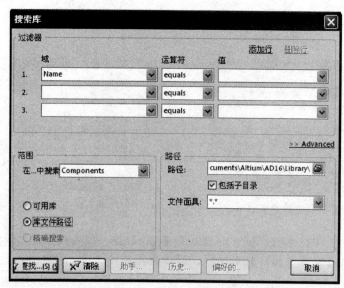

图 2-52 【搜索库】对话框

① 简单查找：图 2-52 所示为简单查找对话框，如果进行高级查找，则单击图 2-52 所示对话框中的【Advanced】按钮，然后显示高级查找对话框。

② 过滤器：可以输入查找元器件的【域】属性（如"Name"），然后选择【运算符】，如"equals"、"contains"、"starts with"和"ends with"等；在【值】栏中输入所要查找的属性值。

③ 范围：设置查找的范围。

a. 在…中搜索：单击下拉按钮，会提供 4 种可选类型，即元器件（Components）、PCB封装（Footprints）、3D 模型（3D Models）、数据库元器件（Database Components）。

b. 可用库：选中该选项后，系统会在已加载的元器件库中查找。

c. 库文件路径：选中该选项后，系统按照设置好的路径范围进行查找。

④ 路径：设置查找元器件的路径，只有在选中【库文件路径】单选框时，该项设置才是有效的。

a. 路径：单击右侧的文件夹图标，系统会弹出【浏览文件夹】对话框，供用户选择设置搜索路径，若选中下面的【包括子目录】复选框，则包含在指定目录中的子目录也会被搜索。

b. 文件面具：设定查找元器件的文件匹配域。

⑤ Advanced：高级查找，如图 2-53 所示。在该选项的文本框中，输入一些与查询内容有关的过滤语句表达式，有助于使系统进行更快捷、更准确的查找。例如，在文本框中输入"（Name LIKE '＊7404＊'）"，单击【查找】按钮后，系统开始搜索。

图 2-53 【Advanced】选项对话框

⑥ 清除：单击该按钮，可将【元器件库查找】文本编辑框中的内容清除干净，方便下次的查找工作。

⑦ 助手：单击该按钮，可以打开【Query Helper】对话框。在该对话框中，可以输入一些与查询内容相关的过滤语句表达式，有助于对所需的元器件进行快捷、精确的查找，如图 2-54 所示。

⑧ 历史：单击该按钮，则会打开【Expression Manager】（语法管理器）的【History】选项卡，如图 2-55 所示。其中存放着以往所有的查询记录。

⑨ 偏好的：单击该按钮，则会打开【Expression Manager】（语法管理器）的【Favorites】选项卡，如图 2-56 所示。用户可以将已查询的内容保存在这里，便于下次用到该元器件时直接使用。

下面介绍从未知元器件库查找 SN7404N，并添加相应库文件的操作。

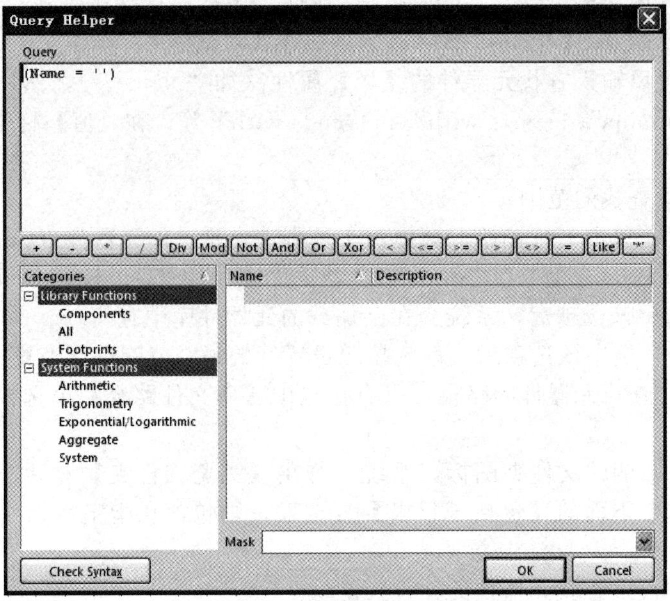

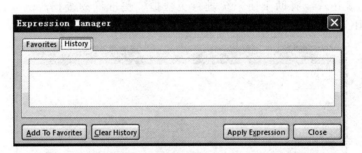

图 2-54 【Query Helper】对话框

图 2-55 【Expression Manager】的【History】选项卡

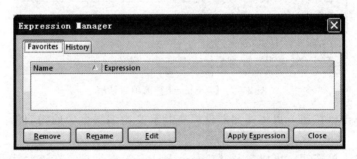

图 2-56 【Expression Manager】的【Favorites】选项卡

打开【搜索库】对话框，设置【在…中搜索】栏为 "Components"，选中【库文件路径】单选框，此时【路径】文本编辑栏内显示系统默认的路径 "E：\Program Files \Altium \AD16 \Library"，设置【运算符】为 "contains"，在【值】栏中输入元器件的全部名称或部分名称，如 "7404"，如图 2-57 所示。

单击【查找】按钮，打开【库】面板，如图 2-58 所示。在【元件名称】列表框中，单击鼠标左键选中需要的元器件 "SN7404N"，在选中元器件名称上单击鼠标右键，弹出元器件操作菜单，如图 2-59 所示。

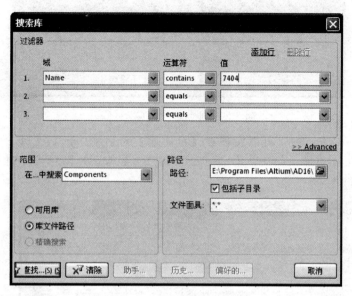

图 2-57　查找元器件设置

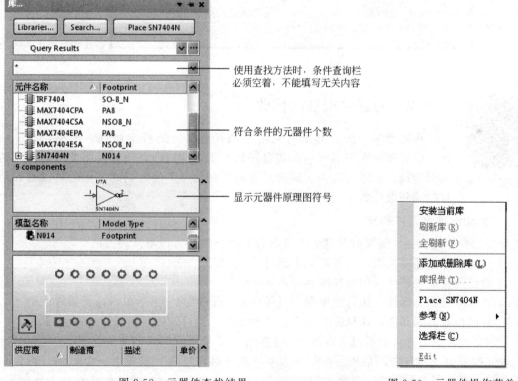

使用查找方法时，条件查询栏必须空着，不能填写无关内容

符合条件的元器件个数

显示元器件原理图符号

图 2-58　元器件查找结果

| | |
|---|---|
| **安装当前库** | |
| 刷新库 (R) | |
| 全刷新 (F) | |
| 添加或删除库 (L) | |
| 库报告 (T)... | |
| Place SN7404N | |
| 参考 (N) | ▶ |
| 选择栏 (C) | |
| Edit | |

图 2-59　元器件操作菜单

执行菜单命令【Place SN7404N】或单击【库】面板上的【Place SN7404N】按钮，则系统弹出如图 2-60 所示的提示框，提示用户元器件 SN7404N 所在的元器件库 TI Logic Gate1.IntLib 不在系统当前可用的元器件库中，并询问是否加载该元器件库。

单击【是】按钮，则元器件库 TI Logic Gate1.IntLib 被加载。此时，单击元器件【库】

图 2-60　加载元器件库提示框

面板上的【Libraries】按钮，可以发现在【可用库】对话框中，TI Logic Gate1. IntLib 已被加载成为可用元器件库，如图 2-61 所示。单击【否】按钮，则只是使用该元器件而不加载其所在的元器件库。

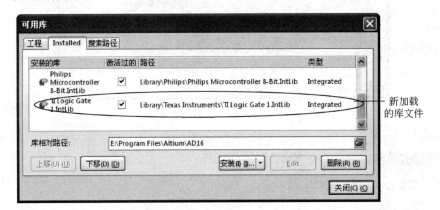

图 2-61　添加查找的库文件

设置元器件属性

## 2.4.2　元器件属性的修改

　　在原理图上放置的所有元器件都具有自身的特定属性，如标识符、注释、位置和所在库名等，在放置好每个元器件后，都应对其属性进行正确的编辑和设置，因为能否正确设置元器件属性，不仅影响到图纸的可读性，而且影响到设计的正确性。

1）手动设置元器件属性

设置元器件的属性，需要打开【元器件属性】对话框，有以下几种方法。

① 在元器件的浮动状态，按下键盘上的【Tab】键。

② 对已放置的元器件，用鼠标左键双击该元器件。

③ 对已放置的元器件，执行菜单命令【编辑】→【改变】，然后单击该元器件。

④ 对已放置的元器件，用鼠标右键单击该元器件，执行快捷菜单【Properties】。

上述四种方法，都可打开【元器件属性】对话框，进行元器件的属性设置。

　　优先推荐第一种方法，尤其是在制作大型原理图时，软件在放置下一个元器件时会自动继承前一个元器件的属性，并将元器件标号中的数字自动加 1，可以有效提高工作效率。在后续制作原理图元器件、印制电路板、封装形式的过程中，在放置图形对象时也要注意使用【Tab】键，以提高速度。

　　双击 2.4.1 节中已经放置的电阻，打开【元器件属性】对话框，即可进行元器件属性的设置，如图 2-62 所示。

① Designator：对原理图中的元器件进行标识。

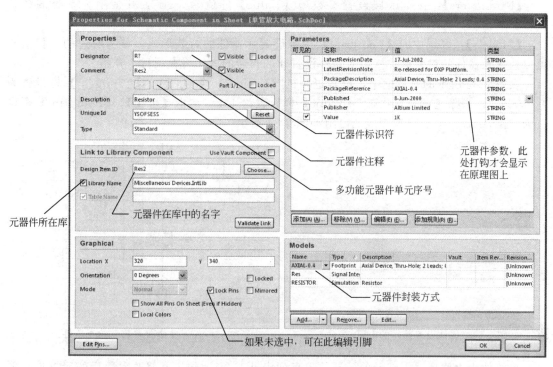

图 2-62　元器件属性设置对话框

② Comment：对元器件进行注释、说明。

注意：一般应选择【Designator】后面的【Visible】（可见）复选框，不选【Comment】后面的【Visible】复选框。这样在原理图中就只显示元器件的标志，不会显示其注释内容，便于原理图布局。【Properties】区域中其他属性采用系统默认值。

③ Link to Library Component：显示该元器件所在库的名称和该元器件的名称。

④ Graphical：显示元器件的坐标位置、锁定引脚、显示所有引脚和设置元器件的颜色。

⑤ Locked：复选框打钩，则该元器件被锁定，不能随便移动。

⑥ Locked Pins：复选框打钩，则元器件引脚被锁定，不打钩则表示元器件引脚可以编辑，打开【Edit Pins】，打开引脚编辑对话框如图 2-63 所示，可以对引脚进行编辑。

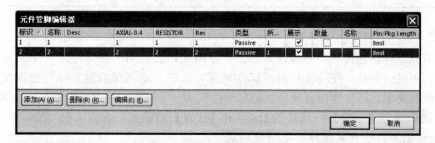

图 2-63　引脚编辑对话框

⑦ Show All Pins On Sheet（Even if Hidden）：复选框打钩，则显示图纸上所有引脚，包括隐藏引脚，否则隐藏引脚不显示。

⑧ Local Colors：用于对元器件填充色、边框色以及引脚颜色的设置，一般情况下可以采用系统默认值，不需要设置。

【Parameters】：在本区域设置参数项【Value】的值为"1k"，其余项为系统的默认设置。

【Models】：区域中的【Footprint】用于设置元器件的封装形式，单击右边的下拉箭头可以选择元器件的封装形式。给元器件设置新的封装的方法将在项目 7 介绍。

在图 2-62 所示的对话框中，设置电阻的【Designator】为 R1，【Comment】栏设置为"=Value"，去除【可视】状态，【Value】栏设置为 10k，选中【可视】，【Footprint】栏设置为"AXIAL-0.4"。设置完成的电阻如图 2-64 所示。

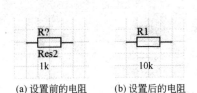

(a) 设置前的电阻　　(b) 设置后的电阻

图 2-64　属性设置前后的电阻

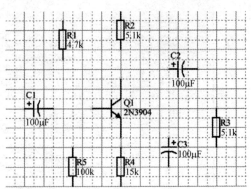

图 2-65　设置并修改参数后的元器件

单管放大电路项目中涉及的元器件信息列表见表 2-5，放置并修改参数后的元器件如图 2-65 所示。注意：在放置元器件前务必要检查【捕捉栅格】设置为"10"。

表 2-5　单管放大电路元器件信息列表

| 元器件封装 | 标称值 | 元器件名称 | 元器件标号 | 元器件类型 |
| --- | --- | --- | --- | --- |
| RB7.6-15 | 100μF | cap pol1 | C1，C2，C3 | Polarized Capacitor(Radial) |
| BCY-W3/E4 | 2N3904 | 2N3904 | Q1 | NPN General Purpose Amplifier |
| AXIAL-0.4 | 4.7k | Res2 | R1 | Resistor |
| AXIAL-0.4 | 5.1k | Res2 | R2 | Resistor |
| AXIAL-0.4 | 5.1k | Res2 | R3 | Resistor |
| AXIAL-0.4 | 15k | Res2 | R4 | Resistor |
| AXIAL-0.4 | 100k | Res2 | R5 | Resistor |

2）自动给元器件添加标注

有的电路原理图比较复杂，由许多的元器件构成，如果用手动标注的方法对元器件逐个进行操作，不仅效率低，而且容易出现标注遗漏、标识号不连续或重复标注的现象。为了避免上述错误的发生，可以使用系统提供的自动标注功能来轻松完成对元器件的标注编辑。

执行菜单命令【工具】→【注解】，弹出【注释】对话框，如图 2-66 所示。

① 处理顺序：设置元器件标注的处理顺序。

a. Up Then Across：按照元器件在原理图中的排列位置，先按照从下到上，再按从左到右的顺序自动标注。

b. Down Then Across：按照元器件在原理图中的排列位置，先按照从上到下，再按从左到右的顺序自动标注。

c. Across Then Up：按照元器件在原理图中的排列位置，先按照从左到右，再按从下到

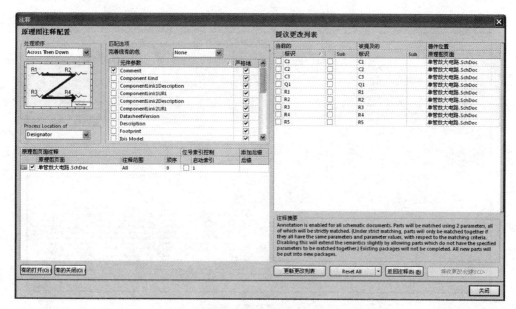

图 2-66 【注释】对话框

上的顺序自动标注。

d. Across Then Down：按照元器件在原理图中的排列位置，先按照从左到右，再按照从上到下的顺序自动标注。

② 匹配选项：选择元器件的匹配参数，有多种元器件参数供用户选择。

③ 原理图页面注释：选择要标注的原理图文件，并确定注释范围、起始索引值及后缀字符等。

④ 提议更改列表：显示元器件的标识在改变前、后的变化，并指明元器件所在原理图名称。

下面我们就使用自动标注来给放大电路原理图里的元器件进行标注。

图 2-65 里元器件都已经标注好，我们可以先恢复元器件标号。执行菜单命令【工具】→【复位标号】，弹出如图 2-67 所示的元器件标识符更改确认对话框，点击【Yes】确认更改，复位元器件标号后的原理图如图 2-68 所示。

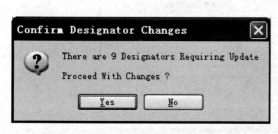

图 2-67　元器件标识符更改确认

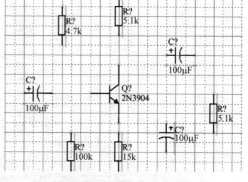

图2-68　复位元器件标号后的原理图

执行菜单命令【工具】→【注解】，弹出【注释】对话框，设置【处理顺序】栏为"Down Then Across"，在【匹配选项】列表中选中两项：【Comment】和【Library Reference】，【注释范围】为"All"，【顺序】为1，【启动索引】也设置为1，设置好后的【注释】对话框如图 2-69 所示。

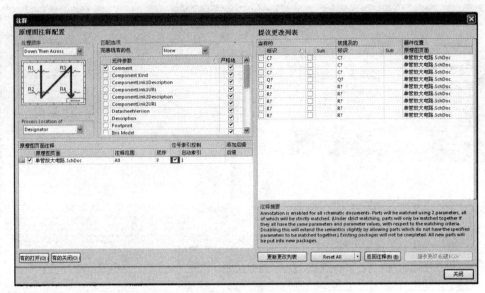

图 2-69 【注释】对话框

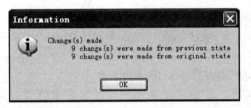

图 2-70 元器件状态发生变化提示框

设置完成后，单击【更新更改列表】按钮，系统弹出提示框，提醒用户元器件状态要发生变化，如图 2-70 所示。

单击提示框中的【OK】按钮，系统会更新要标注元器件的标号，并显示在【提议更改列表】中，同时【注释】对话框右下角的【接受更改】按钮处于激活状态，如图 2-71 所示。

单击【接受更改】按钮，系统自动弹出【工程更改顺序】对话框，如图 2-72 所示。

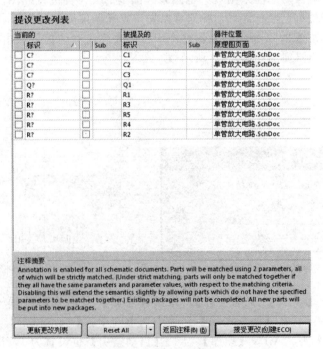

图 2-71 标号更新

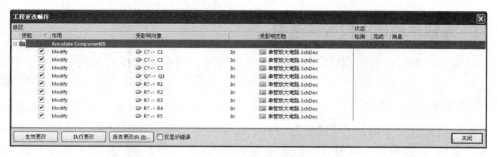

图 2-72 【工程更改顺序】对话框

单击【生效更改】按钮，可使标号变化生效，但此时原理图中的元器件标号并没有显示出变化，单击【执行更改】按钮后，【工程更改顺序】对话框如图 2-73 所示。

图 2-73 变化生效后的【工程更改顺序】对话框

关闭【工程更改顺序】对话框和【注释】对话框，可以看到自动标注后的元器件，如图 2-74 所示。

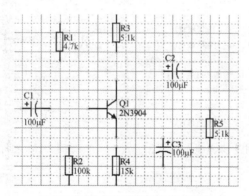

图 2-74 完成自动标注后的元器件

 **任务 2.5 调整元器件布局**

放置元器件时，其位置一般是大致估计出来的，并不能满足设计清晰、美观易读的要求，所以需要根据原理图的整体布局，对元器件的位置进行调整。元器件位置的调整主要包括元器件的移动、元器件方向的设定和元器件的排列等操作。

调整元器件布局

### 2.5.1　元器件的选中和取消选中

要对元器件进行位置的调整，首先要选中元器件，选中元器件的方法有以下几种。

1）菜单选中

执行菜单命令【编辑】→【选中】，如图 2-75 所示，可以选择"内部区域"、"外部区域"或"全部"，前两者可以通过拉框选中对象。"切换选择"是一个开关命令，当对象处于未选取状态时，使用该命令可以选中对象；当对象处于选取状态时，则取消选中。

2）工具栏功能按钮选中

利用工具栏上的□按钮，用鼠标拉框选取对象。

3）直接选中

直接用鼠标单击选中元器件。对于单个对象，可以直接用鼠标左键单击选取对象；若要同时选取多个对象，可以在按下【Shift】键的同时，用鼠标左键单击选取对象。

在元器件被选中之后，所选元器件的外围有一个绿色外框，执行完所需操作之后，在图纸空白处点击鼠标左键，即可解除元器件的选中状态，或单击工具栏 按钮解除选中。处于选中状态的元器件如图 2-76 所示。

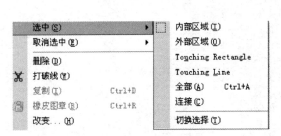

图 2-75　【选中】菜单项

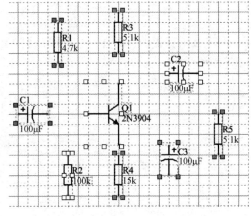

图 2-76　处于选中状态的元器件

### 2.5.2　移动元器件

移动单个元器件时，常用的方法是用鼠标左键点选要移动的元器件，并按住鼠标左键不放，将元器件拖到要放置的位置。

需要移动一组元器件时，用 2.5.1 节介绍的方法选中一组元器件，然后用鼠标左键选中其中一个元器件，将这组元器件拖到合适位置，松开鼠标左键即可。

### 2.5.3　旋转元器件

对于已经放置的元器件，在调整布局时可能需要对元器件的方向进行调整。

用鼠标左键点选要旋转的元器件不放，然后，按【Space】键逆时针 90°旋转，按【X】键可以进行水平方向翻转，按【Y】键可以进行垂直方向翻转。

需要注意的是，必须在英文输入状态下按【Space】键、【X】键、【Y】键才有效。

## 2.5.4 删除元器件

要删除某个元器件，可用鼠标左键选中要删除的对象，此时元器件被绿色虚线框住，按下键盘上的【Delete】键即可删除该对象。

## 2.5.5 排列元器件

在原理图中，当元器件数量较多时，手工排列元器件就会比较吃力，而元器件布局的好坏直接影响原理图的美观、易读性，因此借助于系统工具对元器件进行排列就显得非常必要。下面我们对图 2-77 所示的多个元器件进行位置排列，使其在水平方向上均匀分布。选中所有待排列的元器件，如图 2-78 所示。

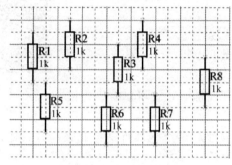

图 2-77　待排列的元器件

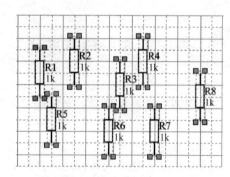

图 2-78　已选中待调整的元器件

执行菜单命令【编辑】→【对齐】→【顶对齐】，或者在编辑状态下按【A】键，弹出命令菜单，如图 2-79 所示。

执行【顶对齐】命令，则选中的元器件以最上边的元器件为基准端对齐，如图 2-80 所示。按【A】键，在【对齐】命令菜单中执行【水平分布】命令，使选中的元器件在水平方向上均匀分布。单击【标准】工具栏中的 图标，取消元器件的选中状态，操作完成后如图 2-81 所示。

| | 对齐(A)… | |
| --- | --- | --- |
| | 左对齐(L) | Shift+Ctrl+L |
| | 右对齐(R) | Shift+Ctrl+R |
| | 水平中心对齐(C) | |
| | 水平分布(D) | Shift+Ctrl+H |
| | 顶对齐(T) | Shift+Ctrl+T |
| | 底对齐(B) | Shift+Ctrl+B |
| | 垂直中心对齐(V) | |
| | 垂直分布(I) | Shift+Ctrl+V |
| | 对齐到珊格上(G) | Shift+Ctrl+D |

图 2-79　对齐命令菜单

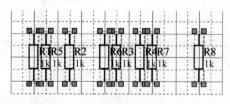

图 2-80　调整后的元器件

调整好布局的单管放大电路元器件如图 2-82 所示。

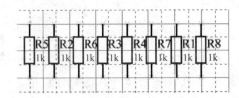

图 2-81　操作完成后的元器件排列

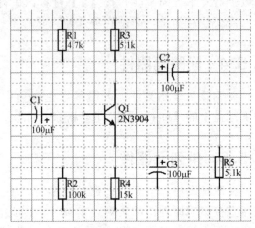

图 2-82　调整好布局的单管放大电路元器件

 **任务 2.6　电气连线**

电气连线

在原理图中放置好需要的元器件，并编辑好其属性后，就可以着手连接各个元器件，建立原理图的实际连接了。

电气连接有两种实现方式：一种是直接使用导线将各个元器件连接起来；另一种是通过设置网络标签，使得元器件之间具有电气连接关系。

单管放大电路原理图比较简单，在此，我们选择直接用导线连接。

执行菜单命令【放置】→【线】，或者单击布线工具栏上的图标，光标变成十字形，进入放置导线状态，此时按下【Tab】键，屏幕弹出【线】属性对话框，如图 2-83 所示，可以设置导线的颜色和线宽。将光标移至欲放置导线的位置，会出现一个红色米字标志，表示找到了元器件的一个电气节点，如图 2-84 所示。在导线绘制起点处单击鼠标左键定义导线起点，移动光标至另外一个电气节点处，同样会出现一个红色米字标志，如图 2-85 所示，单击鼠标左键定义导线的终点，完成两点间的连线，完成连线后的效果如图 2-86 所

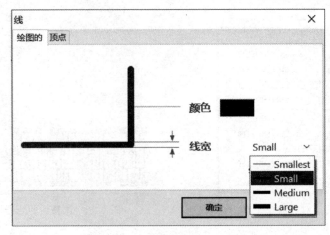

图 2-83　【线】属性对话框

示，单击鼠标右键退出放置线状态。

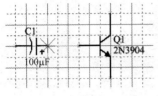
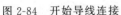
图 2-84　开始导线连接

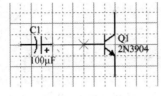
图 2-85　连接元器件

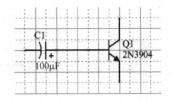
图 2-86　完成元器件连接

　　如果要连接的两个电气节点不在同一水平线上，则在绘制导线过程中可以单击鼠标左键指定导线的折点位置，再找到导线的终点位置，单击鼠标左键，完成两个电气节点之间的连接，也可以指定导线的起点和终点，系统自动确定折点。完成连线后，单击鼠标右键或按键盘上的【Esc】键，退出导线的绘制状态。

　　值得注意的是，在放置导线时，Altium Designer 提供了"米"字形，提醒用户是否已建立电气连接，出现这个"米"字形标志的时候单击，即可完成导线连接。如果没有这个标志，哪怕导线与引脚距离很近，也没有真正形成连接。"米"字形标志实质上就是电气连接成功的标志。

　　采用以上操作方法完成连线，完成连线的电路原理图如图 2-87 所示。

　　从图 2-87 中我们可以发现，当两条导线呈现"T"字形相交时，系统将会自动放置节点，但对于呈"十"字形交叉的导线，显示的是没有电气相接，若两条导线是电气相连的，则一般需要手工放置节点。节点用来表示两条相交的导线是否在电气上连接。没有节点，表示在电气上不连接。

　　执行菜单命令【放置】→【手工节点】，进入放置节点状态，此时光标上粘着一个悬浮的小圆点，将光标移动到导线交叉处，单击鼠标左键放置节点，继续单击左键即可放置下一个节点，单击鼠标右键退出放置状态。当节点处于浮动状态时，按下【Tab】键，弹出【连接】属性对话框，可以设置节点大小和颜色，如图 2-88 所示。导线交叉连接如图 2-89 所示。

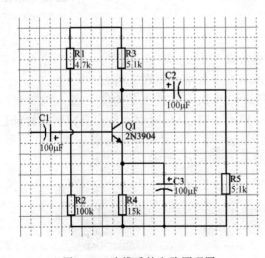
图 2-87　连线后的电路原理图

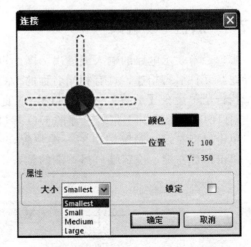
图 2-88　节点设置对话框

设计单管放大电路原理图　项目②

　　单击鼠标右键或按键盘的【Esc】键，可退出放置电气节点的状态。

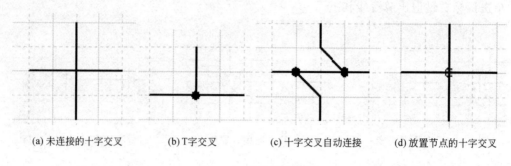

(a) 未连接的十字交叉　　(b) T字交叉　　(c) 十字交叉自动连接　　(d) 放置节点的十字交叉

图 2-89　导线交叉连接

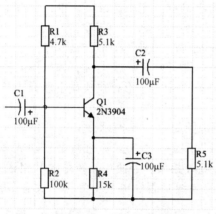

图 2-90　放置手工节点的电路原理图

放置手工节点的电路原理图如图 2-90 所示。注意：配线工具栏的放置线  与实用工具栏的放置线 / 功能是完全不同的， 放置的线具有电气特性，英文翻译为 "Wire"，相当于导线，而 / 放置的仅是普通线条，不具有电气特性，英文翻译为 "Line"，两者不能混用。在连接元器件时， 放置的线 "T" 字形交叉会出现节点，而 / 放置的线则不会，用户在使用时要注意区别。

放置电源和端口

# 任务 2.7　放置端口

## 2.7.1　放置 I/O 端口

端口通常表示电路的输入或输出，因此也称为输入/输出端口，或称 I/O 端口，端口通过导线与元件引脚相连，具有相同名称的 I/O 端口在电气上是相连接的。

执行菜单命令【放置】→【端口】，或直接点击布线工具栏上的 D1 ，进入放置电路 I/O 端口的状态，光标上带着悬浮的 I/O 端口，如图 2-91（a）所示，移动光标到适合的位置，单击鼠标左键，确定端口的一端位置，然后拖动光标改变端口的长度，大小合适后，再次单击鼠标左键，确定端口另一端的位置，如图 2-91（b）所示。

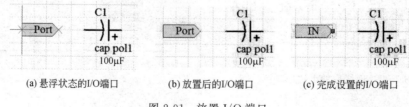

(a) 悬浮状态的I/O端口　　(b) 放置后的I/O端口　　(c) 完成设置的I/O端口

图 2-91　放置 I/O 端口

单击鼠标右键或按键盘的【Esc】键，退出 I/O 端口的绘制状态。双击已放置的 I/O 端口，屏幕弹出如图 2-92 所示的【端口属性】对话框，设置端口属性。

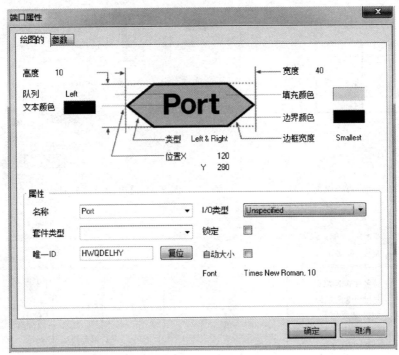

图 2-92 【端口属性】对话框

在该属性对话框中，可以对端口名称、端口类型进行设置。I/O 类型用于设置端口的电气特性，共有四种类型，分别为：Unspecified（未指明或不指定）、Output（输出端口）、Input（输入端口）、Bidirectional（双向型）。通常只要设置【名称】和【I/O 类型】两个参数。在本项目中，设置输入端口名称为 "In"，I/O 类型为 "Input"，输出端口名称为 "Out"，I/O 类型为 "Output"。设置完成后，单击【确定】按钮关闭该对话框。

## 2.7.2 放置电源和接地端口

作为一个完整的电路，电源符号和接地符号都是不可或缺的组成部分。

执行菜单命令【放置】→【电源端口】，或单击布线工具栏中的【VCC 电源端口】或【GND 端口】可进入放置电源端口的状态，此时光标上带着一个浮动的电源符号，如图 2-93 所示，按下【Tab】键，弹出如图 2-94 所示的【电源端口】对话框，其中【网络】栏用于设置电源端口的网络名，通常电源设置为 "VCC"，接地符号设置为 "GND"；【类型】栏用于设置电源和接地符号的形状，共有 11 种，如图 2-95 所示；【定位】栏用于设置电源和接地符号的角度和旋转方向。设置完毕后，单击【确定】按钮，将光标移到合适的位置，单击鼠标左键放置电源和接地符号。放置好的电源符号如图 2-96 所示。

设置完成后，单击【确定】按钮关闭该对话框。

放置好 I/O 端口和电源端口的单管放大电路原理图如图 2-97 所示。

设计单管放大电路原理图

项目②

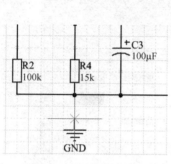

图 2-93　浮动的电源符号

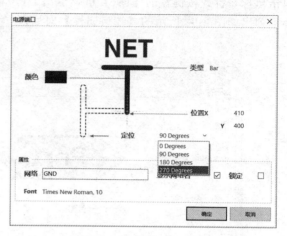

图 2-94　【电源端口】对话框

图 2-95　电源样式

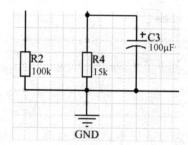

图 2-96　放置好的电源符号

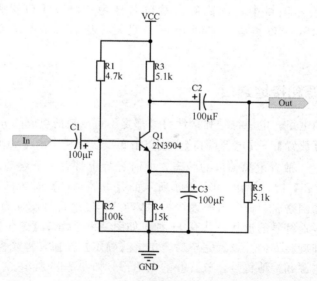

图 2-97　放置好 I/O 端口和电源端口的单管放大电路原理图

**任务 2.8    放置说明信息**

在绘制电路原理图时，除了要放置上述的各种具有电气特性的图元外，有时还需要放置电路文字说明、波形示意图等，以增强电路原理图的可读性。本单管放大电路是一个倒相放大电路，输入一个正弦波信号，则输出为一个倒相放大正弦波信号。

本次任务就是介绍电路文字说明和绘制波形的方法。

## 2.8.1  绘制工具

放置电路文字说明、波形示意图，需要使用【实用工具栏】上【实用工具】相关功能或执行菜单命令【放置】→【绘图工具】来完成，它们属于非电气绘图。

实用工具可以执行【实用工具栏】上的 ▨ ▾按钮，实用工具栏各按钮的功能如表 2-6 所示。

表 2-6    实用工具栏各按钮功能

| 图标 | 功能 | 图标 | 功能 | 图标 | 功能 | 图标 | 功能 |
|---|---|---|---|---|---|---|---|
| ╱ | 放置线 | A | 放置文本字符串 | ▢ | 放置圆形矩形 | ▤ | 灵巧粘贴 |
| ⬠ | 放置多边形 | ⚭ | 放置超链接 | ⬭ | 放置椭圆 | | |
| ⌒ | 放置椭圆弧 | ▤ | 放置文本框 | ◖ | 放置饼形图 | | |
| ∏ | 放置贝塞尔曲线 | ▢ | 放置矩形 | ▨ | 放置图像 | | |

## 2.8.2  绘制波形示意图

1）绘制直角坐标

正弦曲线一般绘制在直角坐标系，所以首先要绘制横坐标和纵坐标。坐标轴由两个部分构成：直线和箭头，可以使用 ╱工具实现。在放置线的过程中，按下【Tab】键可以设置直线的线宽、颜色和风格，直线风格有三种：Solid（实线）、Dashed（虚线）和 Dotted（点线）。点击实用工具栏放置线工具 ╱，在合适的地方画出两条正交直线，作为直角坐标的横坐标和纵坐标。同样使用放置线工具画箭头。画箭头时线的转弯总是呈 90°，不能满足画箭头的需要，此时要设置线的转弯方式，此方法对于放置导线一样有效。进入放置线状态后，光标变成"+"字形，进入画线状态，默认角度为 90°，按【Space】键可以切换到45°，再次按下【Space】键可以切换到任意角度，如图 2-98 所示。值得注意的是，线型切换按键要在英文状态下才能起作用。

为了将箭头画好，在画箭头前，可以将捕捉栅格设置为 1，除了前面介绍的在【图纸选项】设置捕捉栅格的方法外，还可以点击实用工具栏，打开栅格工具箱▦ ▾进行快速设置，如图 2-99 所示。点击【设置跳转栅格】，弹出如图 2-100 所示的对话框，设置跳转栅格为"1"即可。绘制好的直角坐标如图 2-101 所示。注意：捕捉栅格可以根据具体需要自行设置，但在放置元器件以及连线时，必须及时设置为"10"。

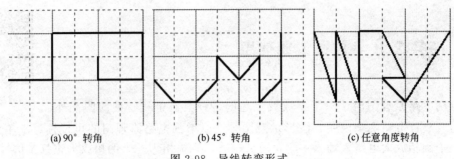

(a) 90°转角　　　　　　(b) 45°转角　　　　　　(c) 任意角度转角

图 2-98　导线转弯形式

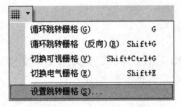

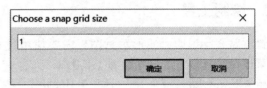

图 2-99　栅格工具箱　　　　　　图 2-100　跳转栅格设置对话框

### 2）绘制正弦曲线

使用【实用工具栏】放置贝塞尔曲线 $\Pi$ 来绘制正弦曲线，下面介绍具体绘制方法。在放置贝塞尔曲线前，请先设定捕获栅格为"10"。

单击【实用工具栏】 $\Pi$ 图标进入贝塞尔曲线放置状态，将光标移动到坐标原点，单击鼠标左键，定下曲线的第 1 点，如图 2-102 所示，移动光标到图示的 2 处，单击鼠标左键，定下第 2 点，即曲线正半周的顶点。移动光标，此时已生成了一个弧线，将光标移到图 2-103 所示的 3 处，单击鼠标左键，定下第 3 点，从而绘制出正弦曲线的正半周。在 3 处再次单击鼠标左键，定义第 4 点，作为负半周的起点。移动光标到图 2-104 所示的 5 处，单击鼠标左键，定下第 5 点，即曲线负半周的顶点，移动光标，此时生成一个弧线，将光标移到图 2-104 所示的 6 处，单击鼠标左键，定下第 6 点，从而绘制出正弦曲线的负半周，点击鼠标右键退出放置状态，绘制好的波形如图 2-105 所示。如需进一步编辑，点击选中曲线，拖动绿色的控制点即可改变曲线形状。

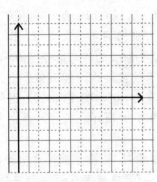

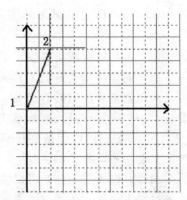

图 2-101　绘制好的直角坐标　　　　　图 2-102　确定第 1 点和第 2 点

以同样的方法绘制输出端的波形，要注意的是，输出端的波形与输入端反相，周期不变，幅度增大。绘制出的波形如图 2-106 所示。

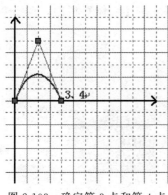

图 2-103　确定第 3 点和第 4 点

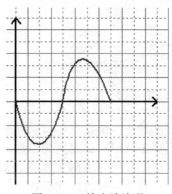

图 2-104　确定第 5 点和第 6 点

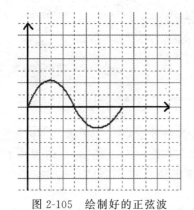

图 2-105　绘制好的正弦波

图 2-106　输出端波形

## 2.8.3　放置说明文字

在电路设计中，有时需要添加一些文字对电路进行说明，可以通过放置文本字符串来实现。

1）放置文本字符串

绘制完成的正弦波中，坐标原点、横坐标以及纵坐标所代表的物理量并没有标出来，可以通过放置文本字符串来实现。

执行菜单命令【放置】→【文本字符串】，或者单击【实用工具栏】上的 **A** 按钮，即可进入放置文本字符串的状态，将鼠标移动到工作区中，光标上粘着一个浮动的文本字符串，按下键盘上的【Tab】键，屏幕弹出【标注】对话框，如图 2-107 所示，在【文本】栏中填入需要放置的文字；在【字体】栏中，点击字体，设置文本的字体、字形和字号等。

将光标移动到需要放置文本字符串的位置，单击鼠标左键放置文字，单击鼠标右键退出放置状态。对于已经放置完成的文本字符串，双击该文本字符串也可弹出图 2-107 所示的【标注】对话框，进行文字信息的设置。在本项目的单管放大电路设计中，直角坐标原点设为"0"，横坐标设为"$t$"，纵坐标设为"$u$"。

2）放置文本框

采用放置文本字符串的形式只能放置一行文字，当文字较多的时候，可以采用放置文本框的形式。

执行菜单命令【放置】→【文本框】，或者单击【实用工具栏】上的 按钮，即可进入放置文本框的状态，将鼠标移动到工作区中，光标上粘着一个浮动的文本框，按下键盘上的【Tab】键，屏幕弹出【文本结构】属性设置对话框，如图 2-108 所示，在【文本】栏

设计单管放大电路原理图

项目 2

**65**

中，点击右边的【改变】按钮，填入需要放置的文字；在【字体】栏中，点击字体，设置文本的字体、字形和字号等。

图 2-107 【标注】对话框

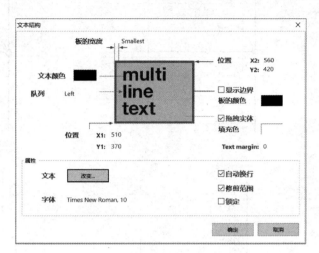

图 2-108 文本框属性设置对话框

　　将光标移动到适当位置，单击鼠标左键定义文本框的起点（左下角），移动光标到所需位置后，再次单击鼠标左键定义文本框尺寸并放置文本框（右上角），单击鼠标右键退出放置状态。对于已经放置完成的文本框，双击该文本框也可弹出图 2-108 所示的文本框属性设置对话框，进行文本框的属性设置。

　　本项目中，单管放大电路原理图的电路说明文字就是通过放置文本框来实现的，至此，单管放大电路的原理图就设计完成了，如图 2-109 所示。

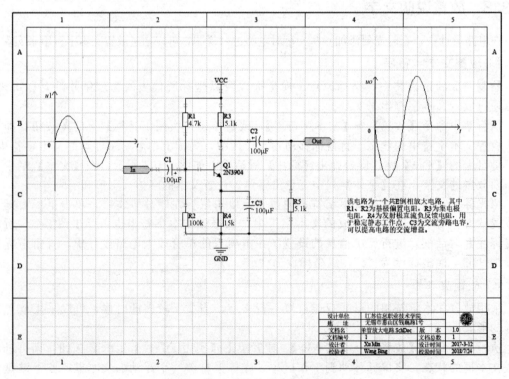

图 2-109　单管放大电路原理图

任务 2.9　图纸编译与报表生成

原理图设计的最终目的是 PCB 设计，其正确性是 PCB 设计的前提，原理图设计完毕，必须进行图纸编译，找出错误并进行修改。

项目文件中的原理图进行图纸编译时，可以根据需要设置电气检查规则。

在工程项目中，一般还需要输出网络表和元件清单，用于说明电路中的主要信息。

## 2.9.1　图纸编译

1）设置检查规则

执行菜单命令【工程】→【工程参数】，打开【Options for PCB Project 单管放大电路.PrjPcb】对话框，如图 2-110 所示。

图纸编译

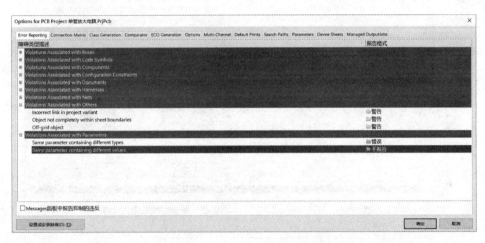

图 2-110　【Options for PCB Project 单管放大电路.PrjPcb】对话框

- Violations Associated With Buses：与总线有关的规则；
- Violations Associated With Components：与元器件有关的规则；
- Violations Associated With Nets：与网络有关的规则；
- Violations Associated With Documents：与文档有关的规则；
- Violations Associated With Others：与其他有关的规则；
- Violations Associated With Parameters：与参数有关的规则。

每项都有多个条目，即具体的检查规则，在条目的右侧设置违反该规则时的报告模式，有"无报告"、"警告"、"错误"和"致命错误"4 种。

在进行项目文件原理图电气检查之前，一般需要根据实际情况设置电气检查规则，以生成方便用户阅读的检查报告。一般情况下，电气检查规则各选项卡选择默认。

2）项目原理图文件的图纸编译

执行菜单命令【工程】→【Compile PCB Project 单管放大电路.PriPCB】，系统自动检查电路，并弹出【Messages】对话框，显示当前检查中的违规信息，如没有违规的地方，则输出的【Messages】对话框为空白，本项目中的违规信息如图 2-111 所示。注意：如果

 设计单管放大电路原理图　项目 ②

执行编译命令后，【Messages】对话框没有弹出，那么可以点击屏幕右下角【System】选项卡，在弹出的菜单中选择【Messages】，则可以打开【Messages】对话框。

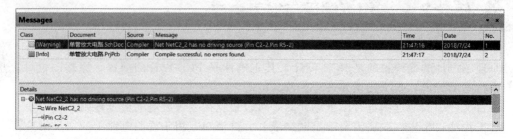

图 2-111　【Messages】对话框

单击某项违规信息，屏幕弹出编译错误窗口，显示违规元器件，同时违规处将高亮显示，如图 2-112 所示。从图中可以得到违规元器件的坐标位置，这样可以迅速找到违规元器件并进行修改，修改后的电路再次进行编译，直到编译无误为止。

在本例中，图 2-112 显示的警告是网络 NetC2＿2 没有驱动源，这种违规对于 PCB 设计是没有影响的，故可以忽略。

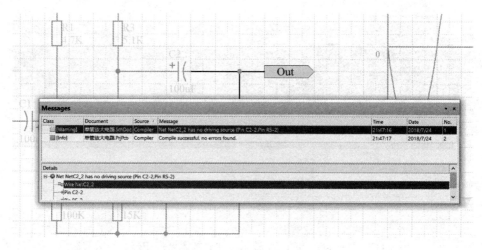

图 2-112　编译错误窗口

如果不想显示出这种错误，可在图 2-110 所示的电气检查规则设置窗口中，去除有关驱动信号和驱动信号源的违规信息，可以将它们的报告模式设置为"无报告"，如图 2-113 所示。

## 2.9.2　生成网络表

生成报表

网络表文件（＊.Net）是一张电路图中全部元器件和电气连接关系的列表，它主要说明电路中的元器件信息和连线信息。

执行菜单命令【设计】→【文件的网络表】→【PCAD】，系统自动生成 PCAD 格式的网络表，系统默认生成的网络表不显示，必须在 Project 管理面板中打开网络表文件（＊.Net）。

网络表包含两部分内容，即元器件资料和网络连接关系。首先是元器件资料，每一对方括号描述一个元器件的属性，包括元器件名称、封装形式等；然后是网络连接关系，每一对圆括号描述一个网络的内容，有多少个网络就有多少对圆括号。

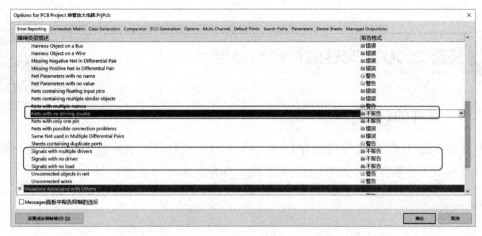

图 2-113　设置去除驱动信号和驱动信号源的违规信息

　　注意：网络表提取的是原理图的内容，在每次修改原理图后需要重新生成网络表，网络表的内容才能得以更新。

### 2.9.3　生成元件清单

　　执行菜单命令【报告】→【Bill of Materials】，生成元件清单，如图 2-114 所示，在【全部纵列】中选择要输出的报表内容。图 2-114 中给出了元件的标号、标称、描述、封装、库元件名以及数量等信息。

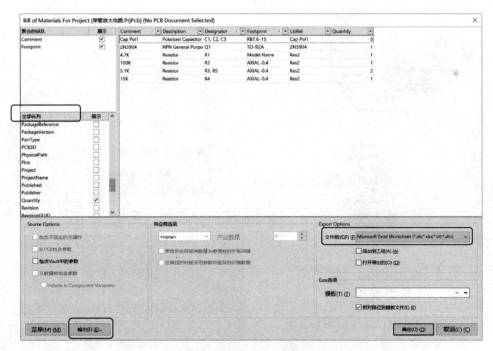

图 2-114　生成元件清单

　　单击图 2-114 中的【输出】按钮，导出文件，文件格式通常是 Excel 表格，保存在项目文件夹中。

设计单管放大电路原理图

项目2

**69**

图纸输出

## 任务 2.10　文件的保存与退出

### 2.10.1　文件的保存

执行菜单命令【文件】→【保存】，或者单击【主工具栏】上的 图标，可自动按原文件名保存，并自动覆盖原有文件。保存时若不希望覆盖原有文件，则可以采用"另存为"的方法，执行菜单命令【文件】→【另存为】，在弹出的对话框中输入新文件名后单击【保存】按钮即可。

### 2.10.2　文件的退出

若要退出原理图的编辑状态，可执行菜单命令【文件】→【关闭】，若文件修改过但未保存，系统会提示是否保存。

若要关闭项目文件，可在左侧的 Project 管理面板中，用鼠标右键单击项目名称，在弹出的菜单中选择【Close Project】关闭项目文件，如图 2-115 所示，若项目中的文件未保存过，屏幕将弹出是否保存文件对话框，如图 2-116 所示，在其中可以设置是否保存文件，设置完毕单击【Yes】按钮完成操作，系统退回原理图设计主窗口。

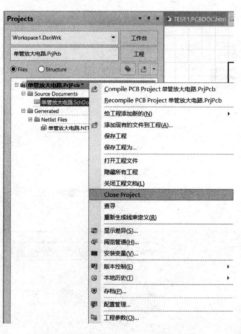

图 2-115　【Close Project】命令　　　　图 2-116　是否保存文件对话框

## 项目训练

1. 放置元件有几种方法？分别是什么？
2. 元件属性如何设置？哪种方法有利于提高绘图效率？

3.如何调整元件放置方向？

4.如何实现元件的水平翻转？

5.如何实现元件的垂直翻转？

6.在原理图绘制中，如何改变图纸网格颜色？

7.在原理图绘制过程中，如何设置让图纸不要乱动？

8.在元件库里搜索元件时，如何快速找到所需元件？

9.若不小心将元件库标签关掉了，如何将其恢复？

10.如何采用元件搜索的方式将 RES2、74LS00 所在的元件库设置为当前库？

11.如何实现元件库的安装与删除？

12.新建一张原理图，设置图纸尺寸为 A4，图纸方向为纵向放置，图纸标题栏采用标准型。

13.如何改变导线放置角度？

14.如何进行参数设置使得拖动元件时，与之相连的导线也一起移动？

15.如何从原理图生成网络表文件？

16.如何进行原理图编译？哪些编译信息可以忽略？

17.在进行原理图编译时，选择 compile document 和 compile PCB project 有区别吗？如果有，请说明其区别。

18.如何生成原理图的元件清单报表？

19.在生成原理图元件清单报表时，如何设置报表选项？

20.绘制一个正弦波波形。

21.两条导线相交，若需要放置节点而没有节点，如何放置节点？

22.如何查看编译检查的内容？它主要包括哪些类型的错误？

23.绘制图 2-117 所示电路，对电路进行编译检查，并产生元件清单。

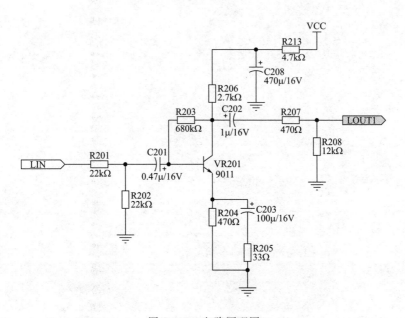

图 2-117　电路原理图

24.绘制图 2-118 所示电源电路原理图，对电路进行编译检查，并产生元件清单。

设计单管放大电路原理图　项目②

71

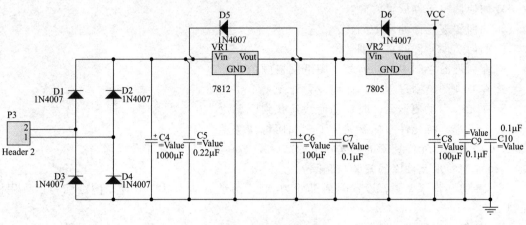

图 2-118　电源电路原理图

项目3

原理图元件的设计

【知识目标】
- 了解原理图元件库编辑器的使用；
- 掌握原理图元件设计方法；
- 掌握原理图元件库的管理。

【能力目标】
- 会将元件正确地抽象为原理图元件；
- 会设计风格统一的原理图元件；
- 能够管理好自建元件库。

【素质目标】
- 培养抽象思维能力；
- 培养全局观念；
- 培养注重细节、一丝不苟、精益求精的精神。

【导　　入】
　　随着新型元件不断推出，在实际电路设计中可能会遇到一些新的元器件，而这些新的元件在元件库中没有，这就需要用户自己动手设计出该元件的原理图符号，也可以到 Altium 公司的网站下载最新的元件库。本项目由 9 个任务构成，通过逐步完成任务，可达成项目目标。

原理图元件设计-
项目概述

✎ 读书笔记

-------------------------

-------------------------

-------------------------

-------------------------

-------------------------

-------------------------

-------------------------

## 任务 3.1　认识原理图元件库编辑器

新建原理图元件必须在原理图元件库状态下进行，其操作界面与原理图编辑界面相似，不同的是增加了专门用于元件绘制和库管理的工具。

### 3.1.1　启动元件库编辑器

认识原理图元件库
编辑器

打开 Altium Designer 16 软件，执行菜单命令【文件】→【新建】→【库】→【原理图库】，如图 3-1 所示。打开原理图元件库编辑器，系统会自动产生一个原理图库文件【SchLib1. SchLib】，如图 3-2 所示。

原理图库文件编辑器界面和各工具栏如图 3-2 所示，元件库编辑器的编辑窗口被十字坐标划分为 4 个象限，像直角坐标一样，其中心位置即为图纸原点，坐标为（0，0），编辑元件通常将元件的原点放在窗口的原点，将绘制的元件放置在第Ⅳ象限。

执行菜单【文件】→【保存为】，将该库文件保存到指定文件夹中。

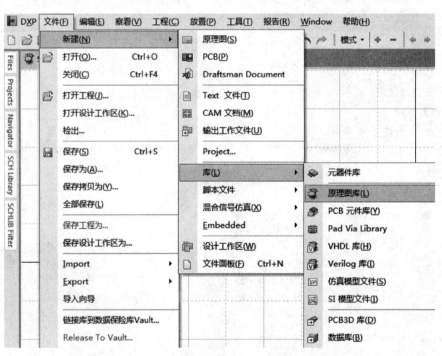

图 3-1　运行原理图库文件编辑环境

### 3.1.2　元件库编辑管理器的使用

单击图 3-2 中编辑窗口左侧的标签【SCH Library】，打开原理图元件库管理器，如图 3-3 所示，它主要包含 4 个区域，即【器件】、【别名】、【Pins】、【模型】，各区域主要功能如下：

【器件】区：元件列表，用于选择元件，设置元件信息；

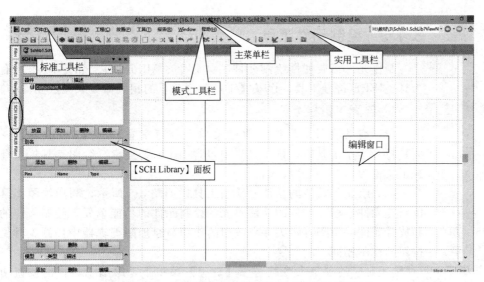

图 3-2　原理图库文件编辑器界面和各工具栏

【别名】区：别名栏，用于设置选中元件的别名，一般不设置；

【Pins】区：引脚列表，用于元件引脚信息的显示及引脚设置；

【模型】区：模型栏，用于设置元件的 PCB 封装、信号的完整性及仿真模型等。

在图 3-3 中，由于库中没有元件，故所有区域的内容都是空的。

图 3-4 所示为集成元件库 Miscellaneous Devices. IntLib 中的原理图元件库编辑管理器，从图中可以看出各区域都设置了相关信息。

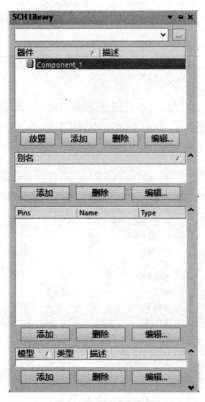

图 3-3　元件库管理器

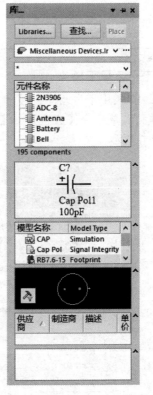

图 3-4　含有元件信息的库管理器

原理图元件的设计　项目❸

75

图 3-5 绘图工具栏

### 3.1.3 绘制元件工具

制作元件需要使用绘制元件工具命令，Altium Designer 16 提供有绘图工具、IEEE 符号工具，以及【工具】菜单下的相关命令来完成元件绘制。

1）绘图工具栏

（1）启动绘图工具栏 执行菜单命令【察看】→【Toolbars】→【实用】打开实用工具栏，该工具栏中包含 IEEE 工具栏、绘图工具栏及栅格设置工具栏等。

（2）绘图工具栏的功能 绘图工具栏如图 3-5 所示，利用绘图工具栏可以新建元件，增加元件的功能单元，绘制元件的功能单元，绘制元件的外形和放置元件的引脚等，大多数按钮的作用与原理图编辑器中描画工具栏对应按钮的作用相同。

与绘图工具栏按钮对应的菜单命令均位于【放置】菜单下，绘图工具栏的按钮功能如表 3-1 所示。

表 3-1 绘图工具栏按钮功能

| 图标 | 功能 | 图标 | 功能 | 图标 | 功能 |
|---|---|---|---|---|---|
| / | 画直线 | ▢ | 画圆角矩形 | ▤ | 新建元件 |
| ◠ | 画圆弧线 | 🖼 | 放置图片 | ▢ | 画矩形 |
| A | 放置说明文字 | ∿ | 画曲线 | ◯ | 画椭圆 |
| ▤ | 放置文本框 | ⬠ | 画多边形 | ¹d | 放置引脚 |
| ⬡ | 增加功能单元 | ∞ | 放置超链接 | | |

2）IEEE 符号工具

IEEE 工具栏用于为元件符号加上常用的 IEEE 符号，主要用于逻辑电路。放置 IEEE 符号可以执行菜单命令【放置】→【IEEE 符号】进行，也可以点击实用工具的图标 放置，如图 3-6 所示。

图 3-6 放置 IEEE 符号

3）【工具】菜单

用鼠标单击主菜单栏的【工具】菜单，系统弹出【工具】子菜单，如图 3-7 所示，该菜单可以对元件库进行管理，常用命令的功能如表 3-2 所示。

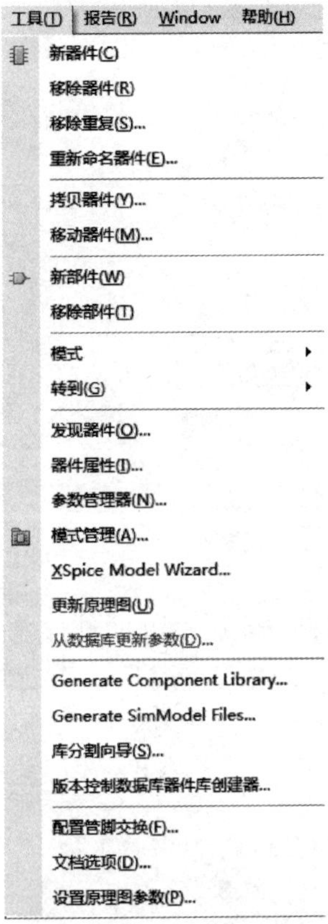

图 3-7 【工具】子菜单

表 3-2 【工具】菜单常用命令功能表

| 命 令 | 功 能 |
| --- | --- |
| 新器件(C) | 在编辑的元件库中建立新元件 |
| 移除器件(R) | 删除在元件库管理器中选中的元件 |
| 移除重复(S) | 删除元件库中的同名元件 |
| 重新命名器件(E) | 修改选中元件的名称 |
| 拷贝器件(Y) | 将元件复制到当前元件库中 |
| 移动器件(M) | 将选中的元件移动到目标元器件库中 |
| 新部件(W) | 给当前选中的元件增加一个新的功能单元 |
| 移除部件(T) | 删除当前元件的某个功能单元 |
| 模式 | 用于增减新的元件模式，即在一个元件中可以定义多种元件符号供选择 |
| 转到(G) | 用于在多功能元件子元件或者元件库中元件的选择 |
| 发现器件(O) | 用于搜索元件 |
| 器件属性(I) | 设置元件的属性 |
| 参数管理器(N) | 用于统一管理元件参数，增加或删除参数信息 |
| 模式管理(A) | 模型管理器，用于库中元件添加封装 |
| 更新原理图(U) | 用于将修改过的元件替换掉已经放置在原理图的元件 |
| 文档选项(D) | 用于设置库文件文档参数 |
| 设置原理图参数(P) | 用于优先项中原理图参数设置 |

## 任务 3.2　了解原理图元件设计的一般步骤

原理图元件设计前的准备工作

### 3.2.1　设计前的准备工作

在设计原理图元件前必须了解元件的基本符号和大致尺寸，以保证设计出的元件与 Altium Designer 16 自带库中元件的风格基本一致，这样才能保证图纸风格的一致性。

1）查看自带库中元件信息

下面以查看集成元件库 Miscellaneous Devices. IntLib 中的元件为例，介绍打开已有元件库的方法。

执行菜单命令【文件】→【打开】，系统弹出【选择打开文件】对话框，在 Altium Designer 16 \ Library 文件夹下，选择集成元件库 Miscellaneous Devices. IntLib，如图 3-8 所

项目 3　原理图元件的设计

示，单击【打开】按钮，屏幕弹出【摘录源文件或安装文件】对话框，如图 3-9 所示，本例中要查看库的源文件，故单击【摘取源文件】按钮，调用该库。

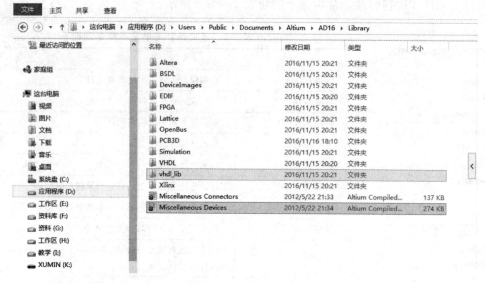

图 3-8　选择打开文件

选中该库，单击编辑区左侧的标签【SCH Library】，系统弹出图 3-3 所示的元件库管理器，在其中可以浏览元件的图形及引脚的定义方式。

下面以电阻、电容、二极管、三极管为例，查看元件的图形和引脚特点，如图 3-10 所示。

图 3-9　摘录源文件或安装文件

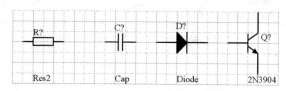

图 3-10　元件样例

图 3-10 中每个小栅格的间距为 10，从图中可以看出各元件图形和引脚的设置方法各不相同，具体见表 3-3。

表 3-3　元件图形和引脚的设置特点

| 元件 | 图形尺寸 | 引脚尺寸 | 图形设计 | 引脚状态 |
| --- | --- | --- | --- | --- |
| Res2 | 20 | 10 | 采用直线绘制，默认引脚 | 隐藏引脚名称和引脚号 |
| Cap | 10 | 10 | 采用直线绘制，默认引脚 | 隐藏引脚名称和引脚号 |
| Diode | 10 | 20 | 采用直线和多边形绘制，默认引脚 | 隐藏引脚名称和引脚号 |
| 2N3904 | 10 | 20 | 采用直线和多边形绘制，默认引脚 | 隐藏引脚名称和引脚号 |

2）编辑器参数设置

（1）将光标定位到坐标原点　在绘制原理图元件时，一般从坐标原点处开始绘制，而实际操作中可能找不到坐标原点，造成元件设计上的困难。可以通过执行菜单命令【编辑】→【跳转到】→【原点】，使光标自动回到坐标原点。

（2）设置栅格尺寸　在绘制原理图元件时，为了便于元件尺寸的编辑，可以通过设置栅格提供参考。执行菜单命令【工具】→【文档选项】，打开【库编辑器工作区】对话框，如图 3-11 所示，在【栅格】区中设置捕捉栅格和可视栅格，一般设置为 10。

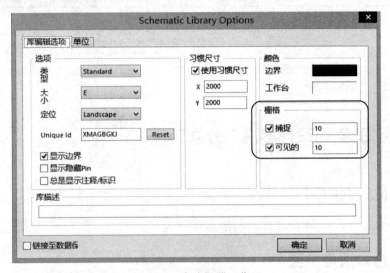

图 3-11　库编辑器工作区

在实际绘制不规则图形时，还可以适当调节捕捉栅格的尺寸。

（3）关闭自动扫描选项　为了避免鼠标自动移动，难以精确定位，建议在创建前关闭自动扫描选项。执行菜单命令【工具】→【参数选择】，屏幕弹出【参数选择】对话框，选择【Schematic】下的【Graphical Editing】选项，在【自动扫描选项】的【类型】下拉列表框中，选中【Auto Pan Off】取消自动滚屏，如图 3-12 所示。

图 3-12　【参数选择】对话框

原理图元件的设计　项目③

79

### 3.2.2 原理图元件设计的一般步骤

原理图元件设计的一般步骤如图 3-13 所示。

新建元件库 → 设置工作参数 → 新建并修改元件名称 → 绘制元件外形轮廓 → 放置元件引脚

保存元件 ← 进行元件规则检查 ← 设置元件模型信息 ←

图 3-13　原理图元件设计的一般步骤

## 任务 3.3　设计不规则分立元件

设计不规则元件

### 3.3.1 电位器 RPOT

设计电位器 RPOT 原理图元件，如图 3-14 所示。

### 3.3.2 设计方法与步骤

1）新建元件库

执行菜单【文件】→【创建】→【库】→【原理图库】，新建原理图元件库，并将该库

图 3-14　电位器 RPOT

另存为 MySchLib.SchLib。此时，系统会自动在该库中新建一个名为 Component_1 的元件，打开 SCH Library 标签，如图 3-15 所示。

2）新建元件

在 MySchLib.SchLib 库中，执行菜单命令【工具】→【新器件】，屏幕弹出【New Component Name】对话框，输入元件名【RPOT】，单击【确定】按钮完成新建元件，如图 3-16 所示。

3）设置栅格

执行菜单命令【工具】→【文档选项】，打开【库编辑器工作区】对话框。在【栅格】区中设置可视栅格为 10，捕捉栅格为 1，如图 3-17 所示。也可以直接打开工具条中的【▦▾】，打开下拉菜单，选择【设置跳转栅格】，快速设置捕捉栅格，如图 3-18 所示。

图 3-17 的对话框与原理图编辑环境中的【文档选项】对话框的内容基本一致，因此在这里只对它的个别选项的含义进行介绍。

① 选项：有一个【显示隐藏 Pin】复选框，用于设置是否显示库元件的隐藏引脚。当该复选框处于选中状态时，元件的隐藏引脚将被显示出来。

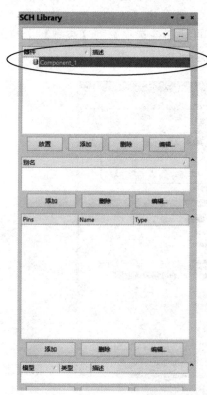

图 3-15　【SCH Library】面板

80

② 习惯尺寸：设置图纸的自定义大小。选中【使用习惯尺寸】复选框，可以在该区域中的【X】、【Y】栏中输入自定义图纸的高度和宽度。初学者可以采用默认值。

③ 库描述：对原理图库文件的说明。用户根据自己创建的库文件的特性，在该栏中输入必要的说明，以便在进行元件库查找时，提供相应的帮助。

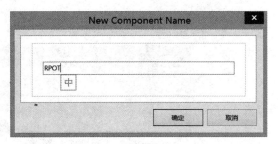

图 3-16　新器件名对话框

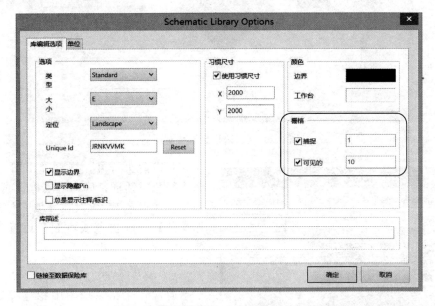

图 3-17　在库编辑器工作区设置捕捉栅格

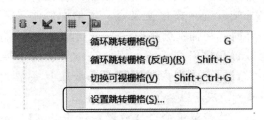

图 3-18　快速设置捕获栅格

4）光标回原点

执行菜单命令【编辑】→【跳转到】→【原点】，光标将自动回到坐标原点。

5）放置直线

执行菜单命令【放置】→【直线】，绘制电位器的外形，设计过程如图 3-19 所示。

画直线　　画多边形　　修改颜色　　放置引脚　　创建好的电位器

图 3-19　电位器设计过程

6）放置多边形

执行菜单命令【放置】→【多边形】，系统进入放置多边形状态，按键盘上的【Tab】键，屏幕弹出【多边形】属性对话框，将【边缘宽】设置为【Smallest】，如图 3-20 所示，

原理图元件的设计　项目❸

81

移动光标在图中长方形中间位置绘制箭头符号，绘制完毕单击鼠标右键退出。

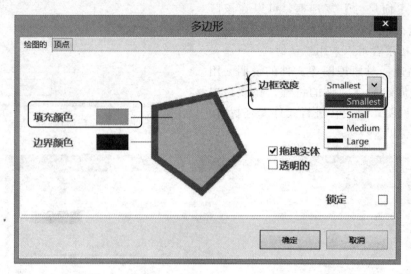

图 3-20 【多边形】属性对话框

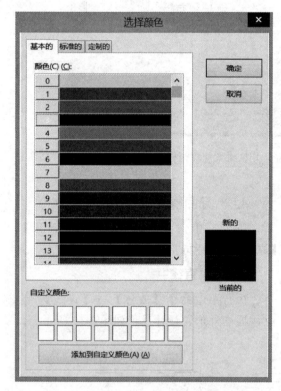

图 3-21 修改颜色

双击箭头符号，屏幕弹出图 3-21 所示修改颜色对话框，因为电阻体直线颜色为 3 号颜色"黑色"，所以在【填充色】和【边界颜色】中双击色块将颜色设置为 3 号颜色，保持风格一致。

7）放置引脚

通常元件在原理图中相连都发生在栅格交叉点上，保证连线的整齐，因此在设计元件原理图元件时，也必须将元件引脚外端放置在栅格交叉点。本例中绘制元件体时，将捕捉栅格设为 1，不利于引脚外端放置在栅格交叉点，因此在放置引脚前要设置捕捉栅格为 10。直接打开工具条中的 ▦ ▾，快速设置捕捉栅格为 10。

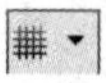

执行菜单命令【放置】→【引脚】，光标上黏附着一个元件引脚，如图 3-22 所示，从图中可以看出引脚一端有十字标记，另一端没有，有十字标记的一端具有电气特性，放置引脚时必须放在外端，用于与其他元件建立电气连接。

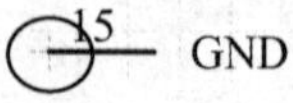

在引脚处于悬浮状态时，按下键盘【Tab】键，打开【引脚属性】对话框，可以设置引脚属性，如图 3-23 所示。

15 GND

图 3-22 元件引脚

① 显示名字：对库元件引脚命名，在此输入其引脚的功能名称。

② 标识：设置引脚的编号，其编号应与实际的引脚编号相对应。

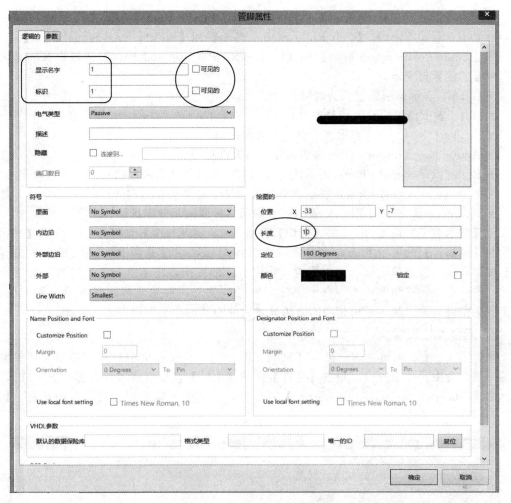

图 3-23 【引脚属性】对话框

在这两项属性后，各有一个【可见的】复选框，若选中，则【显示名字】和【标识】所设置的内容将会在图中显示出来。

③ 绘图：设置该引脚位置、长度、颜色和是否锁定该引脚。选中【选中】复选框后，该引脚被锁定。在编辑窗口中，要移动该引脚时，系统会弹出提示框，选择【Yes】，才可以在编辑窗口中移动该引脚，否则不能移动。【显示名字】、【标识】和【绘图】3 个属性是必须进行设置的。

④ 电气类型：设置库元件引脚的电气特性。单击右侧下拉菜单按钮，可以进行选择设置。其中包括：【Input】（输入引脚）、【Output】（输出引脚）、【Power】（电源引脚）、【Emitter】（三极管发射极）、【OpenCollector】（集电极开路）、【HiZ】（高阻）、【IO】（数据输入）和【Passive】（不设置电气特性）。

⑤ 描述：输入描述库元件引脚的特性信息。

⑥ 隐藏：设置是否隐藏该引脚。若选中该复选框，则表示隐藏该引脚，即该引脚在原理图中不会显示出来，同时，其右侧的【连接到】栏被激活，在其中应输入与该引脚连接的网络名称。

在【符号】设置区域中，包含 5 个选项，分别是【里面】、【内边沿】、【外部边沿】、【外部】和【Line Width】。每项设置都包含一个下拉菜单。

原理图元件的设计 项目❸

常用的符号设置包括【Clock】、【Dot】、【Active Low Input】、【Active Low Output】、【Right Left Signal Flow】、【Left Right Signal Flow】和【Bidirectional Signal Flow】。

在【Name Position and Font】和【Designator Position and Font】区域设置的是名字和指示器的位置与字体。

- Clock：表示该引脚输入为时钟信号；
- Dot：表示该引脚输入信号取反；
- Active Low Input：表示该引脚输入有源低信号；
- Active Low Output：表示该引脚输出有源低信号；
- Right Left Signal Flow：表示该引脚的信号流向是从右到左的；
- Left Right Signal Flow：表示该引脚的信号流向是从左到右的；
- Bidirectional Signal Flow：表示该引脚的信号流向是双向的。

将【显示名字】设置为1，将【标识】设置为1，将【长度】设置为10，去除【显示名称】和【标识符】的可视状态，将其隐藏，引脚电气属性设置为 Passive，最后单击【确定】按钮完成设置。单击键盘的空格键，旋转引脚的方向，将不具有电气特性（即无十字标记）的一端与元件图形相连，有十字标记的一端朝外，移动光标到要放置引脚的位置，单击鼠标左键放置引脚。采用相同的方法放置元件的其他两个引脚。

8）元件属性设置

单击图 3-2 中编辑器左侧的标签【SCH Library】，在工作区中打开原理图元件库编辑器管理器，选中元件 RPOT，单击【元件】区的【编辑】按钮（或者双击元件 RPOT），屏幕弹出【Library Component Properties】对话框，在其中可以设置元件的各种信息，如图 3-24 所示。

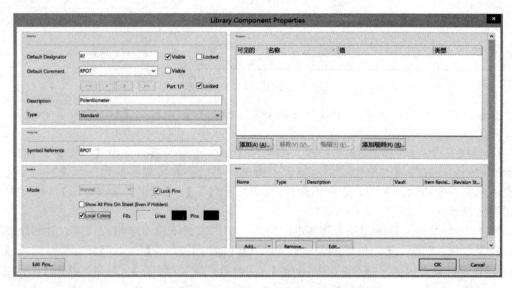

图 3-24 【Library Component Properties】对话框

① Default Designator：库元件的标志符。在绘制原理图时，放置该元件并选中其后面的【Visible】复选框，本栏中的内容就会显示在原理图上。

② Default Comment：库元件型号的说明。

③ Description：对库元件性能及用途的描述。

④ Symbol Reference：对已创建好的库元件重新命名。

⑤ Lock Pins：选中该复选框后，库元件所包含的所有引脚，将和库元件构成一个

整体，这样在绘制的原理图中将不能单独移动引脚。

⑥ Show All Pins On Sheet：在电路原理图中显示该元件的所有引脚。

⑦ Local Colors：选中该复选框后，其右侧就会给出 3 个颜色设置的按钮，分别用于设置元件填充色、元件边框色和元件引脚色，一般采用默认值。

图 3-24 中【Properties】区的【Default Designator】设置为 R?；【Default Comment】栏设置为 RPOT；【Description】栏设置为 Potentiometer，【Symbol Reference】栏设为 RPOT。

以上信息设置完毕以后，调用元件 RPOT 时，除显示电位器的图形外，还显示【R?】和【RPOT】。

右侧【Parameters】区用于设置元件的参数模型，用于电路仿真，在 PCB 设计中可以不设置。设置完成，单击【确定】按钮完成属性设置。

9）保存

执行菜单命令【文件】→【保存】或点击图标🖫，保存元件，完成设计工作。

**任务 3.4    设计集成电路元件**

### 3.4.1  集成电路元件 DM74LS138

设计集成电路元件 DM74LS138，如图 3-25 所示。

### 3.4.2  设计方法与设计步骤

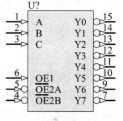

设计集成电路元件

DM74LS138 集成电路与分立元件中的电位器相比，前者元件图形比较规则，只需画出矩形框，定义好引脚及其属性，并设置好元件属性即可。

图 3-25　DM74LS138
原理图元件符号

① 在 MySchLib.SchLib 库中新建元件 DM74LS138。执行菜单命令【工具】→【新元件】或单击【SCH Library】面板【器件】栏下方的【添加】按钮，弹出新元件对话框，在对话框中输入新元件名，点击【确定】，如图 3-26 所示。此时，新元件 DM74LS138 就出现在 MySchLib.SchLib 库中，如图 3-27 所示。

图 3-26　输入新元件名

图 3-27　新元件添加到 MySchLib.SchLib 库

② 设置栅格尺寸，将可视栅格和捕捉栅格均设为 10。

③ 将光标定位到坐标原点。

④ 画矩形框。执行菜单命令【放置】→【矩形】或单击【原理图符号绘制】工具箱中的【放置矩形】按钮□，光标变为十字形状，并在旁边附有一个矩形框，调整光标位置，将矩形的左上角与原点对齐。单击鼠标左键定义矩形块起点，移动光标在第Ⅳ象限，绘制 60×90 的矩形块，再次单击鼠标左键定义矩形块的终点，完成矩形块的放置，单击鼠标右键或按键盘上的【Esc】键退出放置状态，如图 3-28 所示。若矩形框未能一次画好，可以在矩形框内任意处点击鼠标左键选中矩形框，如图 3-29 所示。将光标移动矩形框的左下角，等光标变成箭头形状时，根据需要拖拽，调整矩形框的大小，这一步可以在放置元器件引脚后操作，使设计的元器件原理图符号更协调美观。

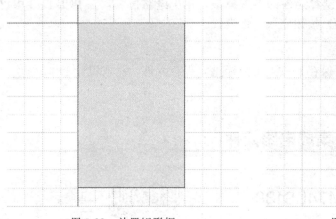

图 3-28　放置矩形框　　　　　　　　　图 3-29　选中矩形框

⑤ 放置引脚。元件的引脚一般都具有特有的电气特性，创建元件的原理图元件符号之前，我们可以查阅器件资料，了解其引脚属性，为顺利完成元件原理图元件符号创建做好准备。DM74LS138 的引脚属性如表 3-4 所示。

表 3-4　DM74LS138 引脚属性

| 标识 | 引脚名称 | 电气类型 | 标识 | 引脚名称 | 电气类型 |
|---|---|---|---|---|---|
| 1 | A | Input | 9 | $\overline{Y6}$ | Output |
| 2 | B | Input | 10 | $\overline{Y5}$ | Output |
| 3 | C | Input | 11 | $\overline{Y4}$ | Output |
| 4 | $\overline{OE2B}$ | Input | 12 | $\overline{Y3}$ | Output |
| 5 | $\overline{OE2A}$ | Input | 13 | $\overline{Y2}$ | Output |
| 6 | OE1 | Input | 14 | $\overline{Y1}$ | Output |
| 7 | $\overline{Y7}$ | Output | 15 | $\overline{Y0}$ | Output |
| 8 | GND | Power | 16 | VCC | Power |

执行菜单命令【放置】→【引脚】或单击【原理图符号绘制】工具箱中的【放置引脚】按钮，在引脚悬浮状态下，按键盘上的【Tab】键，打开引脚属性对话框，按表 3-4 进行设置，引脚名称为 A，标识为 1，电气类型为 Input，引脚长度为 20，如图 3-30 所示。

对于名称中有非号的引脚，非号的输入方法是在每个字母之后添加 "＼"，如 $\overline{OE2B}$，显示名称输入 "O＼E＼2B"；引脚边沿有特殊要求的，在【符号】处根据需要设置，比如 $\overline{OE2B}$ 低电平有效，其引脚外边沿有个空心圈，则在【外部边沿】选择【Dot】，如图 3-31 所示。

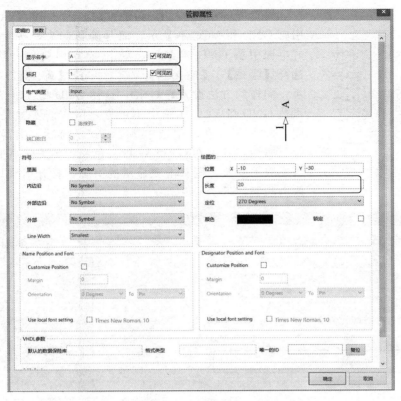

图 3-30　设置引脚属性

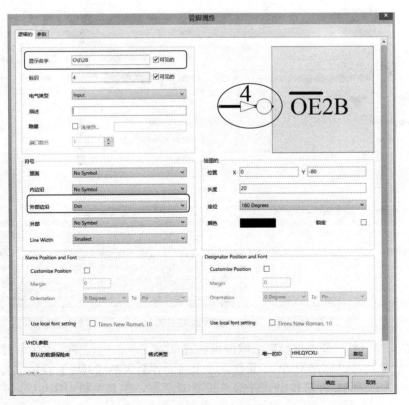

图 3-31　具有特殊要求的引脚设置

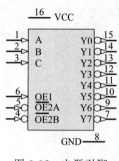

图 3-32　电源引脚

放置电源引脚 GND 和 VCC，如图 3-32 所示。通常电源引脚 GND 和 VCC 不显示，而是隐藏起来。按上述方法放置好电源引脚 GND 和 VCC，双击 VCC 引脚打开属性对话框，选择【隐藏】，【连接到】VCC，单击【确定】，如图 3-33 所示；同样的方法设置好 GND，这样 GND 和 VCC 就不可见了。虽然 GND 和 VCC 在图中不可见，但它们实际是存在的，如图 3-34 所示，在库中选中 74LS138，则显示出器件所有引脚及其属性，其中 GND 和 VCC 灰色显示，表示其是隐藏引脚，若要取消隐藏，则双击要显示的引脚，打开引脚属性对话框，取消隐藏即可。

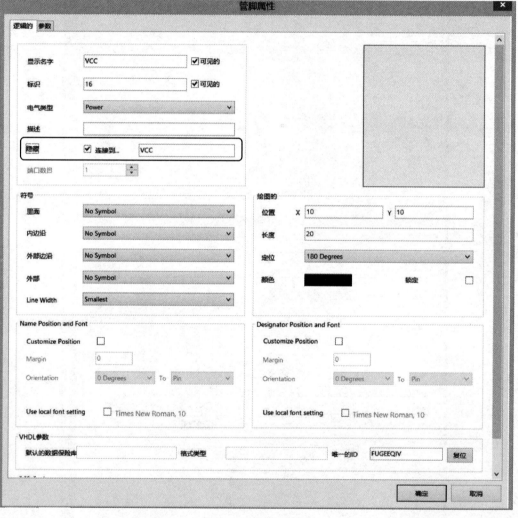

图 3-33　隐藏引脚

⑥ 设置元件属性。单击编辑器左侧的标签【SCH Library】，在工作区中打开原理图元件库编辑管理器，选中 DM74LS138 元件，单击【元件】区的【编辑】按钮或者直接用鼠标左键双击 DM74LS138，屏幕弹出元件信息设置对话框，在其中根据图 3-35 所示设置元件属性。

⑦ 保存元件，完成设计工作。

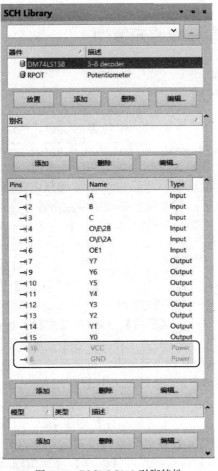

图 3-34　DM74LS138 引脚特性

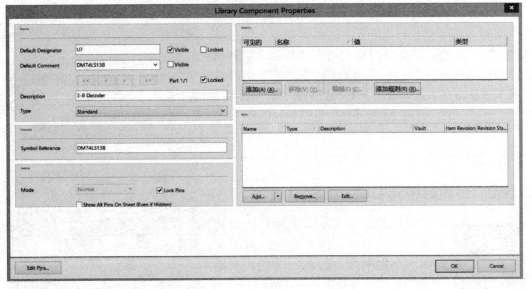

图 3-35　DM74LS138 元件属性

原理图元件的设计

项目 ③

设计复合元件-双联电位器

## 任务 3.5 设计复合元器件

### 3.5.1 双联电位器 POT 设计

双联电位器其实就是两个相互独立的电位器的组合，两个电位器同装在一个轴上，当调整转轴时，两个电位器的触点同时转动，可以调节两个不同的工作点电压或信号强度。立体声音响设备中，两个声道的音量和音调的调节要求同步时，便要选用双联电位器。设计双联电位器原理图元件，就是在一个元件中绘制两套功能单元。由于之前我们已经完成了单个电位器的设计，所以可以在之前的基础上完成本任务。设计步骤如下。

① 打开 MySchLib.SchLib 库，执行菜单【工具】→【新元件】，弹出新元件对话框，设置新元件名称【POT】。

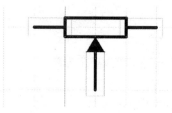

图 3-36 选中要复制的元件

② 设置栅格尺寸，可视栅格为 10，捕捉栅格为 10。

③ 在【SCH Library】面板找到元件 RPOT，选中已创建的元件，如图 3-36 所示，点击菜单命令【编辑】→【拷贝】，然后在【SCH Library】面板点击【POT】元件，打开工作区，点击菜单命令【编辑】→【粘贴】，将元件移至原点，按鼠标左键放置元件，创建好的元件就被复制到新元件【POT】中了。

④ 执行菜单命令【工具】→【创建元件】，或者点击【原理图符号绘制】工具箱里的【新加元件】按钮 ⬚，出现一张新的图纸，再次点击菜单命令【编辑】→【粘贴】，将元件移至原点，按鼠标左键放置元件，图纸上将出现创建好的元件。打开【SCH Library】面板，元件【POT】前面出现【+】，打开后可以看到元件 POT 包含 PartA 和 PartB 两个子元件，如图 3-37 所示。

⑤ 修改元件引脚。从图 3-37 可以看出，在【Pins】区显示了元件引脚，黑色的是当前子元件引脚，灰色的表示另一个子元件引脚。同时也发现两个子元件的引脚是重复的，需要修改元件引脚属性。Part A 中，三个引脚从左到右【显示名字】和【标识】，分别设为 1、3、2；Part B 中，三个引脚从左到右【显示名字】和【标识】，分别设为 4、6、5。

⑥ 设置元件属性。设置【Default Designator】为 RP?，【Default Comment】为 POT，如图 3-38 所示。

⑦ 保存元件，完成双联电位器设计。

### 3.5.2 多功能单元 DM74LS00 设计

设计复合元件-74LS00

DM74LS00 是一个四二输入与非门集成电路，这个集成电路中含有四个相同的二输入与非门，其原理图元件符号如图 3-39 所示。

由于其图形符号都是一致的，所

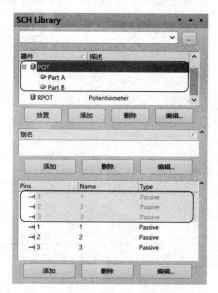

图 3-37 POT 中的子元件

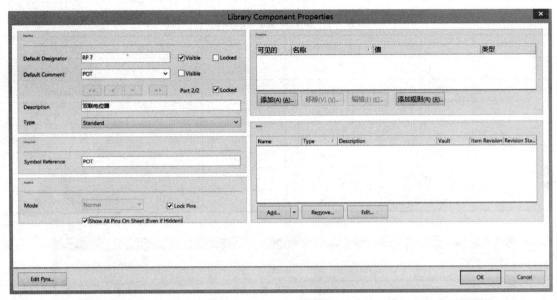

图 3-38　POT 元件属性设置

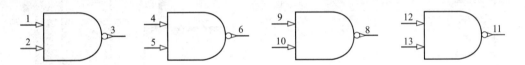

图 3-39　DM74LS00 原理图符号

以设计 DM74LS00 的原理图符号时，只需设计一个基本符号，其余通过适当的设置即可完成。设计步骤如下：

① 在 MySchLib. SchLib 库中新建元件 DM74LS00。

② 设置栅格尺寸，可视栅格为 10，捕捉栅格为 10。

③ 将光标定位到坐标原点。

④ 绘制图形符号。绘制第一个单元。考虑到引脚必须放置在栅格线上，因此引脚 1 和引脚 2 之间的间距为 20，引脚 1 和引脚 2 之间的栅格线用来放置引脚 3。考虑到美观性，引脚 1 和图形上边缘距离和引脚 2 和图形下边缘距离相等，可以取 5 或者 10，本例中取 10。图形符号由两个部分构成：矩形和半圆弧。先放置直线，绘制矩形，然后放置圆弧，最后放置引脚，定义引脚属性，完成图形的绘制，如图 3-40 所示。值得注意的是，在放置圆弧时，圆心和半径的确定很重要。点击【原理图符号绘制】工具箱里的【放置圆弧】按钮，在圆心处单击鼠标左键，确定圆心，拖动光标到 A 点，单击左键确定，再拖动光标到 B 点，单击左键确定，确定了圆弧的直径，然后在 B 点单击左键确定圆弧起点，将光标移动到 A 点处单击左键，确定圆弧终点，完成圆弧绘制，单击右键退出放置状态。

⑤ 放置引脚并设置引脚属性。根据表 3-5 放置引脚并进行属性设置，点击【原理图符号绘制】工具箱里【放置引脚】按钮，在引脚悬浮状态下，按键盘上的【TAB】

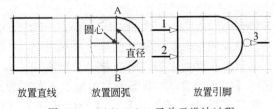

图 3-40　DM74LS00 子单元设计过程

原理图元件的设计

项目 ❸

91

键对引脚属性进行设置，设置好的引脚 1 属性如图 3-41 所示，引脚 3 属性如图 3-42 所示。

表 3-5    DM74LS00 引脚属性

| 标识符 | 引脚名称 | 电气类型 | 标识符 | 引脚名称 | 电气类型 |
|---|---|---|---|---|---|
| 1 | 1A | Input | 8 | 3C | Output |
| 2 | 1B | Input | 9 | 3B | Input |
| 3 | 1C | Output | 10 | 3A | Input |
| 4 | 2A | Input | 11 | 4C | Output |
| 5 | 2B | Input | 12 | 4B | Input |
| 6 | 2C | Output | 13 | 4A | Input |
| 7 | GND | Power | 14 | VCC | Power |

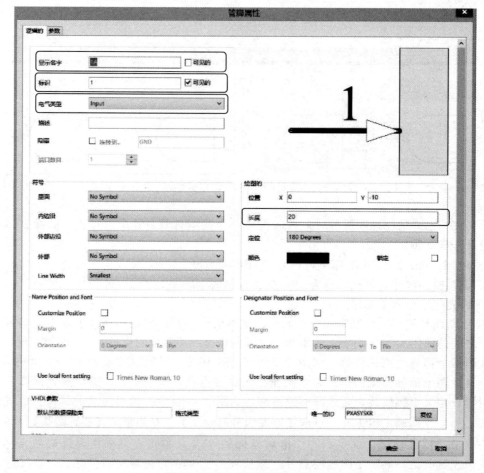

图 3-41    输入端引脚属性设置

⑥ 由于 DM74LS00 元件中包含有 4 个功能单元，接下来绘制第 2 个功能单元。由于 4 个功能单元图形形状相同，仅是引脚编号等不同，所以我们可以采用复制的方法来提高效率。用鼠标拉框选中第 1 个与非门的所有图元，执行菜单命令【编辑】→【复制】，或者按快捷键【Ctrl＋C】，所有图元均被复制入剪切板。

执行菜单命令【工具】→【创建元件】，屏幕出现一个新的工作窗口，在【SCH Li-

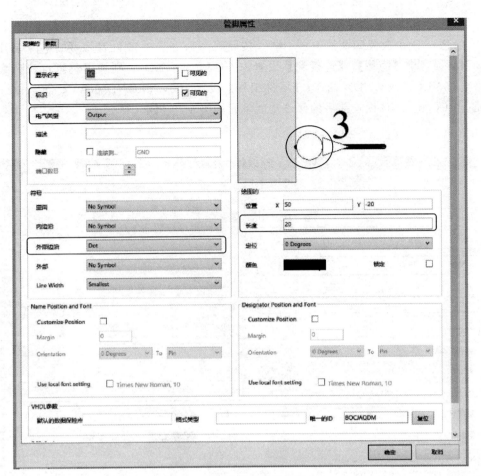

图 3-42　输出端引脚属性设置

【brary】面板，可以看到现在的位置是【Part B】（即第 2 个功能单元）。执行菜单命令【编辑】→【粘贴】，或者按快捷键【Ctrl＋V】，将光标定位到坐标原点处单击左键，将剪切板中的图件粘贴到新窗口中。将引脚按照表 3-5 设置好。绘制好的元件如图 3-43 所示。

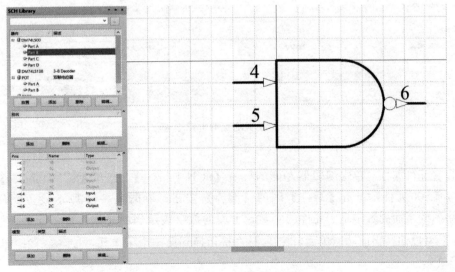

图 3-43　第 2 个功能单元设计

原理图元件的设计

项目 ③

93

⑦ 按照同样的方法，绘制完成其他两个功能单元，引脚属性按照表 3-5 设置。

⑧ 在 Part D 中放置隐藏的电源引脚。按照图 3-44、图 3-45 设置隐藏的电源端引脚及接地端引脚。选中【隐藏】，【连接到】设置为 VCC（或 GND），则该引脚将自动隐藏，并在网络上与 VCC（或 GND）相连；【零件编号】设置为 0，则 GND 和 VCC 属于每一个功能单元。VCC 和 GND 设置前后的元件功能单元如图 3-46 所示。

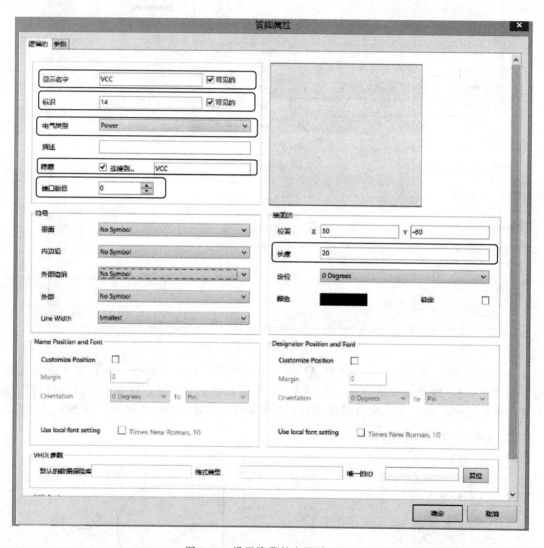

图 3-44　设置隐藏的电源端 VCC

⑨ 设置元件属性。单击编辑器左侧的标签【SCH Library】，打开【SCH Library】面板，选中 DM74LS00 元件，单击【器件】区的【编辑】按钮，根据图 3-47 所示设置元件属性。Part 3/4 中斜线下面的数字是子元件的个数，上面的数字表示当前是第 3 个子元件，按【<】或者【>】可以切换当前功能单元，按 << 直接切换到第 1 个子单元，按 >> 直接切换到最后一个子单元。

⑩ 保存设计好的原理图元件符号，完成设计。

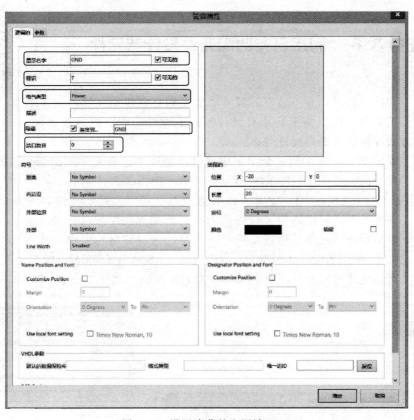

图 3-45    设置隐藏的电源端 GND

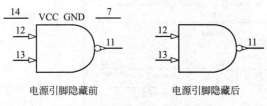

电源引脚隐藏前                          电源引脚隐藏后

图 3-46    设置隐藏电源引脚

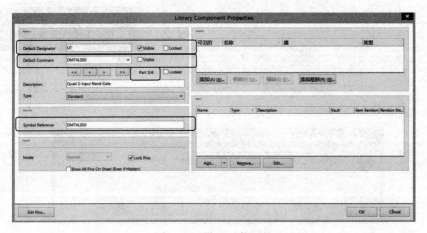

图 3-47    设置元件属性

**任务 3.6　　利用已有的库元件设计新元件**

利用已有库元件
设计新元件

　　在设计原理图元件时，并不是全部都需要从无到有创建新元件，若在库中能找到相似的元件，就只需要在原有元件基础上做些修改，得到新元件。有时候这种方法能够大大提高设计效率。

　　下面我们就以 74LS138 为例，介绍怎样通过复制库中已有元件实现新元件的设计。根据前述，我们需要的元件 74LS138 的符号见任务 3.4 中图 3-25。

　　① 通过【库】→【Search】，按图 3-48 设置查找选项，查找出元件如图 3-49 所示。值得注意的是：在查找时，元件库中 * 处必须为空，否则查找结果有可能不会显示。逐次选中各元件，下方显示出该元件的原理图符号，经对比选择跟目标元件原理图元件符号最相近的元件，比如本例中的 SN74LS138D。点击【Place SN74LS138D】，弹出如图 3-50 所示的对话框，从对话框中可知元件所在的元件库为 ON Semi Logic Decoder Demux.IntLib。

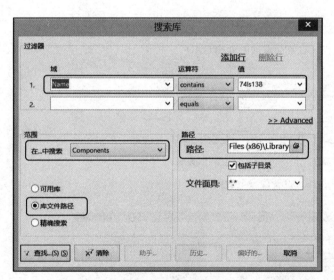

图 3-48　查找界面设置

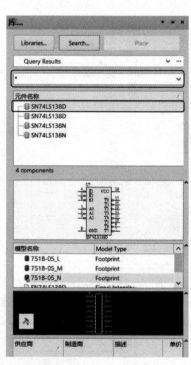

图 3-49　查找结果

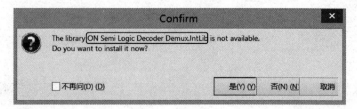

图 3-50　元件库安装提示对话框

② 把系统提供的库文件 ON Semi Logic Decoder Demux. IntLib 中的"SN74LS138D"，复制到所创建的原理图库文件 MySchLib. SchLib 中。

a. 打开原理图库文件 MySchLib. SchLib，执行菜单命令【文件】→【打开】，系统弹出【Choose Document to Open】对话框，在其中选择文件夹【Altium \ Library \ ON Semiconductor \ ON Semi Logic Decoder Demux】，如图 3-51 所示。

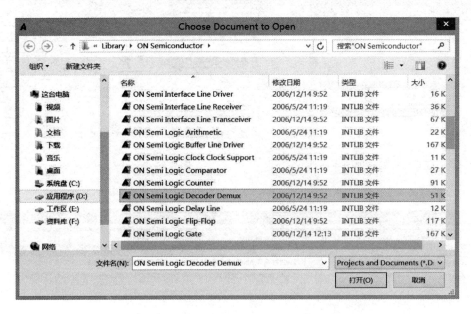

图 3-51　【Choose Document to Open】对话框

b. 单击【打开】按钮，系统会自动弹出如图 3-52 所示【摘录源文件或安装文件】对话框。

图 3-52　【摘录源文件或安装文件】对话框

c. 单击【摘取源文件】按钮，在【Projects】面板上将会显示出该库所对应的原理图库文件"ON Semi Logic Decoder Demux. IntLib"，如图 3-53 所示。双击【Projects】面板上的原理图库文件"ON Semi Logic Decoder Demux. IntLib"，则该库文件被打开，如图 3-54 所示。在【SCH Library】面板的元件栏中显示出了库文件 ON Semi Logic Decoder Demux. IntLib 中的所有库元件。

d. 选中库元件"SN74LS138D"，执行菜单命令【工具】→【拷贝器件】，则系统弹出

原理图元件的设计　项目❸

97

【Destination Library】对话框，如图 3-55 所示。

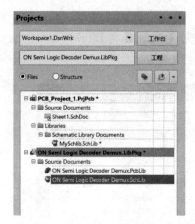

图 3-53  打开现有的原理图库文件

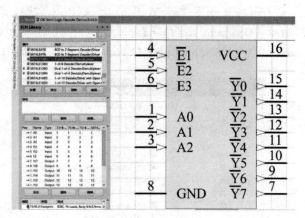

图 3-54  元件库打开界面

图 3-55  【Destination Library】对话框

e. 选择原理图库文件 "MySchlib. SchLib"，单击【OK】按钮，关闭对话框。打开原理图库文件 "MySchlib. SchLib"，可以看到库元件 "SN74LS138D" 已被复制到该原理图库文件中，如图 3-56 所示，接下来就可以根据需要进行修改了。通常利用已有元件库中的元件进行修改时，都应该拷贝到自己的库中再进行修改，不建议在原库中进行修改，因为在原库中修改会覆盖原库中的内容。

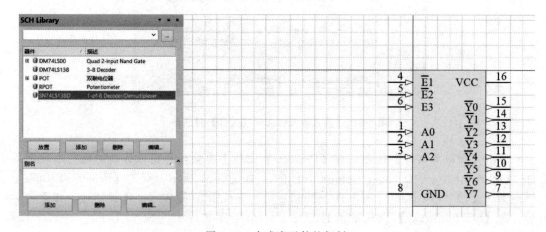

图 3-56  完成库元件的复制

③ 修改元件。在工作区，根据图 3-25 修改 SN74LS138D 的引脚名字和标识，并将电源端 VCC 和地端 GND 隐藏。

④ 元件重命名。选中元件 SN74LS138D，执行菜单命令【工具】→【重新命名元件】，将元件名称修改为【DM74LS138】。

⑤ 保存设计好的原理图元件符号，完成设计。

 **任务 3.7　运行器件规则检查**

　　自己创建的原理图元件符号，通常不可避免地会因为疏忽等原因而出现一些小错误，而错误的原理图元件符号，会给后续元件的使用带来很多的烦恼，因此除了在创建过程中尽量认真细致以外，也可以通过元件规则检查帮助我们发现错误，根据错误报告及时改正错误。

　　打开原理图库文件"MySchlib. SchLib"，执行菜单命令【报告】→【器件规则检测】，弹出【库元件规则检测】对话框，如图 3-57 所示。

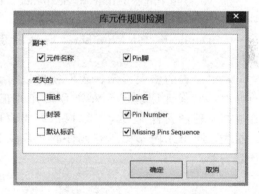

图 3-57　【库元件规则检测】对话框

　　① 元件名称：设置是否检查重复的库元件名称。选中该复选框后，如果库文件中存在重复的库元件名称，则系统会把这种情况视为规则错误，显示在错误报表中。

　　② Pin 脚：设置是否检查重复的引脚名称。选中该复选框后，系统会检查每一库元件的引脚是否存在重复的引脚名称，如果存在，则系统会视为同名错误，显示在错误报表中。

　　③ 描述：选中该复选框，系统将检查每一库元件属性中的【描述】栏是否空缺，如果空缺，则系统会给出错误报告。

　　④ 封装：选中该复选框，系统将检查每一库元件属性中的【封装】栏是否空缺，如果空缺，则系统会给出错误报告。

　　⑤ 默认标识：选中该复选框，系统将检查每一库元件的标志符是否空缺，如果空缺，则系统会给出错误报告。

　　⑥ pin 名：选中该复选框，系统将检查每一库元件是否存在引脚名的空缺，如果空缺，则系统会给出错误报告。

　　⑦ Pin Number：选中该复选框，系统将检查每一库元件是否存在引脚编号的空缺，如果空缺，则系统会给出错误报告。

　　⑧ Missing Pins Sequence：选中该复选框，系统将检查每一库元件是否存在引脚编号不连续的情况，如果存在，则系统会给出错误报告。

　　根据需要将检查的各项内容前面的方框打钩，单击【确定】，则将检查库中各元件，并产生如图 3-58 所示的错误报告报表。同时器件规则检查报表会在【Projects】面板中，以一个后缀为".ERR"的文本保存好，如图 3-59 所示。

　　从器件规则检查报表中，可以看出常见的错误有以下几种类型。

原理图元件的设计　项目③

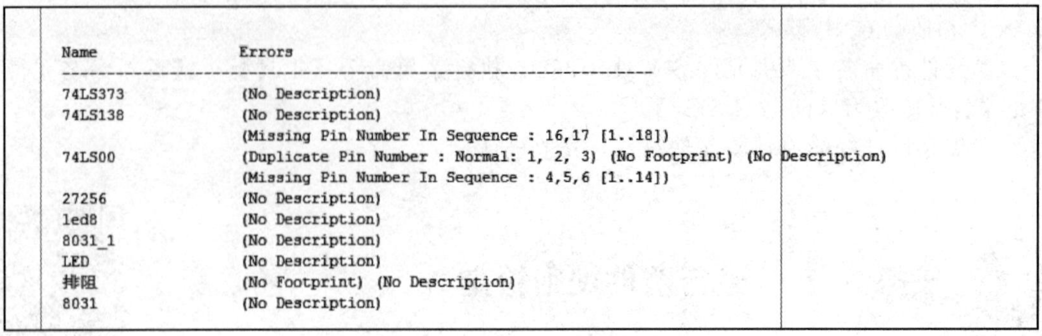

```
Name              Errors
-----------------------------------------------------------------------------
74LS373           (No Description)
74LS138           (No Description)
                  (Missing Pin Number In Sequence : 16,17 [1..18])
74LS00            (Duplicate Pin Number : Normal: 1, 2, 3) (No Footprint) (No Description)
                  (Missing Pin Number In Sequence : 4,5,6 [1..14])
27256             (No Description)
led8              (No Description)
8031_1            (No Description)
LED               (No Description)
排阻              (No Footprint) (No Description)
8031              (No Description)
```

图 3-58　元件规则检查报表

① NO Description：元件没有添加描述。

② NO Footprint：元件没有设置封装形式。

③ Missing Pin Number In Sequence：引脚序列中有空缺的引脚。

④ Duplicate Pin Number：重复的引脚标识符。

根据报表的错误提示，我们就可以对元件进行修改，以保证原理图元件符号设计的正确性。建立好原理图元件库后，可以根据需要输出元件的报表，产生元件库中所有元件的名称及其描述信息表等。

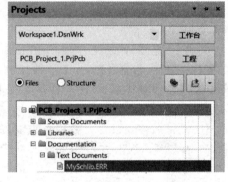

图 3-59　器件规则检查报表保存

## 任务 3.8　生成报表

报表生成

### 3.8.1　生成元件报表

下面以前述的 MySchlib. SchLib 库中的元件 DM74LS00 的输出报表为例，介绍元件报表的产生方法。

① 执行菜单命令【文件】→【打开】，打开自己创建的元件库【MySchlib. SchLib】。

② 单击【Projects】标签，在弹出的【Projects】面板中选中该元件库。

③ 单击【SCH Library】标签，打开【SCH Library】面板，在【器件】区单击选中要输出报表的元件【DM74LS00】。

④ 执行菜单命令【报告】→【器件】，系统自动产生 DM74LS00 的元件报表文件 My-Schlib. cmp，如图 3-60 所示，从该表中可以获得元件的信息。同时元件报表会在【Projects】面板中，以一个后缀为".cmp"的文本文件被保存，如图 3-61 所示。

### 3.8.2　生成元件库报表

元件库报表用于生成当前元件库中所有元件的详尽信息，它包含了综合的元件参数、引脚和模型信息、原理图符号预览，以及 PCB 封装和 3D 模型等。生成报告时，可以选择生成

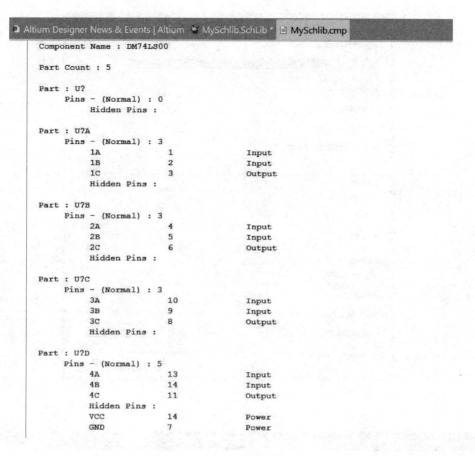

```
Altium Designer News & Events | Altium    MySchlib.SchLib *    MySchlib.cmp

      Component Name : DM74LS00

      Part Count : 5

      Part : U?
            Pins - (Normal) : 0
                  Hidden Pins :

      Part : U?A
            Pins - (Normal) : 3
                  1A              1              Input
                  1B              2              Input
                  1C              3              Output
                  Hidden Pins :

      Part : U?B
            Pins - (Normal) : 3
                  2A              4              Input
                  2B              5              Input
                  2C              6              Output
                  Hidden Pins :

      Part : U?C
            Pins - (Normal) : 3
                  3A              10             Input
                  3B              9              Input
                  3C              8              Output
                  Hidden Pins :

      Part : U?D
            Pins - (Normal) : 5
                  4A              13             Input
                  4B              14             Input
                  4C              11             Output
                  Hidden Pins :
                  VCC             14             Power
                  GND             7              Power
```

图 3-60　库元件报表

文档（Word）格式或浏览器（HTML）格式，如果选择浏览器格式的报告，还可以提供库中所有元器件的超链接列表，通过网络即可发布。

① 执行菜单命令【文件】→【打开】，打开自己创建的元件库【MySchlib. SchLib】。

② 单击【Projects】标签，打开【Projects】面板选中该元件库。

③ 执行菜单命令【报告】→【库报告】，系统会自动弹出如图 3-62 所示的【库报告设置】对话框。

该对话框用于设置生成的库报告格式及显示的内容。以文本样式输出的库报告名为"MySchlib. doc"，以浏览器格式输出的库报告名为"MySchlib. html"。在此选择浏览器格式输出报告，其他设置按默认设置即可。单击【确定】按钮，关闭对话框，同时生成浏览器格式的库报告，如图 3-63 所示。

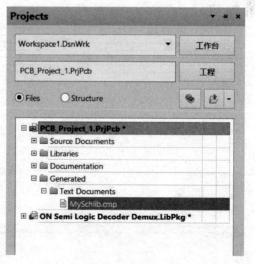

图 3-61　元件报表的保存

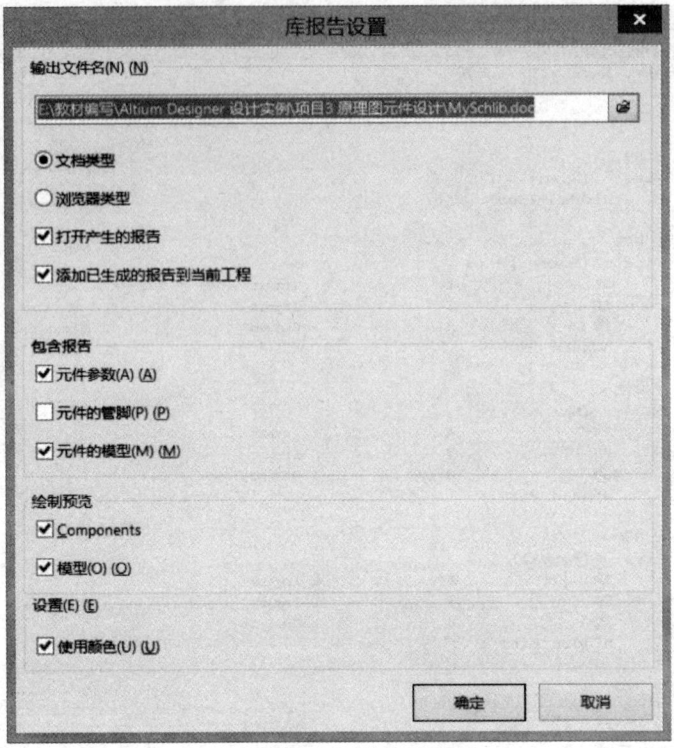

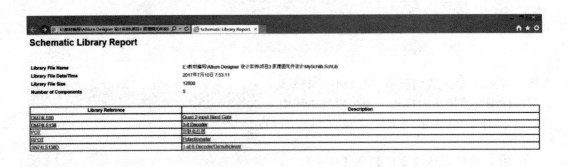

图 3-62  【库报告设置】对话框

**Schematic Library Report**

| | |
|---|---|
| Library File Name | E:\教材编写\Altium Designer 设计实例\项目3 原理图元件设计\MySchlib.SchLib |
| Library File Date/Time | 2017年7月10日 7:53:11 |
| Library File Size | 12800 |
| Number of Components | 5 |

| Library Reference | Description |
|---|---|
| DM74LS00 | Quad 2-input Nand Gate |
| DM74LS138 | 3-8 Decoder |
| POT | 滑动变阻器 |
| RPOT | Potentiometer |
| SN74LS138D | 1-of-8 Decoder/Demultiplexer |

图 3-63  输出库报告

　　该报告提供了库文件 MySchLib. SchLib 中所有元件的链接列表。单击列表中的任意一项，即可链接到相应元件的详细信息处。例如，单击"DM74LS138"，显示信息如图 3-64所示。

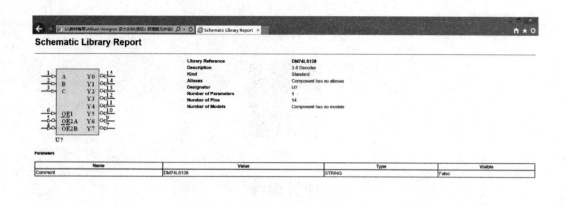

图 3-64　元件的详细信息

# 任务 3.9　综合拓展

为帮助读者巩固原理图元件设计，现提供 4 个拓展案例，提供详细的步骤说明和视频讲解，请读者根据需要扫码学习。

拓展案例 1-排阻设计

排阻设计文稿

排阻元件设计

拓展案例 2-单个数码管设计

单个数码管设计
文稿

单个数码管元件
设计

拓展案例 3-四位一体数码管设计

四位一体数码管
设计文稿

四位一体数码管
元件设计

拓展案例 4-双色发光二极管设计

双色发光二极管
设计文稿

双色发光二极管
元件设计

原理图元件的设计

项目 ❸

思政小课堂

对称美

对称美

# 项目训练

1.元件库编辑界面与原理图编辑界面相比较，有什么区别？

2.在元件库编辑界面设计一个原理图元件符号，一般创建在图纸的什么位置？为什么？

3.在设计一个元件原理图符号时，放置引脚工具在哪里？在原理图编辑界面有这个工具吗？

4.如何旋转元件的引脚？

5.如何设置元件引脚参数？

6.放置引脚时，引脚有叉号标识的一端应该朝里还是朝外？为什么？

7.在设计原理图元件符号时，捕获网格设置为多少比较合适？为什么？

8.创建一个新元件库 MySchLib.SchLib，从 Miscellaneous Devices.IntLib 库中复制元件 Res2、Cap、NPN、BRIDG1 及 Diode，组成新库。

9.设计发光二极管 LED 原理图元件符号。设计如图 3-65 所示的发光二极管 LED，元件名设置为 LED，引脚长度为 20，二极管正端引脚名称设置为 A，标识符设置为 1，不可视；二极管负端引脚名称设置为 K，标识符设置为 2，不可视。

10.设计规则元件 NE555。元件引脚的名称和原理图元件标号如图 3-66 所示，元件矩形块的尺寸为 70×80，引脚长度 20，引脚电气特性如下：2、4、6 脚为 "Input"，1、8 脚为 "Power"，5 脚为 "Passive"，3 脚为 "Output"，7 脚为 "Open Collect"。

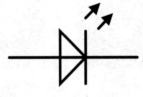

图 3-65 发光二极管

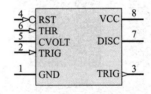

图 3-66 NE555

11.设计四二输入与门 74LS08，该集成电路中有四个二输入与门，元件名为 74LS08，电源 7 脚、14 脚设置为隐藏。其原理图元件符号如图 3-67 所示。

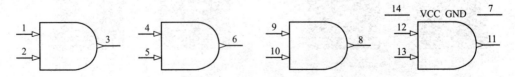

图 3-67 74LS08 原理图元件

12.设计图 3-68 所示的变压器，元件名设置为 Trans。1、2、3、4 脚为"Passive"。（提示：使用放置圆弧工具绘制线圈体。）

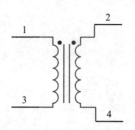

图 3-68　变压器原理图元件

项目4

电路原理图　设计单片机控制

【知识目标】

- 了解电路原理图优化方法；
- 掌握总线、总线入口、网络标签的使用；
- 掌握阵列式粘贴的使用；
- 掌握原理图编译方法及常见错误解决办法。

设计单片机控制
电路原理图-项目
概述

【能力目标】

- 会正确地使用总线、总线入口、网络标号绘制电路原理图；
- 会使用阵列式粘贴提高绘图效率；
- 会根据图纸编译报告识别并修改错误。

【素质目标】

- 培养精益求精的工匠精神；
- 树立效率意识，超越单一重复性工作，增强自身能力。

【导　　入】

　　虽然在单管放大电路原理图设计项目中，已经完成了电路原理图的绘制，电路连接是通过导线实现的，但在绘制电路原理图时，如果遇到电路连线很多的情况，直接用导线连接就会显得电路图连接繁杂，可读性差。图 4-1 和图 4-2 是实现同一功能的电路原理图。

 读书笔记

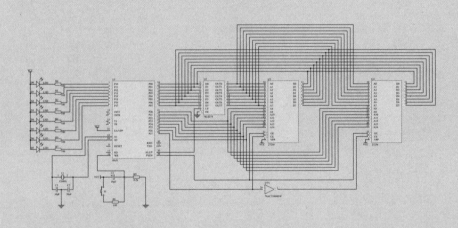

图 4-1　单片机控制电路（导线连接）

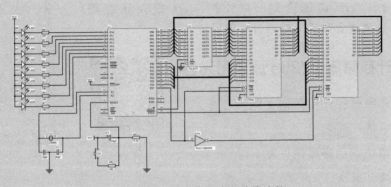

图 4-2　单片机控制电路（总线连接）

　　比较两张图可以看出，图 4-1 连线繁杂，可读性差，图 4-2 连线简洁，可读性增强。究其原因就是图 4-2 是用总线连接的原理图。本项目就以单片机控制电路原理图为载体，介绍使用总线优化原理图设计的方法，同时介绍阵列式粘贴技巧，提高原理图设计效率。

项目④　设计单片机控制电路原理图

107

**任务 4.1　原理图设计前的准备工作**

在单片机控制电路中，主要原理图元件有单片机 8031、锁存器 74LS373 及存储器 27256，当查找元件时，发现这些元件是元件库中查找不到的，所以需要用户自行设计。我们将以存储器 27256 的设计为例详细介绍，单片机 8031 以及锁存器 74LS373 的设计请读者扫描二维码自行学习。

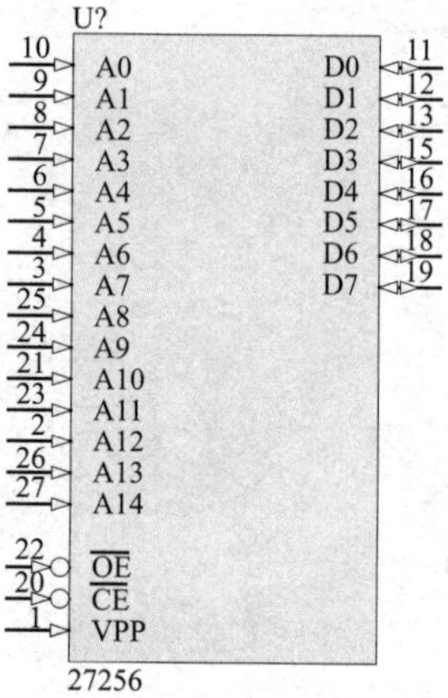

## 4.1.1　设计存储器 27256 原理图元件

1）27256 原理图元件符号（图 4-3）

2）27256 的引脚属性

存储器 27256 的引脚属性见表 4-1。

3）元件属性设置

存储器 27256 元件属性设置如图 4-4 所示。

设计原理图
元件-27256

图 4-3　27256 原理图元件符号

表 4-1　27256 引脚属性

| 标识符 | 引脚名称 | 电气类型 | 标识符 | 引脚名称 | 电气类型 |
|---|---|---|---|---|---|
| 1 | VPP | Input | 15 | D3 | IO |
| 2 | A12 | Input | 16 | D4 | IO |
| 3 | A7 | Input | 17 | D5 | IO |
| 4 | A6 | Input | 18 | D6 | IO |
| 5 | A5 | Input | 19 | D7 | IO |
| 6 | A4 | Input | 20 | $\overline{CE}$ | Input |
| 7 | A3 | Input | 21 | A10 | Input |
| 8 | A2 | Input | 22 | $\overline{OE}$ | Input |
| 9 | A1 | Input | 23 | A11 | Input |
| 10 | A0 | Input | 24 | A9 | Input |
| 11 | D0 | IO | 25 | A8 | Input |
| 12 | D1 | IO | 26 | A13 | Input |
| 13 | D2 | IO | 27 | A14 | Input |
| 14 | GND(隐藏) | Power | 28 | VCC(隐藏) | Power |

## 4.1.2　设计锁存器 74LS373 原理图元件

1）74LS373 原理图元件符号（图 4-5）

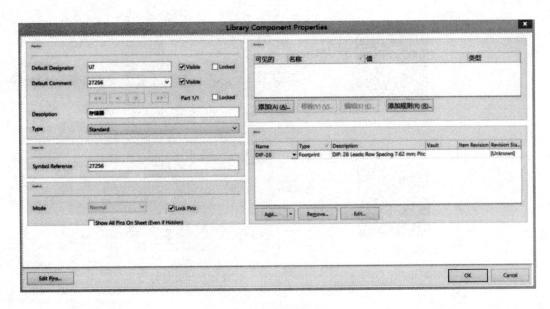

图 4-4　元件属性设置

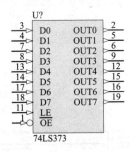

图 4-5　74LS373 原理图元件符号

2）设计文稿与视频讲解

74LS373 元件
设计文稿

74LS373 元件
设计

## 4.1.3　设计单片机 8031 原理图元件

1）8031 原理图元件符号（图 4-6）

2）设计文稿和视频讲解

8031 元件设计文稿

8031 元件设计

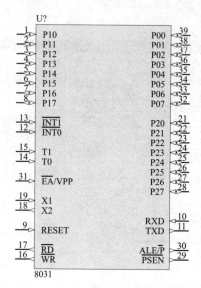

图 4-6　8031 原理图元件符号

## 任务 4.2　设计单片机控制电路原理图

在设计电路原理图时，对于复杂的电路，可以将其按照功能分成若干块，然后再分别画出原理图，这样思路会更清晰。对于单片机控制电路，可以将其分成❶单片机最小系统电路和❷存储电路两个部分，如图 4-7 所示。第❶块电路采用导线连接，第❷块电路采用总线连接。

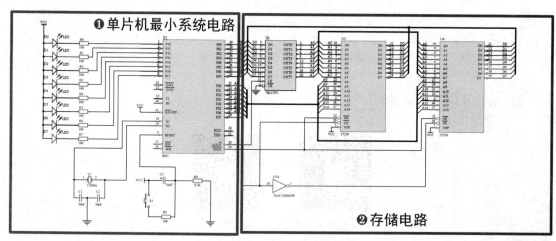

图 4-7　电路分块

### 4.2.1　单片机最小系统电路设计

1）建立文件

打开 Altium Designer，执行菜单命令【文件】→【新建】→【Project】，【Project Types】选择 "PCB Project"，【Project Templates】选择 "De-

绘制单片机控制电路原理图-单片机最小系统

fault"，【Name】设为"单片机控制电路"，【Location】设置为要保存的文件夹的路径，如图 4-8 所示。在项目中新建一个原理图文件，命名为"单片机控制电路"并保存。

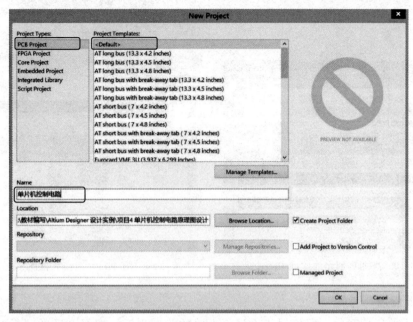

图 4-8　新建项目对话框

2）加载元件库

在本项目中，单片机 8031、锁存器 74LS373 及存储器 27256 在自己创建的元件库 my-Schlib1. SchLib 里，其他分立元件位于 Miscellaneous Device. IntLib 和 Miscellaneous Connectors. IntLib 库中，将 Miscellaneous Device. IntLib 和 Miscellaneous Connectors. IntLib 设置为当前库，如图 4-9 所示。通过追加新文件到项目中，将 mySchlib1. SchLib 添加到本项目中，如图 4-10 所示。打开原理图右侧元件库，可见元器件原理图元件库 my-Schlib1. SchLib 已经出现在当前元件库中，如图 4-11 所示。

图 4-9　设置当前库

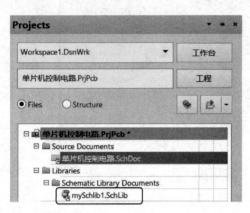

图 4-10　添加自创元件库到 Project

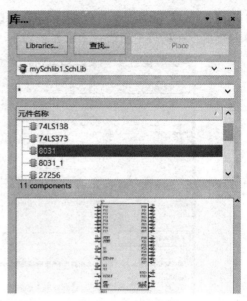

图 4-11　当前元件库

3）图纸设置

在设计电路原理图时，要根据待设计的电路的复杂程度，选择合适的图纸型号，本项目具有一定的复杂度，因此图纸尺寸也应该设置得大一些，以防止图纸太小，电路图太拥挤。图纸参数设置如图 4-12 所示。

图 4-12　图纸参数设置

4）放置元件，进行元件属性设置，并进行初步布局

进行电路原理图设计时要具有大局意识，放置元件前要对整张图纸进行规划，确定电路在图纸中的大致位置，从而进一步确定核心元件的位置。本项目中，两块电路水平相连接，所以单片机最小系统电路应该处于图纸左端，占据约 1/3 图纸大小。电路由❶单片机、❷指示电路、❸时钟电路和❹复位电路四个部分构成，如图 4-13 所示，其核心元件是单片机 8031，所以首先放置元件 8031，然后再放置其他外围元件。

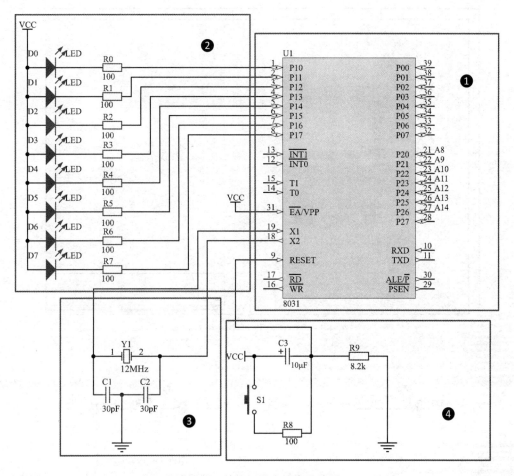

图 4-13　单片机最小系统电路图

　　放置核心元件时，首先按键盘上【PgDn】缩小图纸以显示整张图纸，方便确定元件的位置，在放置元件过程中，可以通过【PgDn】和【PgUp】键切换图纸显示模式。通过元件库放置元件并设置元件属性，放置好元件 8031 的图纸如图 4-14 所示。

　　5）指示电路部分

　　观察指示电路构成，其由相同的八个限流电阻和八个发光二极管组成，编号递增；具有重复特点的电路，除了采用常规放置元件并连线的方法完成以外，还可以采用复制的方式实现，Altium Designer 系统为用户提供了阵列粘贴的功能。按照设定的阵列式粘贴能够一次性地将某一对象或对象组重复地粘贴到图纸中，当在原理图中需要放置多个相同对象时，该功能可以很方便地完成操作。

　　在图纸空白处放置电阻和发光二极管，设置元件属性并连线，调整标识符的位置，如图 4-15 所示。选中要复制的元件，如图 4-16 所示。执行菜单命令【编辑】→【拷贝】，使其粘贴在 Windows 粘贴板上。再执行菜单命令【编辑】→【灵巧粘贴】，系统弹出【智能粘贴】对话框，如图 4-17 所示。在【智能粘贴】对话框的右侧有一个【粘贴阵列】区域，选中【使能粘贴阵列】复选框，则阵列粘贴功能被激活，如图 4-18 所示。

　　若要进行阵列粘贴，需要对如下参数进行设置。

　　① 列：对阵列粘贴的列进行设置。

　　数目：需要阵列粘贴的列数；

设计单片机控制电路原理图

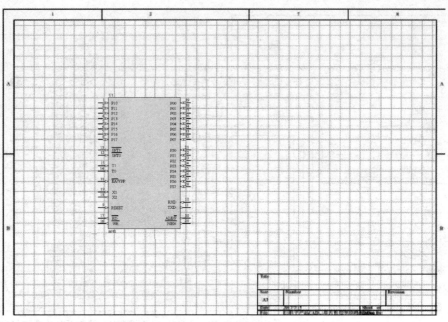

图 4-14　8031 在图纸中的相对位置

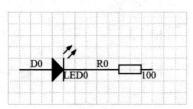

图 4-15　放置元件

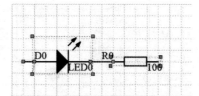

图 4-16　选中元件

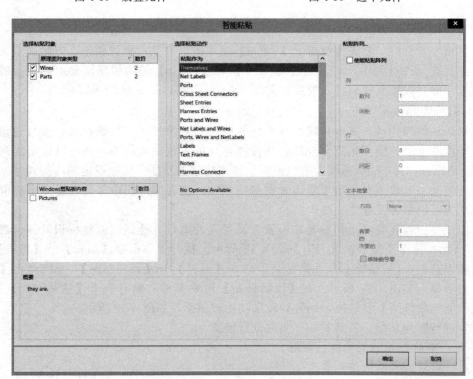

图 4-17　【智能粘贴】对话框

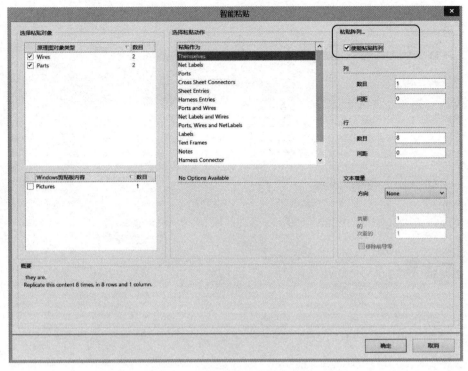

图 4-18　阵列粘贴功能被激活

间距：相邻两列之间的空间偏移量。

② 行：对阵列粘贴的行进行设置。

数目：需要阵列粘贴的行数；

间距：相邻两行之间的空间偏移量。

③ 文本增量：设置阵列粘贴中的文本增量。

④ 方向：对增量的方向进行设置。系统给出了 3 种选择，分别是【None】（不设置）、【Horizontal First】（先从水平方向开始递增）、【Vertical First】（先从垂直方向开始递增）。选中后两项中的任意一项后，其下方的文本编辑栏被激活，可以在其中输入具体的增量数值。

⑤ 首要的：指定相邻两次粘贴之间有关标志的数字递增量。

⑥ 次要的：指定相邻两次粘贴之间元器件引脚号的数字递增量。

了解了阵列粘贴的各参数含义后，结合要复制的元件，设置【粘贴阵列】区域中的参数如图 4-19 所示。本例中要复制的元件组有 8 个，排成 1 列 8 行，所以【列】数目设为 1，【行】数目设为 8，由于元件组排成一列，所以【列】间距设为 0，而行间距必须大于等于要复制的元件的尺寸，若小于要复制元件的尺寸，则复制的元件会重叠在一起，如图 4-20 所示。根据图 4-15 可见，元件占据 3 行，所以尺寸应设为大于等于 30。【行】间距设为 −30，复制结果如图 4-21 所示，【行】间距设为 30，复制结果如图 4-22 所示，两者的区别是元件标号一个是递增的，另一个是递减的，用户可以根据需要设置，显然此处应该设为 −30。同时编译后发现，不管间距设为多少，在图 4-20～图 4-22 中，元件标号为 R0 和 D0 的元件下面有一条红色的波纹线，这是系统给出的重名错误提示。需要删除被复制的元件组或者复制阵列中相同的一组元件，通常可以删除被复制的元件。然后选中复制元件阵列，点击工具栏【移动选择】按钮 ，将对象拖到合适的位置，点击鼠标左键放下复制阵列，如图 4-23 所示。要注意的是，复制元件阵列距离单片机之间至少要留出 10 个栅格的距离，以方便连线。调整好位置后，完成连线，如图 4-24 所示。

项目④　设计单片机控制电路原理图

115

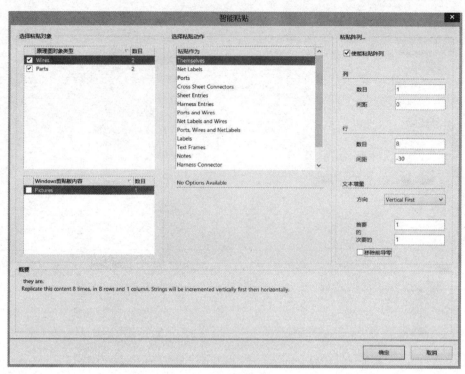

图 4-19　设置【粘贴阵列】区域中的参数

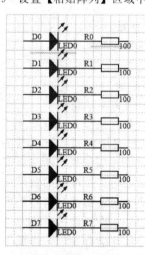

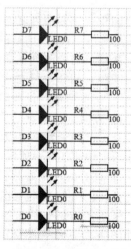

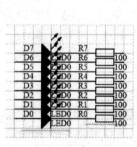

图 4-20　【行】间距
设为 10 的结果

图 4-21　【行】间距
设为−30 的结果

图 4-22　【行】间距
设为 30 的结果

接下来完成时钟电路和复位电路的设计，最终完成如图 4-13 所示的单片机最小系统电路图设计。

### 4.2.2　存储电路设计

绘制单片机控制
电路原理图-存储
电路

存储电路的核心元器件是 74LS373 和 27256，所以首先放置元件，并初步确定其在图纸上的相对位置，连线时可以进行微调。放置好元件的图纸如图 4-25 所示。存储电路部分采用总线方式连接。

所谓总线，就是代表数条并行导线的一条线。总线通常用于元件数据总

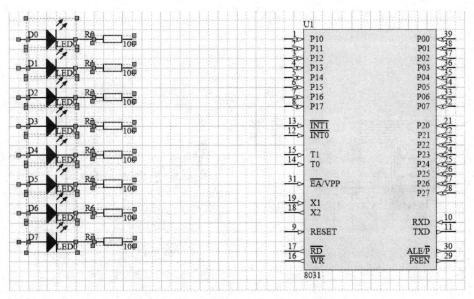

图 4-23 将复制阵列放置到合适位置

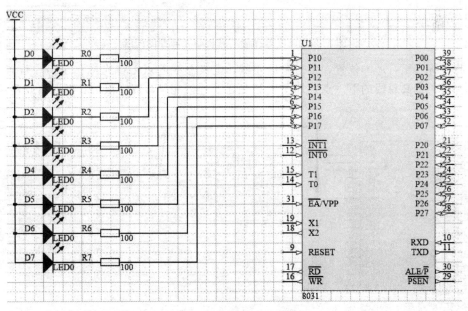

图 4-24 完成连线的指示电路

线或地址总线上，本身没有实质的电气连接意义，电气连接的关系要靠网络标号来定义。利用总线和网络标号进行元件之间的电气连接，不仅可以减少图中的导线，简化原理图，而且清晰直观。

使用总线来代替一组导线，需要与总线入口相配合。总线与一般导线的性质不同，必须由总线接出的各个单一入口导线上的网络标号，来完成电气意义上的连接，具有相同网络标号的导线在电气上是相连的。

1）放置总线

点击【布线工具栏】的放置导线按钮 ≈，先画出元件引脚的引出线，然后再放置总线。执行菜单命令【放置】→【总线】或单击【布线工具栏】的放置总线按钮 ，进入放置总线

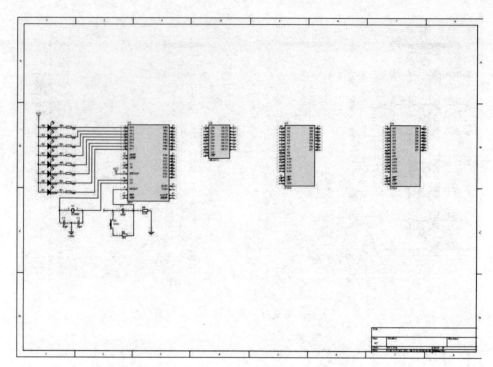

图 4-25　放置好存储电路核心元器件的图纸

状态，将光标移至合适的位置，单击鼠标左键，定义总线起点，将光标移至另一位置，再单击鼠标左键，定义总线的下一点，如图 4-26 所示。连线完毕，双击鼠标右键退出放置状态。

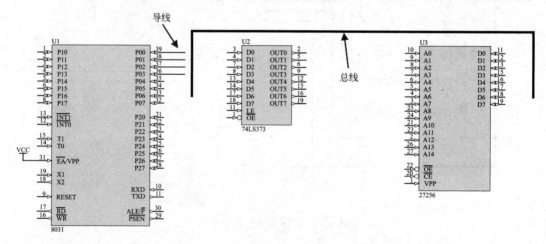

图 4-26　放置总线

在放置导线状态时，按键盘的【TAB】键，屏幕弹出总线属性对话框，可以修改线宽和颜色，如图 4-27 所示。

2）放置总线入口

元件引脚的引出线与总线的连接通过总线入口实现，总线入口是一条倾斜的短线段。执行菜单命令【放置】→【总线入口】，或单击【布线工具栏】的放置总线按钮，进入放置总线入口的状态，此时光标上黏附着悬浮的总线入口线，将光标移至总线和引脚引出线之间，按空格键变换倾斜角度，单击鼠标左键放置总线分支线，单击鼠标右键退出放置状态，如图 4-28 所示。

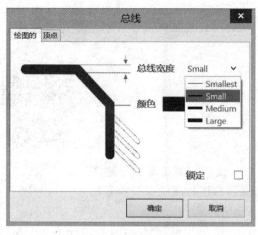

图 4-27　总线属性设置对话框

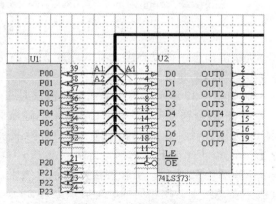

图 4-28　放置总线入口

### 3）放置网络标号

由于总线不是实际连线，因此实际使用时还必须通过网络标号实现电气连接。在复杂的电路图中，通常使用网络标号来简化电路，具有相同网络标号的图件之间在电气上是相通的。

放置网络标号可以通过菜单命令【放置】→【网络标签】，或单击【布线工具栏】的放置网络标号按钮 Netl 实现，系统进入放置网络标号状态，此时光标上黏附着一个默认网络标号"Netlable1"，按键盘上的【TAB】键或者放置网络标号后直接双击网络标号，系统弹出图 4-29 所示的属性对话框，可以修改网络标号名、标号方向等，图中将网络标号改为 A1，将网络标号移动至需要放置的对象上方，当网络标号和对象相连处的光标变色，表明与该导线建立电气连接，单击鼠标左键即可放下网络标号，将光标移至其他位置可继续放置，如图 4-30 所示，单击鼠标右键退出放置状态。

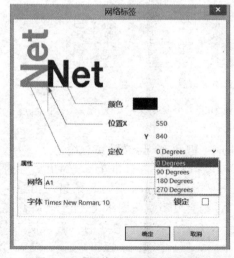

图 4-29　【网络标签】属性对话框

图 4-30　放置网络标号

图 4-30 中，U1 的 39 脚和 U2 的 3 脚，均标上网络标号 A1，在电气特性上它们是相连的。

注意：网络标号 Netl 和文本字符串 **A** 是不同的，前者具有电气连接功能，后者只是说明文字。

从上面的操作中可以看出，放置引脚引出线、总线分支线和网络标号需要多次重复，占用时间长，如果采用阵列式粘贴，可以一次完成重复性操作，大大提高绘制原理图的速度。采用阵列式粘贴的方法完成存储电路的设计，最后完成如图 4-2 所示的单片机控制电路原理图设计。

## 任务 4.3　图纸编译

原理图电气规则检查常见错误及解决办法

　　绘制完的电路原理图会因为疏忽等原因存在一些错误，而正确的原理图是 PCB 设计的前提，所以必须对绘制完成的电路原理图进行图纸编译。运行电气规则检查，电气规则检查各选项选择默认设置。

　　执行菜单命令【项目管理】→【Compile document 单片机控制电路.SchDoc】，对原理图进行编译，系统自动检查电路，弹出【Messages】对话框，显示违规信息。若系统没有弹出【Messages】对话框，则可以打开右下角的工具条【System】→【Messages】，打开【Messages】对话框，如图 4-31 所示。

图 4-31　电气规则检查违规信息

　　从违规信息中可以看出，有 5 个错误（Error）和 14 个警示（Warning），下面逐个看违规类型和解决办法。

　　① 如图 4-31 所示，第 1 个框中的错误是 U3 的 14 脚和 28 脚放置在总线上了。U3 的 14 脚和 28 脚分别是 GND 和 VCC 端，是隐藏脚。查看原理图，双击 U3，调出属性对话框，勾选【显示图纸上全部引脚（即使是隐藏）】。双击 Messages 里第一条错误信息，弹出【Compile Errors】对话框，再次双击 Pin U3-14，则会发现整张图纸 U3 的 14 脚高亮度显示，如图 4-32 所示，引脚直接连到了总线上。修改方法是：调整总线的位置，使 U3 的 14 脚不在总线上。用相同的处理方法处理 28 脚。最后，然后隐藏 14 脚和 28 脚。然后再次运行图纸编译，发现违规信息中，这两个错误不再显示。

　　② 如图 4-31 所示，第 2 个框中的错误是悬浮的网络标号，利用相同的方法找到错误之处，如图 4-33 所示。从图中可以看到，网络标号 A0 没有连接上，处于游离状态。修改的方法是：将 A0 连接到 U2 的 OUT0 引脚。再次运行图纸编译，发现违规信息中，这个错误不再显示了。

120

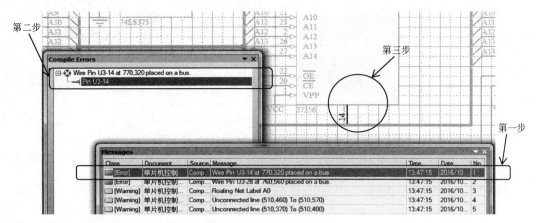

图 4-32　找到 U3 的 14 脚

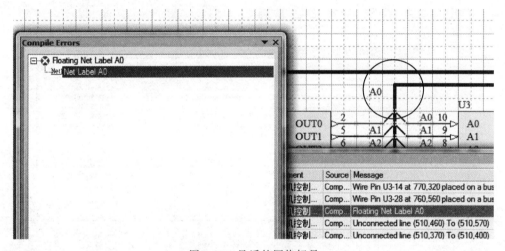

图 4-33　悬浮的网络标号

③ 如图 4-31 所示，第 3 个框中的错误是未连接上的线，采用相同的方法找到没连接上的线，如图 4-34 所示，总线以高亮度显示。修改的方法是在总线上放置网络标号［D0…D7］。再次运行图纸编译，发现违规信息中，这个错误不再显示了。用相同的方法修改余下的两个错误。最后运行图纸编译，发现第 7 个框里的错误也不再显示了。第 7 个框里的错误是导线具有重复的名称。随着第 3 个框中错误的修改，第 7 个框中的错误就不存在了。

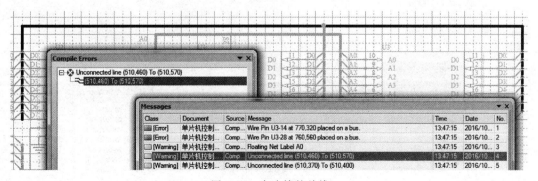

图 4-34　未连接的总线

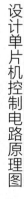

④ 如图 4-31 所示，第 4 个框中的信息是有隐藏的项连接到 GND 和 VCC。在本设计中，U1、U2、U3、U4 都有隐藏的电源端 GND 和 VCC，设置自动连接到 VCC 和 GND 节点，这个违规信息不会影响电路图的正确性，可以忽略。

⑤ 如图 4-31 所示，第 5 个框中的信息显示重复的标识符 U3。用相同的方法找出两个集成电路的标识符是相同的，如图 4-35 所示，这在原理图中是不允许的，将其修改为不一样即可。

⑥ 如图 4-31 所示，第 6 个框中的信息显示一些网络没有驱动信号源，以上违规对于电路仿真来说影响很大，而对于 PCB 设计是没有影响的，可以忽略。

修改完以上错误后的原理图如图 4-36 所示，最后再次运行图纸编译，检查结果如图 4-37 所示。根据以上分析，本电路没有违反设计规则。

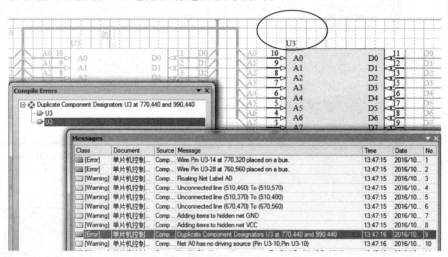

图 4-35　重复的标识符

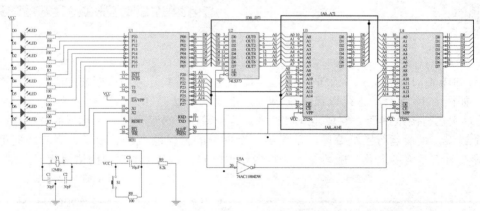

图 4-36　修改后的原理图

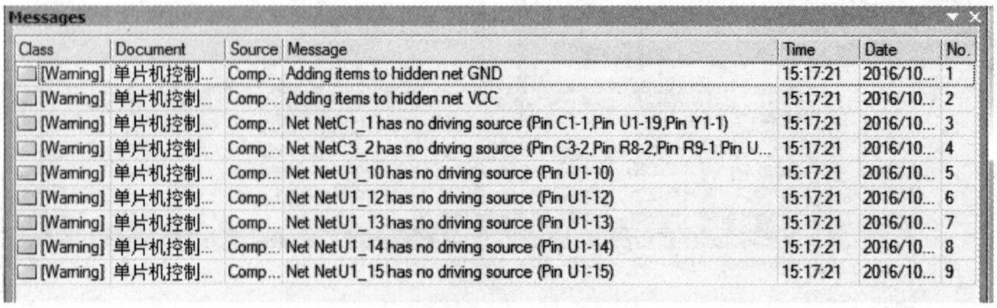

图 4-37　电气规则检查违规信息

122

# 任务 4.4　生成报表

## 4.4.1　生成原理图网络表

1）生成原理图网络表文件

如图 4-38 所示，在原理图编辑环境中执行菜单命令【设计】→【工程的网络表】→【PCAD】，则会在该项目中生成一个与项目同名的网络表文件，如图 4-39 所示，双击该文件将其打开，如图 4-40 所示。

图 4-39　项目中的网络表文件

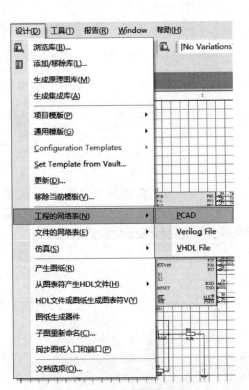

图 4-38　菜单命令【设计】→【工程的网络表】→【PCAD】

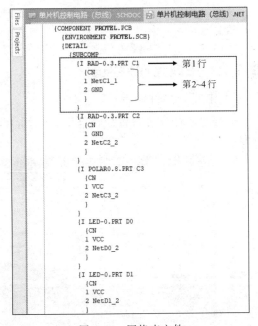

图 4-40　网络表文件

网络表文件以列表的形式描述了电路原理图中元件信息以及元件之间的电气连接关系。从图 4-40 可以看出，该文件用〔……〕描述元件的属性以及该元件的电气连接关系。以 C1

**123**

为例，第 1 行显示该元件的封装信息为 RAD-0.3，第 2～4 行描述了 C1 的 1 脚连接到网络 NetC1_1，2 脚连接到网络 GND。其他元件同理。

2）使用网络表查看网络连接

打开图 4-40 所示的网络表文件，使用窗口的滚动条可以查看电路的网络连接。按【Ctrl＋F】组合键，系统将弹出如图 4-41 所示的对话框，可以快速查找到所需信息。

在【Text to find】栏中输入待查找的内容。在本文中查找"U2"字段，即输入"U2"后，单击【OK】按钮，光标停留在"U2"字段的位置，可以快速获取元件 U2 的元件信息及其电气连接关系，如图 4-42 所示。

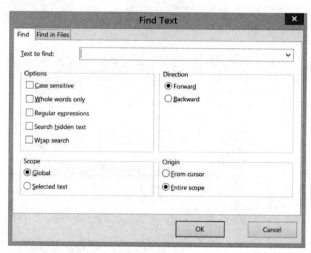

图 4-41　查找对象对话框

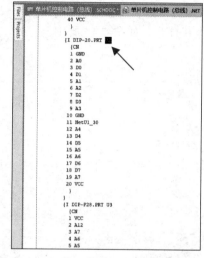

图 4-42　U2 的元件信息及其电气连接关系

从网络表可知，A7 网络包含 U2 的 19 引脚、U3 的 3 引脚及 U4 的 3 引脚，与电路连接一致。

## 4.4.2　生成元器件报表

1）生成元器件清单

执行菜单命令【报告】→【Bill of Materials For Project】，系统弹出如图 4-43 所示对话框。

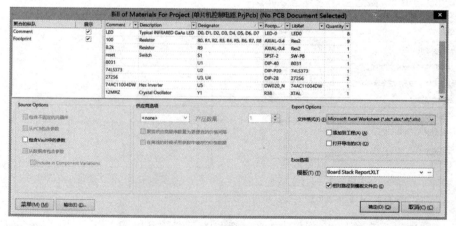

图 4-43　【Bill of Materials For Project】对话框

124

该对话框中列出了在整个项目中所用到的元器件。单击表格中的标题按钮，如【Comment】按钮、【Description】按钮等，可以使表格中的内容按照一定的次序排列。

在【Bill of Materials For Project】对话框中单击【菜单】按钮，系统将弹出一个如图 4-44 所示的菜单。

执行该菜单中的【报告】命令，会显示【报告预览】对话框，如图 4-45 所示。

| 导出... | |
| 报告(W)... | |
| 最合适列(X) | Ctrl+F |
| 强制列查看(Y) | |
| 更改PCB文档(P) | |
| 更改变量(Z) | ▶ |

图 4-44　菜单按钮包含的菜单命令

单击该对话框中的【所有】、【宽度】、【100％】按钮，可以改变预览方式，还可以通过在显示比例栏中输入比例值，使报表按一定的比例显示出来。单击【打印】按钮，系统会通过已安装的打印机打印元器件清单。单击【报告预览】对话框中的【输出】按钮，系统将会弹出【Export Report From Project】对话框，如图 4-46 所示。

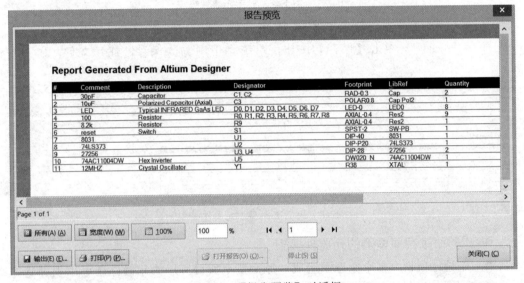

图 4-45　【报告预览】对话框

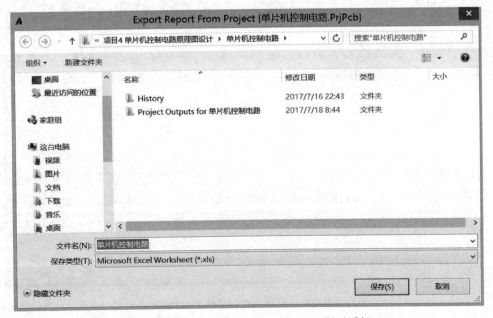

图 4-46　【Export Report From Project】对话框

设计单片机控制电路原理图

项目4

125

在【文件名】栏中输入保存文件的名字，在【保存类型】栏中选择保存文件的类型，一般选择 "Microsoft Excel Worksheet（*.xls）"。单击【保存】按钮，将元器件报表以 "Excel" 表格格式保存，打开该文件，如图 4-47 所示。

图 4-47 用 Excel 显示元器件报表

在【Export Report From Project】对话框中的 "保存类型" 栏中，选择 "Web Page（*.htm；*.html）"，单击【保存】按钮，系统将用浏览器保存，打开文件，如图 4-48 所示。

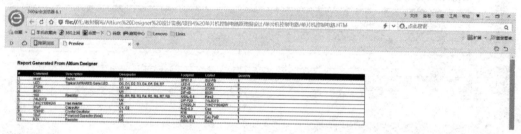

图 4-48 用浏览器显示元器件报表

2）输出整个项目原理图的元器件报表

如果一个设计项目由多个原理图组成，那么整个项目所用的元器件还可以根据它们所处原理图的不同分组显示。执行菜单命令【报告】→【Comment Cross Reference】，按原理图分组输出报表，如图 4-49 所示。对于图 4-49 所示对话框的操作，与前述的操作方式相同，此处不再赘述。

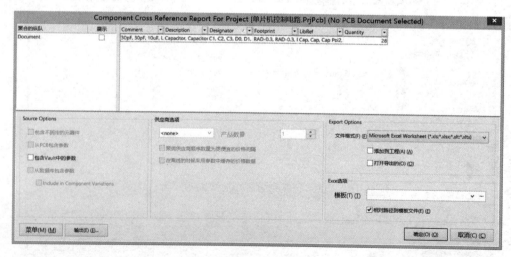

图 4-49 按原理图分组输出报表

用网络标号简化电路

用网络标号简化
电路

思政小课堂

工匠精神

工匠精神

# 项目训练

1.网络标号与标注文字有何区别？使用中应注意哪些问题？

2.总线是否具有电气特性？在使用中要注意什么？

3.阵列粘贴工具具有什么特点？在使用过程中要注意什么？

4.阵列粘贴工具使用的具体操作步骤是什么？

5.阵列粘贴中垂直间隔设置为＋10和－10有什么区别？

6.总线和一般连线有何区别？使用中应注意哪些问题？

7.绘制图4-50所示电路，对电路进行编译检查，并产生元件清单。

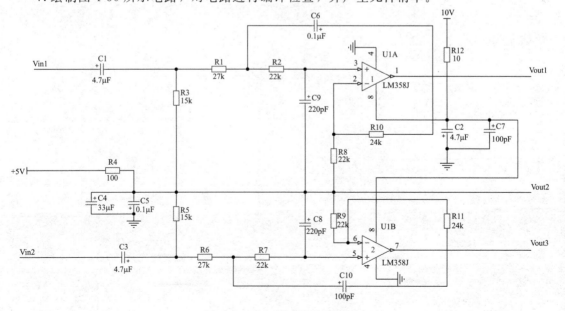

图 4-50　前级放大电路原理图

设计单片机控制电路原理图

项目④

8. 绘制图 4-51 所示电路，对电路进行编译检查，并生成元件清单。

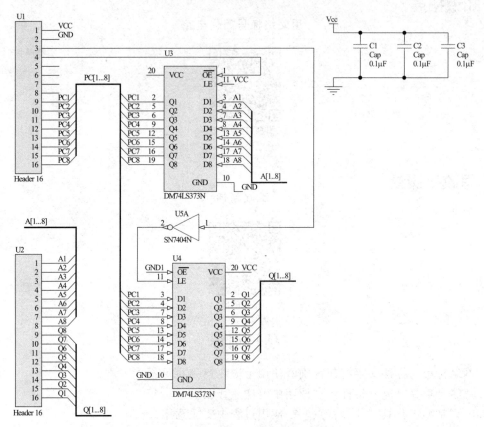

图 4-51　单片机接口电路原理图

设计功率放大电路
层次原理图

【知识目标】
- 理解层次电路的概念；
- 了解自上而下和自下而上的电路设计方法；
- 掌握层次电路的设计方法；
- 掌握层次电路标题栏的设置。

【能力目标】
- 理解电路层次化设计的思路；
- 会将复杂电路通过层次化进行简化；
- 能通过标题栏设置标识层次电路信息。

【素质目标】
- 培养勤于思考，善于探究，会化繁为简地解决问题的能力；
- 培养全局观念和团队协作能力；
- 培养一丝不苟、精益求精的工匠精神。

【导　入】
　　对于一个庞大的电路设计任务来说，用户不可能一次完成全部设计，也不可能在一张电路图中绘制所有的电路图，这通常需要一个团队分工协作来完成。Altium Designer 充分满足用户在实践中的需求，提供了一个层次电路设计方案，方便团队分工协作完成，以提高设计效率。本项目就以功率放大电路为载体，介绍自上而下的层次电路设计方法和自下而上的层次电路设计方法。

设计功率放大电路
层次原理图-项目
概述

🖊 读书笔记

-------------------------------

-------------------------------

-------------------------------

-------------------------------

-------------------------------

-------------------------------

-------------------------------

**任务 5.1　　层次电路设计的概念认知**

层次电路的概念
以及设计思路

层次设计方法实际上是一种模块化的方法。用户可将系统划分为多个子系统，子系统又由多个功能模块构成，在大的工程项目中，还可以将设计工作进一步细化。将项目分层后，即可分别完成各子模块，子模块之间通过定义好的连接方式连接，即可完成整个电路的设计。

层次电路图按照电路的功能区分，主图相当于框图，在其中的子图模块代表某个特定的功能电路。

层次电路图的结构与操作系统的文件目录结构相似，选择工作区面板的"Projects"选项卡，可以观察到层次图的结构，图 5-1 所示为层次电路图的结构。在一个项目中，处于最上方的为主图，一个项目只有一个主图，在主图下方所有的电路图均为子图，图中有 2 个一级子图，在子图 DRIVERS.SchDoc 前面的框中有"＋"号，说明它们中还存在二级子图，单击 ⊞ 可以打开二级子图结构。

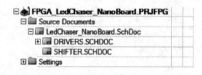

图 5-1　层次电路图的结构

 **任务 5.2　　自上而下的层次电路设计**

自上而下的电路设计就是先进行主模块设计，再进行子模块设计，即先顶层设计后底层设计，先整体设计后部分设计，其电路设计流程如图 5-2 所示。

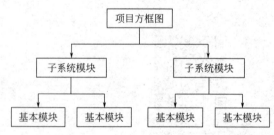

图 5-2　自上而下电路设计流程

### 5.2.1　划分电路功能模块

功率放大电路的原理图如图 5-3 所示。

根据电路功能可以将其分为 5 个功能模块，分别为：❶左声道前置模块、❷右声道前置模块、❸音调控制模块、❹左声道功放模块和❺右声道功放模块。此处只有两层电路，采用自上而下的层次电路设计方法，先设计顶层电路再设计底层电路。

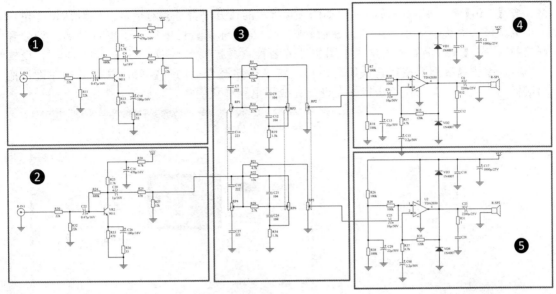

图 5-3 功率放大电路原理图

## 5.2.2 设计层次电路主电路原理图

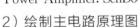

### 1) 创建功率放大电路工程文件并创建原理图输入文件

工程文件以及原理图输入文件的创建方法在项目 2 中已经介绍,此处不再赘述。本项目中,创建工程文件名为功率放大电路.PrjPcb,原理图输入文件名为 Power Amplifier.SchDoc。

层次电路主图设计

### 2) 绘制主电路原理图

在层次电路中,主电路原理图简称主图,通常由若干个方块图构成,它们之间的电气连接通过端口和网络标号实现。功率放大电路由 5 个模块构成,一个模块对应着一个方块图,所以创建的主图如图 5-4 所示。

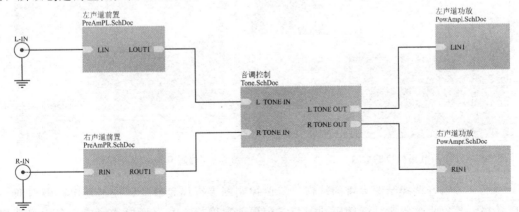

图 5-4 主图 Power Amplifier

电路方块图,也称为子图符号(图纸符号),是层次电路中的主要组件,它对应一个具体的内层电路,即子图。

将界面切换到 Power Amplifier.SchDoc 编辑窗口,执行菜单【放置】→【图表符】或单击【布线】工具栏上的【放置图标符】按钮 ,此时光标下将出现如图 5-5 所示的图表

设计功率放大电路层次原理图　项目 5

131

符。按【Tab】键，此时系统将弹出如图 5-6 所示的【方块符号】对话框。该对话框中包含对子电路模块名称、大小、颜色等参数的设置。在【标识】栏中填入子图符号名，如"音调控制"，在【文件名】栏中填入子图文件的名称（含扩展名），如"Tone. SchDoc"，设置完毕后，单击【确定】按钮，关闭对话框，将光标移至合适的位置后，单击鼠标左键，拖动鼠标到合适大小，再次单击鼠标左键，完成子电路模块的放置，如图 5-7 所示。

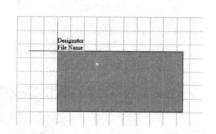

图 5-5　开始放置图表符　　　　　　　　图 5-6　【方块符号】对话框

按照上述方式放置其他子电路模块，结果如图 5-8 所示。其中左声道前置模块，子图符号名为"左声道前置"，子图文件名为"PreAmPL. SchDoc"；右声道前置模块，子图符号名为"右声道前置"，子图文件名为"PreAmPR. SchDoc"；左声道功放模块，子图符号名为"左声道功放"，子图文件名为"PowAmpl. SchDoc"；右声道功放模块，子图符号名为"右声道功放"，子图文件名为"PowAmpr. SchDoc"。

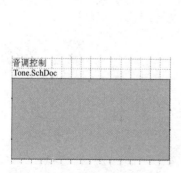

图 5-7　完成子电路模块的放置　　　　　　图 5-8　放置其他子电路模块

接下来编辑音调控制图表符的端口。音调控制图表符代表❸音调控制模块，根据图 5-3 可以看到，其位于整张原理图的中间，与左声道前置模块、右声道前置模块、左声道功放、右声道功放均相连，因此音调控制子电路模块需要放置 2 个输入端口和 2 个输出端口。

执行菜单命令【放置】→【添加图纸入口】或单击【布线】工具栏中的【放置图纸入口】按钮，将光标移至图 5-7 子图符号上，点击鼠标左键，此时光标下将出现如图 5-9 所示的图纸入口端口。按【Tab】键，此时系统将弹出如图 5-10 所示的【方块入口】对话框。

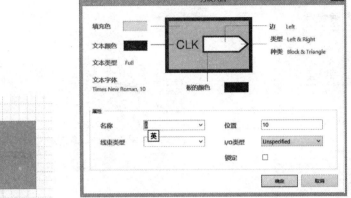

图 5-10 【方块入口】对话框

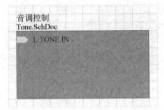

图 5-9　图纸入口端口

① 名称：设置端口名称。

② I/O 类型：端口类型。系统提供了 4 种端口类型，单击【I/O 类型】栏中的下拉式按钮，可选择端口类型。

③ 边：端口位置。系统提供了 4 种端口放置位置，单击【边】栏中的下拉式按钮，可选择端口放置位置。

④ 类型：端口风格。系统提供了 4 种端口风格，单击【类型】栏中的下拉式按钮，可选择端口风格。

定义端口【名称】栏为"L TONE IN"、【I/O 类型】栏为"Input"、【边】栏为"Left"、【类型】栏为"Right"，其他项目采用系统默认设置，设置完成后单击【确定】按钮确认设置，结果如图 5-11 所示。

按照上述方式在音调控制子电路中放置其他端口，结果如图 5-12 所示。

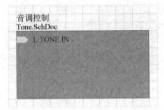

图 5-11　设置好的端口

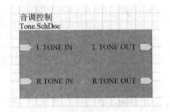

图 5-12　在音调控制子电路
中放置的其他端口

注意：通常左侧放置输入端口，右侧放置输出端口。

按照上述方式编辑其他子电路模块，各子电路端口类型见表 5-1，编辑好的电路如图 5-13 所示。

表 5-1　端口 I/O 类型

| 序号 | 端口名称 | 电气类型 | 序号 | 端口名称 | 电气类型 |
|---|---|---|---|---|---|
| 1 | LIN | Input | 6 | R TONE IN | Input |
| 2 | RIN | Input | 7 | L TONE OUT | Output |
| 3 | LOUT1 | Output | 8 | R TONE OUT | Output |
| 4 | ROUT1 | Output | 9 | LIN1 | Input |
| 5 | L TONE IN | Input | 10 | RIN1 | Input |

设计功率放大电路层次原理图

项目 ⑤

133

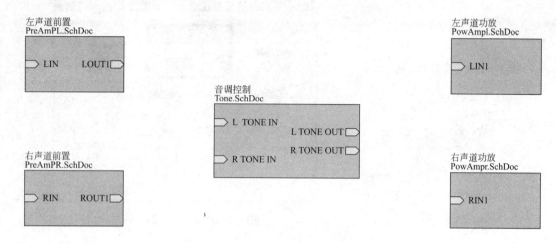

图 5-13　编辑好的电路

接下来连接电路。连接子图和普通原理图的方法是相同的，如果层次电路中端口是总线，那么必须用总线连接，否则用普通导线连接。点击【布线】工具栏上的【放置导线】按钮 ≈，连接各子模块。在元件库设置 Miscellaneous Connectors.IntLib 为当前库，放置 BNC 元件，并完成连线，结果如图 5-14 所示。

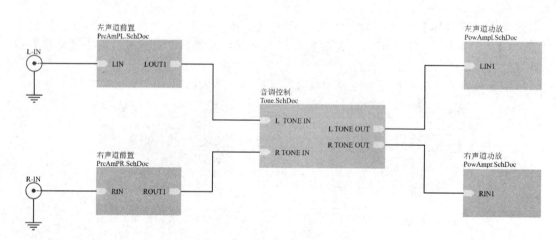

图 5-14　连接子电路模块

### 5.2.3　设计层次电路子电路原理图

层次电路子图设计

当子电路模块原理图绘制完成后，即可为子电路模块输入电路原理图。首先需要建立子电路模块与电路图的连接，Altium Designer 中子电路模块与电路原理图通过 I/O 端口匹配。在 Altium Designer 中提供了由子电路模块生成电路原理图 I/O 端口的功能，这样就简化了用户的操作。

执行菜单命令【设计】→【产生图纸】，如图 5-15 所示。此时光标变为十字形状，移动光标到音调控制电路模块，单击鼠标左键，图纸就会跳转到一个打开的原理图编辑器，其名称为"Tone.SchDoc"，如图 5-16 所示。可以看到，在原理图中系统会自动生成

图 5-15　菜单命令
【设计】→【产生图纸】

I/O 端口。

在"Tone. SchDoc"原理图编辑器中，输入❸音调控制模块原理图，如图 5-17 所示。

在子图 Tone. SchDoc 中，电路由两个对称的分电路构成，左通道和右通道相同，所以可以采用复制的方法提高绘图效率，同时要注意 RP101A 和 RP101B 是一个双联电位器，图中的虚线通过【实用工具栏】 的【放置直线】 放置的，在直线终点未确定状态，按键盘上的【Tab】键，屏幕弹出直线属性对话框，如图 5-18 所示，直线风格有 Solid 实线、Dashed 短画线、Dotted 点线和 Dash dotted 点画线四种，此处我们设置为点线。

按照上述方法将其他四个电路模块输入电路原理图。观察其余 4 个子图原理图，我们可以发现，PreAmPL. SchDoc 和 PreAmPR. SchDoc、PowAmpl. SchDoc 和 PowAmpr. SchDoc 电路结构是完全相同的，因此在绘制子图时，我们可以先绘制 PreAmPL. SchDoc，如图 5-19 所示，然后通过复制完成 PreAmPR. SchDoc，注意元件参数要重新调整，结果如图 5-20 所示。按照相同的方法完成 PowAmpl. SchDoc 和 PowAmpr. SchDoc 的绘制，分别如图 5-21 和图 5-22 所示。

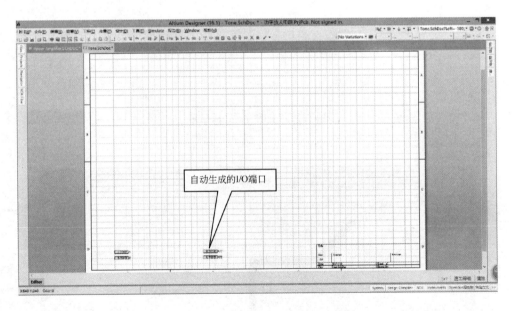

图 5-16　跳转到的新的原理图文件

至此，采用自上而下的方法设计的层次电路完成。

执行菜单命令【工具】→【上/下层次】，或点击【原理图标准】工具栏的【上/下层次】按钮 ，如图 5-23 所示。

此时，光标变为十字形状，点击电路中的端口即可实现上层到下层或下层到上层的切换。功率放大电路层次电路结构图如图 5-24 所示。

设计功率放大电路层次原理图　项目❺

135

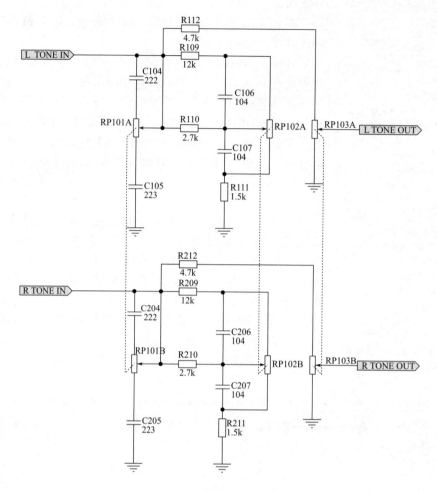

图 5-17 子图 Tone. SchDoc

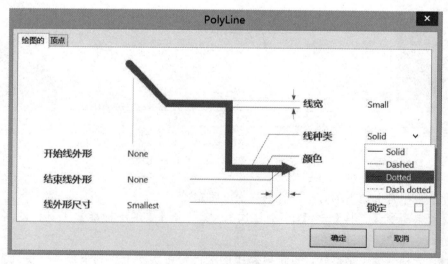

图 5-18 直线属性对话框

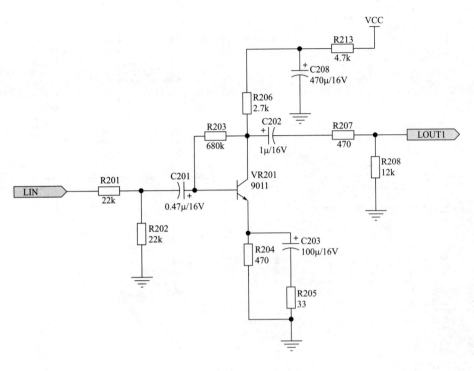

图 5-19   子图 PreAmPL. SchDoc

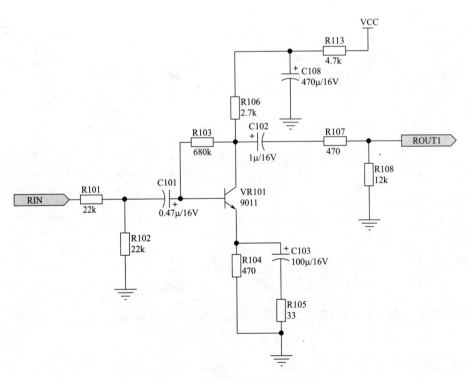

图 5-20   子图 PreAmPR. SchDoc

设计功率放大电路层次原理图
项目 ⑤

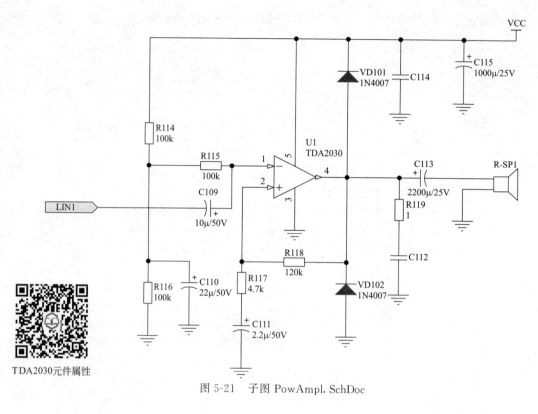

图 5-21  子图 PowAmpl. SchDoc

TDA2030元件属性

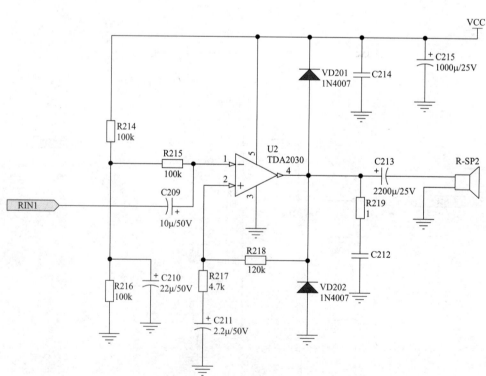

图 5-22  子图 PowAmpr. SchDoc

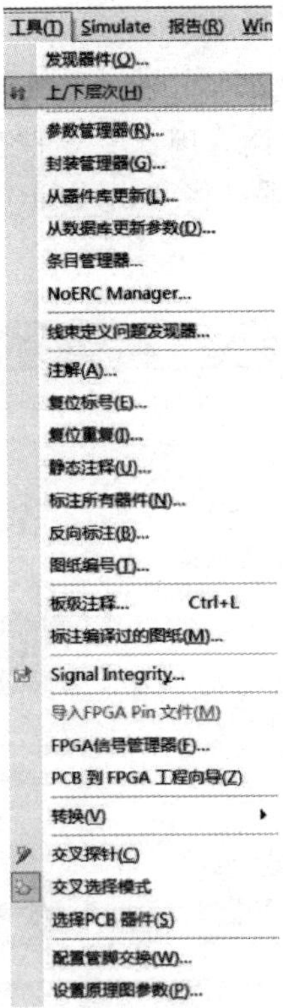

工具(T) | Simulate | 报告(R) | Win
发现器件(Q)...
上/下层次(H)
参数管理器(R)...
封装管理器(G)...
从器件库更新(L)...
从数据库更新参数(D)...
条目管理器...
NoERC Manager...
线束定义问题发现器...
注解(A)...
复位标号(E)...
复位重复(T)...
静态注解(U)...
标注所有器件(N)...
反向标注(B)...
图纸编号(T)...
板级注释(D)...      Ctrl+L
标注编译过的图纸(M)...
Signal Integrity...
导入FPGA Pin 文件(M)
FPGA信号管理器(F)...
PCB 到 FPGA 工程向导(Z)
转换(V)
交叉探针(C)
交叉选择模式
选择PCB 器件(S)...
配置管脚交换(W)...
设置原理图参数(P)...

图 5-23　菜单命令
【工具】→【上/下层次】

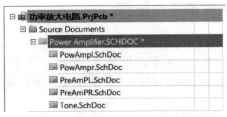

图 5-24　功率放大电路层次电路结构图

图 5-25　NetC204_2 所在网络包含的内容

## 5.2.4　查看网络连接

执行菜单命令【设计】→【工程的网络表】→【Protel】，此时系统将生成该原理图的网络表。使用鼠标滑轮，在网络表中找到右声道前置与音调控制电路的连接网络即NetC204_2，如图 5-25 所示。

从网络表可知，NetC204_2 网络包含 C204 的 2 引脚、R107 的 2 引脚、R108 的 2 引脚、R209 的 1 引脚、R210 的 1 引脚、R212 的 1 引脚以及 RP201 的 3 引脚，与电路连接一致。

 **任务 5.3　自下而上的层次电路设计**

自下而上的设计方法，即先子模块设计后主模块设计，先底层设计后顶层设计，先部分设计后整体设计。自下而上电路设计流程如图 5-26 所示。

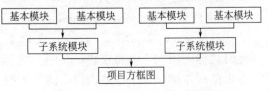

图 5-26　自下而上电路设计流程

自下而上的层次
电路设计

设计功率放大电路层次原理图

项目⑤

**139**

## 5.3.1 创建子模块电路

新建一个工程文件，命名为功率放大电路 New．PrjPcb，然后采用另存为方式创建子模块电路。之前在自上而下的电路设计中，已经创建了子模块电路，因此只要打开子模块电路 PowAmpl．SchDoc，执行菜单命令【文件】→【保存为】，系统将弹出【Save As】对话框，如图 5-27 所示。

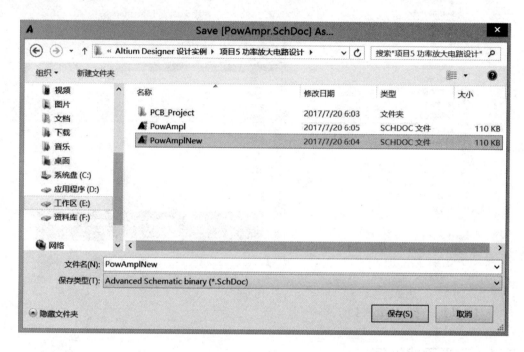

图 5-27 【Save As】对话框

图 5-28 菜单命令【HDL文件或图纸生成图表符】

修改【文件名】栏为"PowAmplNew"，然后单击【保存】按钮保存文件。

按照上述方式创建其余子模块文件：PreAmPLNew．SchDoc、PreAmPRNew．SchDoc、ToneNew．SchDoc 和 PowAmprNew．SchDoc。

## 5.3.2 从子电路原理图生成子电路模块

执行菜单命令【文件】→【新建】→【原理图】，打开一个新的原理图文件，将其命名为"Power Amplifier New．SchDoc"。在新建的原理图编辑环境中，执行菜单命令【设计】→【HDL文件或图纸生成图表符】，如图 5-28 所示。此时，系统将弹出如图 5-29 所示的【Choose Document to Place】对话框。

选择 PowAmplNew．SchDoc 文件后，点击【确定】按钮，此时光标下出现子电路模块，如图 5-30 所示。在图纸合适的位置点击鼠标左键放置子电路模块，结果如图 5-31 所示。

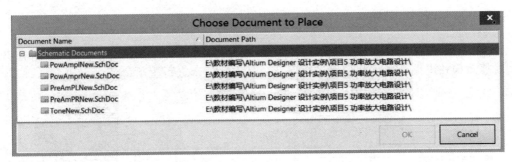

图 5-29 【Choose Document to Place】对话框

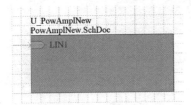

图 5-30 光标下出现子电路模块

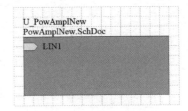

图 5-31 放置子电路模块

　　系统自动创建的子电路模块有时候不够美观,单击子电路模块,将在子电路块四周出现绿色边框,如图 5-32 所示,拖动绿色边框即可改变模块的尺寸,如图 5-33 所示。

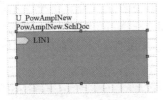

图 5-32 选中状态的模块

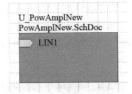

图 5-33 改变模块的尺寸

　　按照上述方法生成其余子电路模块,并对其进行调整,结果如图 5-34 所示。

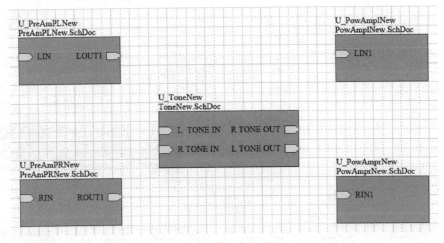

图 5-34 生成电路模块

### 5.3.3 连接电路模块

在 PreAmPLNew 模块前放置 BNC 元件,并完成连线,结果如图 5-35 所示。读者也可以通过修改模块电路将各模块电路进行重新命名,此处未进行重新命名。

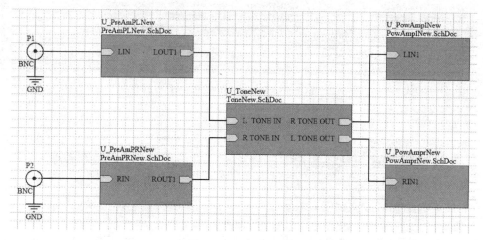

图 5-35 连接电路图

### 5.3.4 查看网络连接

电路是否具有正确的电气连接,可以通过查看网络表来判断。执行菜单命令【设计】→【工程的网络表】→【protel】,打开 Power Amplifier New. SchDoc 网络表,如图 5-36 所示。使用鼠标滑轮,在网络表中查看右声道前置与音调控制电路的连接网络即 NetC204_2,如图 5-37 所示。

图 5-36 Power Amplifier New. SchDoc 网络表    图 5-37 NetC204_2 的网络连接

从网络表可知，NetC204_2 网络包含 C204 的 2 引脚、R107 的 2 引脚、R108 的 2 引脚、R209 的 1 引脚、R210 的 1 引脚、R212 的 1 引脚以及 RP201 的 3 引脚，与电路连接一致。

## 任务 5.4 　　层次电路原理图的后续处理

层次电路的后续
处理

### 5.4.1　图纸参数设置

层次原理图的主电路原理图和子电路原理图创建完成后，通常要添加图纸信息，设置好原理图的编号和原理图总数，增加图纸的可读性，让设计人员对项目中原理图个数一目了然。下面以设置主电路原理图的图纸信息为例进行说明，主电路原理图编号为 1，项目原理图总数为 6。

执行菜单命令【放置】→【文本字符串】或点击【实用工具栏】 里的【放置文本字符串】 **A** 按钮，在相应位置放置标题栏参数，如图 5-38 所示。

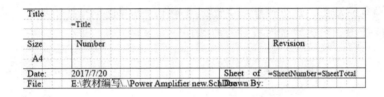

| Title | | | | |
|---|---|---|---|---|
| | =Title | | | |
| Size | Number | | | Revision |
| A4 | | | | |
| Date: | 2017/7/20 | | Sheet　of | =SheetNumber=SheetTotal |
| File: | E:\教材编写\..\Power Amplifier new.Sch | Drawn By: | | |

图 5-38　设置图纸参数

执行菜单命令【设计】→【文档选项】，在弹出的对话框中选中【参数】选项卡，在其中设置标题栏参数，其中参数【Title】设置为"Power Amplifier 主图"，参数【Sheet-Number】设置为"1"，参数【Sheet-Total】设置为"of 6"，设置完毕后单击【确定】按钮结束，设置后的标题栏如图 5-39 所示。采用同样方法设置其他 5 个子图电路的图纸参数并保存项目，至此电路设计完毕。

| Title | | | | |
|---|---|---|---|---|
| | Power Amplifier 主图 | | | |
| Size | Number | | | Revision |
| A4 | | | | |
| Date: | 2017/7/20 | | Sheet　of　1 | of 6 |
| File: | E:\教材编写\..\Power Amplifier new.Sch | Drawn By: | | |

图 5-39　设置完成的图纸参数

### 5.4.2　项目编译

在之前的项目中，已经介绍了对单张原理图进行编译的方法，因为一个工程中一般只有一张原理图，所以执行菜单命令【工程】→【Compile Document. SchDoc】，可以对原理图进行编译，而本项目中，一个工程里有 6 张电路原理图，如果仅对单张原理图进行编译，那么仅能保证单张原理图的正确性。本工程中的 6 张原理图是彼此相关的，单张原理图正确并不能保证整个原理图的正确性，所以必须对整个工程里的原理图作为整体进行编译才能保证其正确性。执行菜单命令【工程】→【Compile PCB Project 功率放大电路.prjPCB】，系统自动检查电路，弹出【Messages】对话框，显示违规信息，如图 5-40 所示。

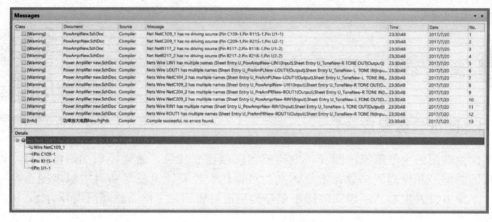

图 5-40 【Messages】对话框

从图 5-40 中可以看出，主要有两类错误：第一类是一条导线有多个名字，如图 5-41 所示，在主图里，这条导线连接的是两张子图的端口，因此这是没有问题的，所以不需要修改；第二类是没有驱动源，这个问题仅会影响电路仿真，对于 PCB 制板没有影响。根据工程编译结果可以看出，层次原理图设计没有错误。

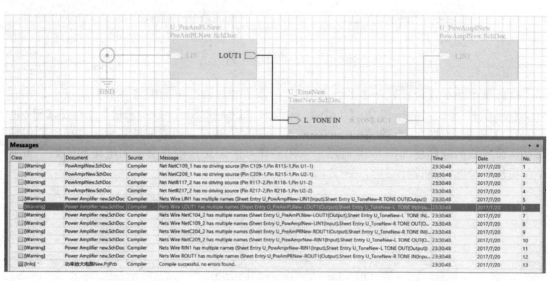

图 5-41 导线有多个名字

### 5.4.3 生成元件报表

电路设计完成后，一般需要产生一份元件清单，以便于采购和管理。执行菜单命令【报告】→【Bill of Materials】，生成元件清单，如图 5-42 所示。在【全部纵列】中可以选择要输出的报表内容。图中给出了元件的标号、标称、描述、封装、库元件名及数量等信息。

如图 5-42 所示，在【文件格式】处可以点击下拉菜单，选择产生元件清单的文件类

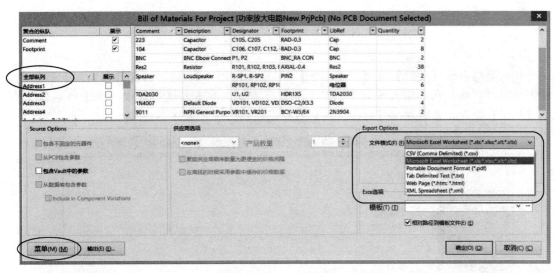

图 5-42　功率放大电路的元件清单

型，常用类型有电子表格形式（\*.xls）、PDF 格式（\*.pdf）、文本形式（\*.txt）等，此处选择 excel 表格格式。点击【输出】将在工程文件存放目录下生成一个 excel 表格。

点击【菜单】→【报告】，弹出如图 5-43 所示的报告预览窗口，点击【输出】可直接将元件清单报表存放在项目文件夹，也可以直接点击【打印】，将元件清单报表打印出来。

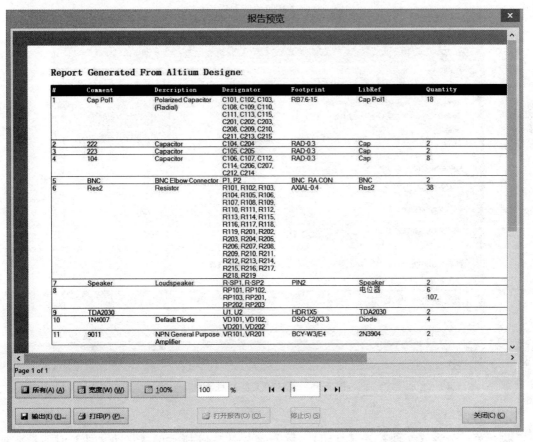

图 5-43　元件清单报告预览

设计功率放大电路层次原理图

项目⑤

### 5.4.4 输出原理图

1) 打印预览

执行菜单命令【文件】→【打印预览】，屏幕弹出图 5-44 所示的【打印预览】对话框，从图中可以观察打印的输出效果，如果不满意可以返回并重新进行修改。单击对话框下方的【打印】按钮，系统弹出【打印文件】对话框进行打印，如图 5-45 所示。

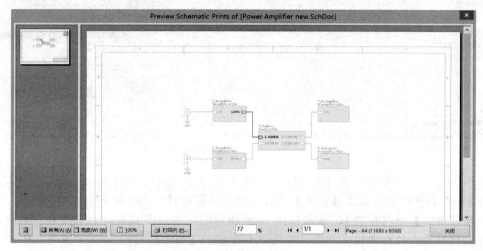

图 5-44 【打印预览】对话框

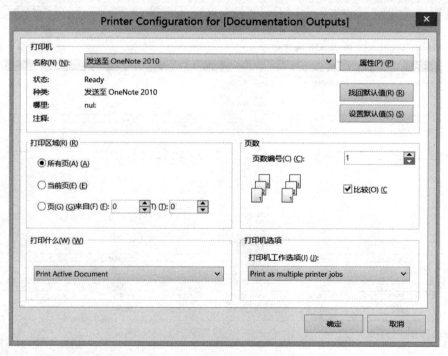

图 5-45 【打印文件】对话框

2) 打印输出

执行菜单命令【文件】→【打印】，系统弹出图 5-45 所示的【打印文件】对话框，可以进行打印设置，并打印输出原理图。

对话框中各项含义如下。

①"打印机"区中，【名称】下拉列表框用于选择打印机。

②"打印区域"区可以选择打印输出的范围。

③"打印什么"区用于设置要打印的文件，有4个选项，说明如下：

Print All Valid Documents：打印整个项目中的所有图；

Print Active Document：打印当前编辑区的全图；

Print Selection：打印编辑区中所选取的图；

Print Screen Region：打印当前屏幕上显示的部分。

④"打印选项"区设置打印工作选项，一般采用默认。

所有设置完成后，单击【确定】按钮打印输出原理图。

# 项目训练

1. 简述设计层次电路图的步骤。

2. 设计层次电路图时应注意哪些问题？

3. 设计层次电路时，各子电路通过什么实现连接？

4. 简述层次电路的优点。

5. 在层次电路中，通常主图是由若干个方块图构成的，它们之间的电气连接是怎样实现的？

6. 绘制层次电路主图时，用什么工具放置方块图？

7. 怎样实现主图和子图的切换？

8. 图纸入口和端口有什么区别？各用在什么场合？

9. 怎样由子图符号生成子图文件？

10. 在同一个项目的不同子图中，元件的标识符可以相同吗？为什么？

11. 对于层次电路设计，怎样设置标题栏？

12. 自下而上和自上而下设计层次电路原理图有什么区别？

13. 新建PCB项目文件LX1.PrjPCB和如图5-46所示的主图文件"LX1.SchDoc"，采用自上而下的设计方法绘制如图5-47、图5-48所示的两个子图文件"CPU.SchDoc"和"Input.SchDoc"。具体绘制要求是：使用A4图纸、Standard标题栏、小十字90°光标；编译层次原理图文件，保证当前原理图正确，并生成当前项目的元件库文件。

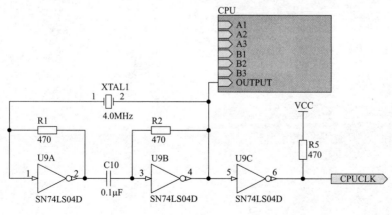

图 5-46　主图文件"LX1.SchDoc"

设计功率放大电路层次原理图

项目⑤

147

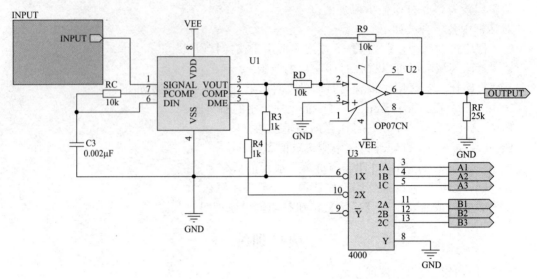

图 5-47 子图文件 "CPU. SchDoc"

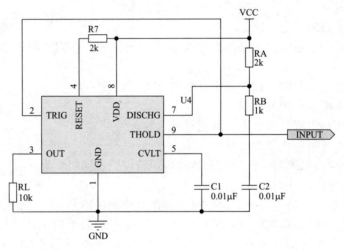

图 5-48 子图文件 "Input. SchDoc"

# 设计单管放大电路PCB

【知识目标】

- 了解 PCB 的基础知识；
- 了解元件封装的概念及常用元件封装形式；
- 掌握 PCB 编辑器的使用；
- 掌握手工设计 PCB 的方法和步骤。

【能力目标】

- 会根据需要给元件设置合适的封装形式；
- 会手工规划 PCB，利用手工布局、手工布线完成 PCB 设计。

【素质目标】

- 建立规则意识；
- 提高美的意识并应用于布局、布线；
- 培养注重细节、一丝不苟、精益求精的工匠精神。

【导　　入】

　　印制电路板（Printed Circuit Board，PCB）也称印制线路板，简称印制板，是指以绝缘基板为基础材料加工成一定尺寸的板，在其上面至少有一个导电图形及所有设计好的孔（如元件孔、机械安装孔及金属化孔等），以实现元件之间的电气互连。PCB 几乎应用在各种电子设备中，如电子玩具、手机、计算机等。

　　本项目将为用户介绍 PCB 的基础知识，并以单管放大电路 PCB 设计为载体，介绍 PCB 设计的一般方法和步骤。

单管放大电路PCB
设计-项目概述

✎ 读书笔记

------------------

------------------

------------------

------------------

------------------

------------------

------------------

认识制电路板

## 任务 6.1 初识 PCB

### 6.1.1 认识 PCB 技术

在 19 世纪，由于不存在复杂的电子装置和电气机械，只是大量需要无源元件，如电阻、线圈等，因此没有大量生产印制电路板的问题。经过几十年的实践，英国 Paul Eisler 博士提出了印制电路板概念，并奠定了光蚀刻工艺的基础。随着电子元器件的出现和发展，特别是 1948 年出现了晶体管，电子仪器和电子设备大量增加并趋向复杂化，印制板的发展进入一个新阶段。

20 世纪 50 年代中期，随着大面积的高黏合强度的覆铜板的研制，为大量生产印制板提供了材料基础。1954 年，美国通用电气公司采用了图形电镀-蚀刻法制板。

进入 20 世纪 60 年代，印制板得到广泛应用，并日益成为电子设备中必不可少的重要部件。在生产上除大量采用丝网漏印法和图形电镀-蚀刻法（即减成法）等工艺外，还应用了加成法工艺，使印制导线密度更高。目前高层数的多层印制板、挠性印制电路、金属芯印制电路、功能化印制电路都得到了长足的发展。

我国在 20 世纪 50 年代中期试制出单面板和双面板；20 世纪 60 年代中期，试制出金属化双面印制板和多层板样品；1977 年左右开始采用图形电镀-蚀刻法工艺制造印制板；1978 年试制出加成法材料——覆铝箔板，并采用半加成法生产印制板；20 世纪 80 年代初研制出挠性印制电路和金属芯印制板。未来印制电路板生产制造技术发展趋势，是在性能上向高密度、高精度、细孔径、小间距、高可靠性、多层化、高速传输、轻量、薄型方向发展。

### 6.1.2 PCB 的构成及其基本功能

1）PCB 的构成

一块完整的 PCB 主要由以下 5 个部分构成。

① 绝缘基材：一般由酚醛纸基、环氧纸基或环氧玻璃布板制成。

② 铜箔面：铜箔面为 PCB 的主体，它由裸露的焊盘和被绿油覆盖的铜箔电路组成，焊盘用于焊接电子元器件。

③ 阻焊层：用于保护铜箔电路，由耐高温的阻焊剂制成。

④ 字符层：用于标注元器件的编号和符号，便于 PCB 加工时的电路识别。

⑤ 孔：用于基板加工、元器件安装、产品装配，以及不同层面的铜箔电路之间的连接。

一块完整的 PCB 如图 6-1 所示。

PCB 上的绿色或棕色是阻焊漆的颜色。这一层是绝缘的防护层，可以保护铜线，也可以防止元件被焊接到不正确的地方。在阻焊层上或者元件面会另外印刷上一层丝网印刷面，通常在这上面会印上文字与符号（多为白色），以标志出各元件在 PCB 上的位置。丝网印刷面也被称为图标面。

2）PCB 的功能

① 提供机械支撑。PCB 为集成电路等各种电子元器件固定、装配提供了机械支撑，如

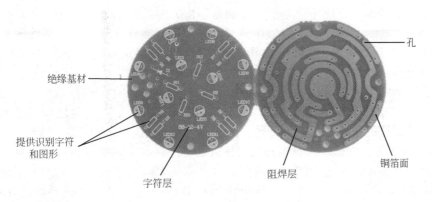

绝缘基材

孔

提供识别字符
和图形

字符层

阻焊层

铜箔面

图6-1(彩图)

图 6-1　一块完整的 PCB

图 6-2 所示。

　　② 实现电气连接或电绝缘。PCB 实现了集成电路等各种电子元器件之间的布线和电气连接，如图 6-3 所示。同时，PCB 也实现了集成电路等各种电子元器件之间的电绝缘。

　　③ 其他功能。PCB 为自动装配提供阻焊图形，同时也为元器件的插装、检查、维修提供识别字符和图形，如图 6-1 所示。

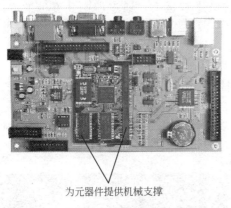

为元器件提供机械支撑

图 6-2　PCB 为元器件提供机械支撑

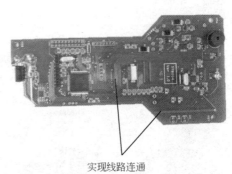

实现线路连通

图 6-3　实现电气连接

## 6.1.3　PCB 制造工艺流程

　　制造印制电路板最初的一道基本工序，是将底图或照相底片上的图形，转印到覆铜箔层压板上。最简单的一种方法是印制-蚀刻法，或称为铜箔腐蚀法，即用防护性抗蚀材料防护需要的铜箔，随后经化学蚀刻去掉未被防护的铜箔，蚀刻后将抗蚀层除去，就留下由铜箔构成的所需的图形。一般印制板的制作要经过 CAD 辅助设计、照相底版制作、图像转移、电镀、蚀刻和机械加工等过程。

　　单面印制板一般采用酚醛纸基覆铜箔板制作，也常采用环氧纸基或环氧玻璃布覆铜箔板，单面板图形比较简单，一般采用丝网漏印正性图形，然后蚀刻出印制板，也有采用光化学法生产。

　　双面印制板通常采用环氧玻璃布覆铜箔层板制造，双面板的制造一般分为工艺导线法、堵孔法、掩蔽法和图形电镀-蚀刻法。

　　多层印制板一般采用环氧玻璃布覆铜箔层压板。为了提高金属化孔的可靠性，应尽量

设计单管放大电路PCB　项目 6

选用耐高温的、基板尺寸稳定性好的，特别是厚度方向线胀系数较小的，并和铜镀层线胀系数基本匹配的新型材料。制作多层印制板，先用铜箔蚀刻法做出内层导线图形，然后根据设计要求，把几张内层导线图形重叠，放在专用的多层压机内，经过热压、黏合工序，就制成了具有内层导电图形的覆铜箔的层压板。

目前已定型的工艺主要有以下两种。

① 减成法工艺。它是有选择性地除去不需要的铜箔部分来获得导电图形的方法。减成法是印制电路制造的主要方法，它的最大优点是工艺成熟、稳定和可靠。

② 加成法工艺。它是在未覆铜箔的层压板基材上，有选择地淀积导电金属而形成的导电图形的方法。加成法工艺的优点是避免大量蚀刻铜，降低了成本；生产工序简化，生产效率提高；镀铜层的厚度一致，金属化孔的可靠性提高；印制导线平整，能制造高密度 PCB。

## 6.1.4 PCB 分类

目前的印制电路板一般以铜箔覆在绝缘板（基板）上，故通常称为覆铜板。

1）根据 PCB 导电层划分

① 单面印制板（Single Sided Print Board）。单面印制板指仅一面有导电图形的印制板，板的厚度为 0.2～0.5mm，它是在一面敷有铜箔的绝缘基板上，通过印制和腐蚀的方法，在基板上形成研制电路，如图 6-4 所示。它适用于一般要求的电子设备，如收音机、电视机等。

② 双面印制板（Double Sided Print Board）。双面印制板指两面都有导电图形的印制板，板的厚度为 0.2～0.5mm，它是在两面敷有铜箔的绝缘基板上，通过印制和腐蚀的方法，在基板上形成印制电路，两面的电气互连通过金属化孔实现，如图 6-5 所示。它适用于要求较高的电子设备，如计算机、电子仪表等，由于双面印制板的布线密度较高，所以能减小设备的体积。

图 6-4　单面印制板

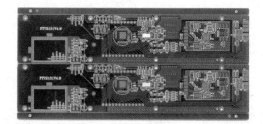

图 6-5　双面印制板

③ 多层印制板（Multilayer Print Board）。多层印制板是由交替的导电图形层及绝缘材料层层压黏合而成的一块印制板，导电图形的层数在两层以上，层间电气互连通过金属化孔实现。多层印制板的连接线短而直，便于屏蔽，但印制板的工艺复杂，由于使用金属化孔，可靠性下降。它常用于计算机的板卡中，如图 6-6 和图 6-7 所示。

对于电路板的制作而言，板的层数愈多，制作程序就愈多，失败率当然增加，成本也相对提高，所以只有在高级的电路中才会使用多板层。目前以 2 层板最容易制作，市面上所谓的 4 层板，就是顶层、底层、中间再加上两个电源板层，技术已经很成熟；而 6 层板就是 4 层板再加上两层布线板层，只有在高级的主机板或布线密度较高的场合才会用到；至于 8 层板以上，制作就比较困难。

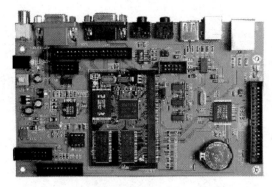

图 6-6 多层印制板

图 6-7 多层板示意图

图 6-8 所示为 4 层板剖面图。通常在电路板上，元件放在顶层，所以一般顶层也称元件面，而底层一般是焊接用的，所以又称焊接面。对于 SMD 元件，顶层和底层都可以放元件。另外，元件也分为两大类，传统的元件是通孔式元件，通常这种元件体积较大，且电路板上必须钻孔才能插装；较新的设计一般采用体积小的表面贴片式元件（SMD），这种元件不必钻孔，利用钢模将半熔状锡膏倒入电路板上，再把 SMD 元件放上去，通过回流焊将元件焊接在电路板上。SMD 元件是目前商品化电路板的主要元件，但这种技术需要依靠机器，采用手工插置、焊接元件比较困难。

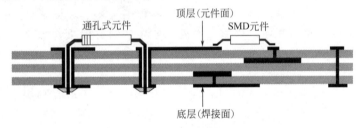

图 6-8 4 层板剖面图

在多层板中，为减小信号线之间的互相干扰，通常将中间的一层都布上电源或地线，所以通常将多层的板层按信号的不同分为信号层（Single）、电源层（Power）和地线层（Ground）。

2）根据 PCB 所用基板材料划分

① 刚性印制板（Rigid Print Board）。刚性印制板是指以刚性基材制成的 PCB，常见的 PCB 一般是刚性 PCB，如计算机中的板卡、家电中的印制板等，如图 6-1～图 6-7 所示。常用刚性 PCB 有以下几类。

纸基板：价格低廉，性能较差，一般用于低频电路和要求不高的场合。

玻璃布板：价格较贵，常用于高频电路和高档家电产品中。

当频率高于数百兆赫时，必须用介电常数和介质损耗更小的材料，如聚四氟乙烯和高频陶瓷作基板。

② 挠性印制板（Flexible Print Board，也称柔性印制板、软印制板）如图 6-9 所示。挠性印制板是以软性绝缘材料为基材的 PCB。由于它能进行折叠、弯曲和卷绕，因此可以节约 60%～90% 的空间，为电子产品小型化、薄型化创造了条件，它在计算机、打印机、自动化仪表及通信设备中得到广泛应用。

③ 刚-挠性印制板（Flex-rigid Print Board）如图 6-10 所示。刚-挠性印制板指利用软性基材，并在不同区域与刚性基材结合制成的 PCB，主要用于印制电路的接口部分。

项目 6 设计单管放大电路PCB

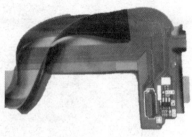

图 6-9  挠性印制板

图 6-10  刚-挠性印制板

### 6.1.5  PCB 设计中的基本组件

1）板层（Layer）

板层分为覆铜层和非覆铜层，平常所说的几层板是指覆铜层的层面数。一般在覆铜层上放置焊盘、线条等完成电气连接；在非覆铜层上放置元件描述字符或注释字符等；还有一些层面（如禁止布线层）用来放置一些特殊的图形来实现一些特殊的功能或指导生产。

覆铜层一般包括顶层（又称元件面）、底层（又称焊接面）、中间层、电源层、地线层等；非覆铜层包括印记层（又称丝网层或丝印层）、板面层、禁止布线层、阻焊层、助焊层、钻孔层等。

对于一个批量生产的电路板而言，通常在印制板上铺设一层阻焊剂，阻焊剂一般是绿色或棕色，除了要焊接的地方外，其他地方根据产生的阻焊图来覆盖一层阻焊剂，这样可以快速焊接，并防止焊锡溢出引起短路；而对于要焊接的地方，通常是焊盘，则要涂上助焊剂，如图 6-11 所示。

图6-12（彩图）

为了让电路板更具可观性，便于安装与维修，一般在顶层上要印一些文字或图案，如图 6-12 中的 R1、C1 等，这些文字或图案属于非布线层，用于说明电路的，通常称为丝网层，在顶层的称为顶层丝网层（Top Overlay），而在底层的则称为底层丝网层（Bottom Overlay）。

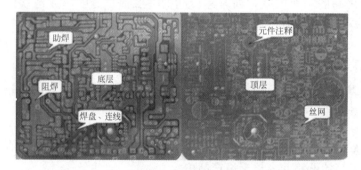

图 6-11  板层示意图

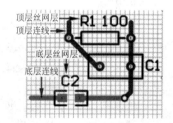

图 6-12  某双面板局部电路图

2）焊盘（Pad）

焊盘用于固定元器件引脚或用于引出连线、测试线等，它有圆形、方形等多种形状。焊盘的参数有焊盘编号、X 方向尺寸、钻孔孔径尺寸等。

焊盘可以分为通孔式以及表面贴片式两大类，其中通孔式焊盘必须钻孔，而表面贴片式焊盘无需钻孔，图 6-13 所示为焊盘示意图。

3）金属化孔

金属化孔也称过孔。在双面板和多层板中，为连通各层之间的印制导线，通常在各层

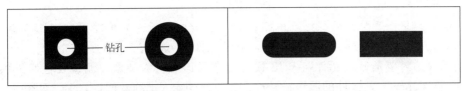

图 6-13　焊盘示意图

需要连通的导线的交汇处粘上一个公共孔，即过孔。在工艺上，过孔的孔壁圆柱面上用化学沉积的方法镀上一层金属，用以连通中间各层需要连通的铜箔，而过孔的上下两面做成圆形焊盘形状，过孔的参数主要有孔的外径和钻孔尺寸。

过孔不仅可以是通孔，还可以是掩埋式。所谓通孔式过孔是指穿通所有覆铜层的过孔；掩埋式过孔则仅穿通中间几个覆铜层面，仿佛被其他覆铜掩埋起来。图 6-14 为 6 层板的过孔的剖面图，包括顶层、电源层、中间层 1、中间层 2、地线层和底层。

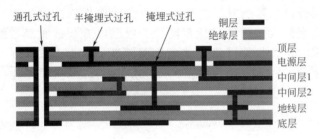

图 6-14　过孔剖面图

### 4）连线（Track Line）

连线是指有宽度、有位置方向（起点和终点）、有形状（直线或弧线）的线条。在覆铜面上的线条一般用来完成电气连接，称为印制导线或铜膜导线；在非覆铜面上的连线一般用作元器件描述或其他特殊用途。

印制导线用于印制板上的线路连接，通常印制导线是两个焊盘（或过孔）间的连线，而大部分的焊盘就是元件的引脚，当无法顺利连接两个焊盘时，往往通过跳线或过孔实现连接。图 6-15 所示为印制导线的走线图，图中所示为双面板，采用垂直布线法，一层水平走线，另一层垂直走线，两层间印制导线的连接由过孔实现。

图6-15（彩图）

某电路局部 PCB 图的焊盘、过孔、印制导线如图 6-16 所示。

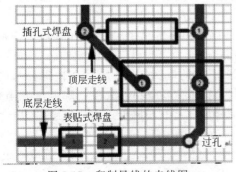

图 6-15　印制导线的走线图

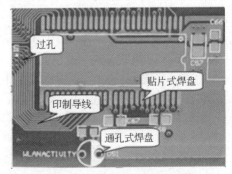

图 6-16　某电路局部 PCB 图

5）元件的封装（Component Package）

元件的封装是指实际元件焊接到电路板时，所指示的元件外形轮廓和引脚焊盘间的间距。不同的元件可以使用同一个元件封装，同种元件也可以有不同的封装形式。

印制元件的封装是显示元件在 PCB 板上的布局信息，为装配、调试及检修提供方便。在 Altium Designer 中，元件的图形符号被设置在丝印层（也称丝网层）上，见图 6-12 中的 R1、C2。

6）网络（Net）和网络表（Netlist）

从一个元器件的某一个引脚到其他引脚，或其他元器件的引脚的电气连接关系称作网络。每一个网络均有唯一的网络名称，有的网络名是人为添加的，有的是系统自动生成的，系统自动生成的网络名由该网络内的两个连接点的引脚名称构成。

网络表描述电路中元器件特征和电气连接关系，一般可以从原理图中获取，它是原理图和 PCB 之间的纽带。

7）飞线（Connection）

飞线是在电路进行自动布线时提供观察用的类似橡皮筋的网络连线，网络飞线不是实际连线。通过网络表调入元件并进行布局后，就可以看到该布局下的网络飞线的交叉状况，不断调整元件的位置，使网络飞线的交叉最少，又可以提高自动布线的布通率。自动布线结束，未布通的网络上仍然保留网络飞线，此时可用手工连接的方式连通这些网络。

8）安全间距（Clearance）

在进行印制板设计时，为了避免导线、过孔、焊盘及元件的相互干扰，必须在它们之间留出一定的间距，这个间距称为安全间距。

9）网格（Grid）

网格用于 PCB 设计时的位置参考和光标定位，网格有公制和英制两种单位制，包括可视网格、捕捉网格、元件网格和电气网格 4 种类型。

## 6.1.6　PCB 工作层

Altium Designer 为用户提供了多个工作层，主要工作层类型如下。

① 信号层（Signal Layers）。Altium Designer 提供了 32 个信号层，分别为 Top Layer（顶层）、Mid-Layer1（中间层 1）、Mid-Layer2（中间层 2）……Mid-Layer30（中间层 30）和 Bottom Layer（底层）。信号层主要用于放置元器件（顶层和底层）和布线。系统为每层都设置了不同的颜色以便区别。

② 内平面层（Internal Plane Layers）。Altium Designer 提供了 16 个内平面层，分别为 Internal Plane1（内平面层第 1 层）、Internal Plane2（内平面层第 2 层）……Internal Plane16（内平面层第 16 层）。内平面层主要用于多层板的电源连接，信号层内需要与电源或地线相连接的网络通过过孔实现连接。这样可以缩短供电线路的长度，降低电源阻抗，同时，专门的电源层在一定程度上隔离了不同的信号层，有利于降低不同信号层间的干扰。

③ 机械层（Mechanical Layers）。Altium Designer 提供了 16 个机械层，分别为 Mechanical1（机械层第 1 层）、Mechanical2（机械层第 2 层）……Mechanical16（机械层第 16 层）。机械层一般用于放置有关制板和装配方法的指示性信息，如电路板轮廓、尺寸标志、数据资料、过孔信息、装配说明等。制作 PCB 时，系统默认的机械层为 1 层。

④ 丝印层（Silkscreen Layers）。Altium Designer 提供了 2 个丝印层，分别为 Top Overlay（顶层丝印层）和 Bottom Overlay（底层丝印层）。丝印层主要用于绘制元器件的外形轮廓、放置元器件的编号、注释字符或其他文本信息。

⑤ 掩模层（Mask Layers）。Altium Designer 提供了 4 个掩模层，分别为 Top Paste（顶层锡膏防护层）、Bottom Paste（底层锡膏防护层）、Top Solder（顶层阻焊层）和 Bottom Solder（底层阻焊层）。锡膏防护层主要用于 SMD 元器件的安装，它是负性的，放置其上的焊盘与元器件代表电路板上未覆铜的区域。阻焊层也是负性的，放置其上的焊盘和元器件代表电路板上未覆铜的区域。设置阻焊层的目的是防止焊锡的粘连，避免在焊接相邻点发生意外短路，所有需要焊接的焊盘和铜箔都需要该层。

⑥ 钻孔层（Drill Layers）。钻孔层包括钻孔说明层（Drill Guide）和钻孔视图层（Drill Drawing），用于绘制钻孔图和钻孔的位置。

⑦ 禁止布线层（Keep-Out Layer）。禁止布线层用于定义放置元器件和布线的区域范围，一般禁止布线区域必须是一个封闭区域。

⑧ 多层（Multi Layer）。多层用于放置电路板上所有的通孔式焊盘和过孔。

 **任务 6.2　元器件封装**

## 6.2.1　认识元器件封装技术

元器件封装分为通孔式封装和表面贴片式封装。其中，将元器件安置在 PCB 的一面，并将引脚焊接在另一面上，这种技术称为通孔式（Through Hole Technology，THT）封装；而引脚是焊接在与元器件同一面，不用为每个引脚的焊接而在 PCB 上钻孔，这种技术称为表面贴片式（Surface Mounted Technology，SMT）封装。使用 THT 封装的元器件需要占用大量的空间，并且要为每只引脚钻一个孔，因此它们的引脚实际上占用两面的空间，而且焊点也比较大；SMT 元器件比 THT 元器件要小，因此使用 SMT 技术的 PCB 板上元器件要密集很多；SMT 封装元器件也比 THT 元器件便宜，所以现今的 PCB 上大部分都是 SMT 封装元器件。但 THT 元器件和 SMT 元器件比起来，前者与 PCB 连接的构造比较好。我们为读者准备了常见的元器件封装的介绍，扫描右侧二维码可自行查看。

元器件封装形式　　认识元器件封装
介绍文稿　　　　　　技术

## 6.2.2　常见元器件及其封装

常见元件的封装　　常用元件器封装
介绍文稿　　　　　　形式

Altium Designer 中提供了许多元器件模型及其封装形式，如电阻、电容、二极管、三极管、集成电路等。封装是印制电路板设计的基本组件，是否给元件设置合适的封装形式决定了印制电路板的质量。为了便于读者了解常见元件的封装形式，为后续的学习奠定基础，我们介绍了常见元件的封装形式，请读者自行扫码学习。

## 任务 6.3　熟悉 PCB 设计环境

熟悉PCB设计环境

### 6.3.1　启动 PCB 编辑器

进入 Altium Designer 主窗口，执行菜单命令【文件】→【创建】→【项目】→【PCB 项目】，建立新的 PCB 工程项目文件，执行菜单命令【文件】→【创建】→【PCB 文件】，系统会自动产生一个 PCB 文件，默认文件名为 PCB1.PcbDoc，并进入 PCB 编辑器状态，如图 6-17 所示。

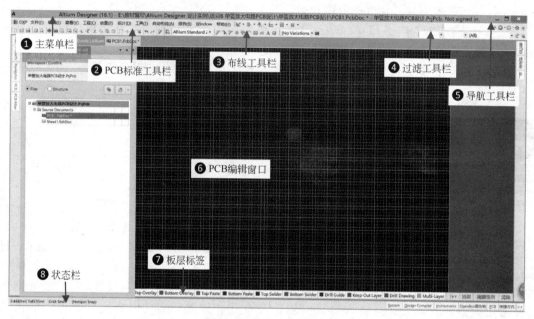

图 6-17　PCB 设计环境

① 主菜单栏。主菜单栏显示了供选用的菜单操作，如图 6-18 所示。在 PCB 设计过中，通过使用主菜单中的菜单命令，可以完成各项操作。

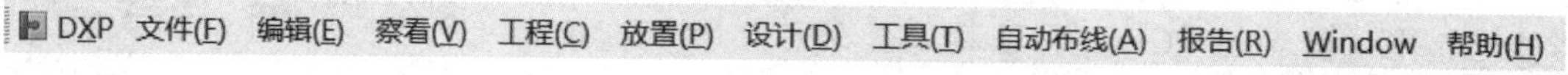

DXP　文件(F)　编辑(E)　察看(V)　工程(C)　放置(P)　设计(D)　工具(T)　自动布线(A)　报告(R)　Window　帮助(H)

图 6-18　PCB 环境中的主菜单栏

② PCB 标准工具栏。该工具栏提供了一些基本操作命令，如打印、缩放、快速定位、浏览元器件等。它与原理图编辑环境中的标准工具栏基本相同，如图 6-19 所示。

图 6-19　PCB 标准工具栏

③ 布线工具栏。布线工具栏提供了 PCB 设计中常用的图元放置命令，如焊盘、过孔、文本编辑等，还包括了几种布线方式，如交互式布线连接、交互式差分对连接、使用灵巧布线交互布线连接，如图 6-20 所示。

④ 过滤工具栏。使用该工具栏，根据网络、元器件标号等过滤参数，可以使符号设置

的图元在编辑窗口内高亮度显示，明暗的对比和亮度则通过窗口右下方的【掩膜级别】按钮来进行调节。过滤工具栏如图 6-21 所示。

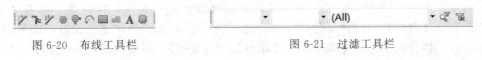

图 6-20　布线工具栏　　　　　　　　　图 6-21　过滤工具栏

⑤ 导航工具栏。该工具栏用于指示当前页面的位置，刷新当前页面，借助所提供的左、右按钮，可以实现 Altium Designer 系统中所打开的窗口之间的相互切换。导航工具栏如图 6-22 所示。

图 6-22　导航工具栏

⑥ PCB 编辑窗口。该窗口是进行 PCB 设计的工作平台，用于进行元器件的布局、布线等操作。PCB 设计主要在这里完成，如图 6-17 所示。

⑦ 板层标签。用于切换 PCB 工作的层面，所选中的板层的颜色将显示在最前端，如图 6-23 所示。

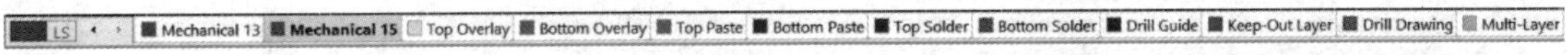

| LS | ◀ ▶ | Mechanical 13 | Mechanical 15 | Top Overlay | Bottom Overlay | Top Paste | Bottom Paste | Top Solder | Bottom Solder | Drill Guide | Keep-Out Layer | Drill Drawing | Multi-Layer |

图 6-23　板层标签

⑧ 状态栏。用于显示光标指向的坐标值、所指向的网络位置、所在板层和有关参数，以及编辑器当前的工作状态，如图 6-24 所示。

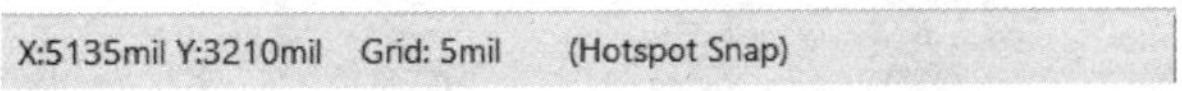

X:5135mil Y:3210mil　Grid: 5mil　(Hotspot Snap)

图 6-24　状态栏

执行菜单命令【察看】→【Toolbars】下的相关菜单，可以设置打开或关闭相应的工具栏，如图 6-25 所示。

## 6.3.2　PCB 编辑器的管理

### 1）PCB 窗口管理

在 PCB 编辑器中，窗口管理可以执行菜单命令【察看】下的命令实现，常用的命令如下：

执行菜单命令【察看】→【切换到 2 维显示】，显示 2 维 PCB；

执行菜单命令【察看】→【切换到 3 维显示】，显示 3 维 PCB；

执行菜单命令【察看】→【适合文件】，显示 PCB 上所有元件及连线；

执行菜单命令【察看】→【合适图纸】，显示整张图纸；

执行菜单命令【察看】→【合适板子】，显示整个 PCB，方便用户查看 PCB 布局以及连线情况；

执行菜单命令【察看】→【区域】，可以用鼠标拉框选定放大显示区域；

执行菜单命令【察看】→【点周围】，可以用鼠标选中要查看的点，并以此点为中心放大图纸，方便用户查看。

图 6-25　【察看】→【Toolbars】菜单

2）坐标系

PCB 编辑器的工作区是一个二维坐标系，其绝对原点位于电路板图的左下角，一般在工作区的左下角附近设计印制板。用户可以自定义新的坐标原点，执行菜单命令【编辑】→【原点】→【设置】，将光标移到要设置为新的坐标原点的位置，单击左键，即可设置新的坐标原点。执行菜单命令【编辑】→【原点】→【复位】，即可恢复到绝对坐标原点。

3）单位制式设置

PCB 设计中设有两种单位制式，即 Imperial（英制，单位为 mil）和 Metric（公制，单位为 mm），执行菜单命令【察看】→【切换单位】，可以实现英制和公制的切换。

单位制的设置也可以执行菜单命令【设计】→【板参数选项】，在弹出的对话框的【度量单位】区中的【单位】下拉列表框中，可以选择所需的单位制式，如图 6-26 所示。

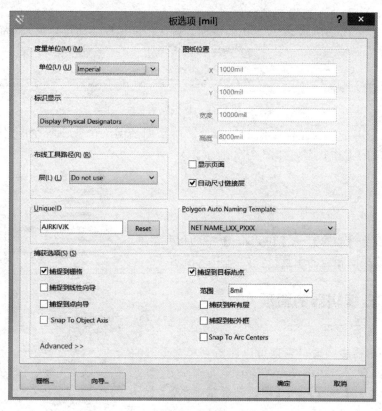

图 6-26　板选项设置对话框

4）PCB 浏览器的使用

单击在 PCB 编辑器主界面左侧的标签【PCB】，可以打开 PCB 浏览器，如图 6-27 所示。在浏览器顶端的下拉列表框中可以选择浏览器的类型。

① Nets。网络浏览器，显示 PCB 板上所有网络名。图 6-27 所示为网络浏览器，在【Nets】区中双击【All Nets】项，在【网络】区中选中某个网络（图中为 GND），在【网络项】区中将显示与此网络有关的焊盘和连线信息，同时工作区中与该网络有关的焊盘和连线将高亮显示。在 PCB 浏览器的最下方，还有一个微型监视器屏幕，在监视器中显示全板的结构，并以虚线框的形式显示当前工作区中的工作范围。

② Components。元件浏览器，它将按照 "Bottom Side Components" "Inside Board Components" "Top Side Components" "Outside Board Components" 四种模式，显示当前

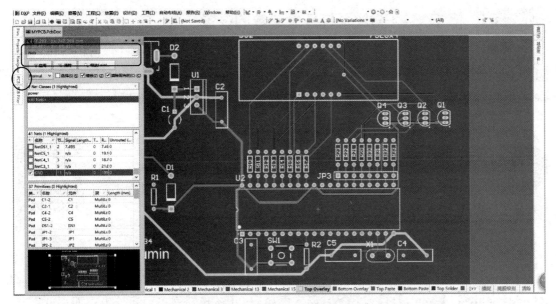

图 6-27　网络浏览器

PCB 图中的元件和选中元件的所有焊盘。如选择 "Top Side Components"，元件区显示所有元件，当选择 U2 时，工作区高亮度显示器件 U2，下方窗口详细显示封装详情，如图 6-28 所示。

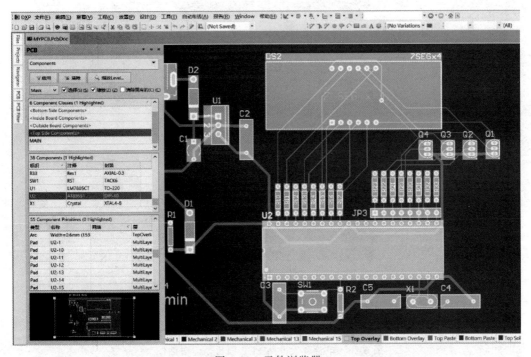

图 6-28　元件浏览器

③ From-to Editor。飞线编辑器，可以查看并编辑网络节点和飞线。

④ Split Plane Editor。内电层分割编辑器，可在多层板中对电源层进行分割。

⑤ Pad & Via Templates。焊盘过孔模板，可以查看并编辑 PCB 中的焊盘和过孔。

### 6.3.3 PCB 系统环境参数的设置

系统环境参数的设置是 PCB 设计过程中非常重要的一步，用户应根据个人的设计习惯，设置合理的环境参数，这将会大幅度提高设计效率。

请读者自行扫码了解 PCB 系统相关参数的含义，并能够根据自己的使用习惯设置环境参数，以方便后续的操作。

## 任务 6.4　创建单管放大电路 PCB 文件

### 6.4.1　创建单管放大电路项目文件

在 Altium Designer 主窗口下，执行菜单命令【文件】→【New】→【Project】，系统弹出【New Project】对话框，【Project Types】选择 "PCB Project"，【Project Templates】选择 "Default"，【Name】设为 "单管放大电路"，并保存到预设的路径下，如图 6-29 所示，点击【OK】完成单管放大电路项目文件的创建，如图 6-30 所示。

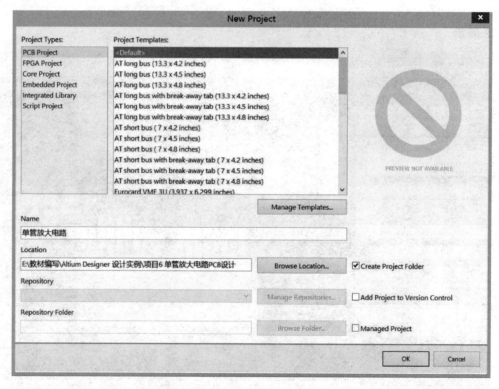

图 6-29　单管放大电路 PCB 项目创建对话框

### 6.4.2　创建 PCB 文件

用鼠标右击图 6-30 所示项目文件名，在弹出的菜单中选择【给工程添加新的】→

【PCB】新建 PCB 文件，如图 6-31 所示。系统在当前项目文件下新建一个名为 "Source Documents" 的文件夹，在该文件夹下建立 PCB 文件 "PCB1. PcbDoc"，并自动打开 PCB 编辑界面。鼠标右键点击 "PCB1. PcbDoc"，从打开的菜单中选择【保存为】，打开保存对话框如图 6-32 所示，可以看出 PCB 文件直接保存至 "单管放大电路项目" 路径下，不需要再设置保存路径，修改文件名称为 "单管放大电路"，点击【保存】，结果如图 6-33 所示。

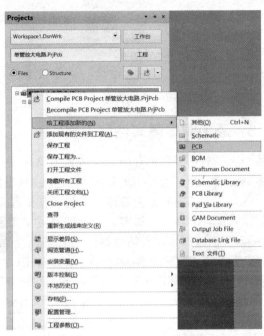

图 6-30　单管放大
电路. PrjPcb 项目

图 6-31　新建 PCB 文件

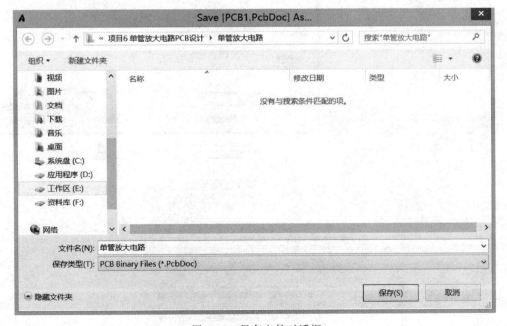

图 6-32　保存文件对话框

图 6-33 保存后的"单管放大电路"PCB 文件

## 6.4.3 添加原理图文件到工程

在 PCB 设计时要将原理图文件和 PCB 文件存放在同一个工程文件中，所以在进行单管放大电路 PCB 设计前，要在"单管放大电路 PCB 设计.PrjPcb"中，添加单管放大电路原理图文件。打开【Project】工程管理器面板，在工程文件"单管放大电路 PCB 设计.PrjPcb"上点击鼠标右键，屏幕弹出如图 6-34 所示菜单，在弹出的菜单中选择"添加现有的文件到工程"，屏幕弹出选择文档对话框如图 6-35 所示，在对话框中选择要添加的原理图文件，单击【打开】就可以完成文件的添加。添加完成后，"单管放大电路 PCB 设计.PrjPcb"就包含了原理图文件和 PCB 文件，如图 6-36 所示。

图 6-34 【添加现有的文件到工程】菜单

图 6-35 【选择文档到某工程】对话框

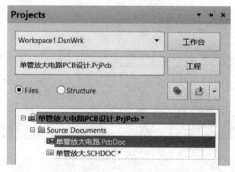

图 6-36 添加文件后的【Project】面板

164

**任务 6.5　PCB 工作层的设置**

## 6.5.1　打开或关闭工作层

执行菜单命令【设计】→【板层颜色】，屏幕弹出【视觉配置】对话框，板层和颜色设置如图 6-37 所示。在图中，去除各层后的"展示"复选框的选中状态，可以关闭该层，选中则打开该层。若要打开所有正在使用的层，可以单击鼠标左键，单击【使用的层打开】按钮。

图6-37(彩图)

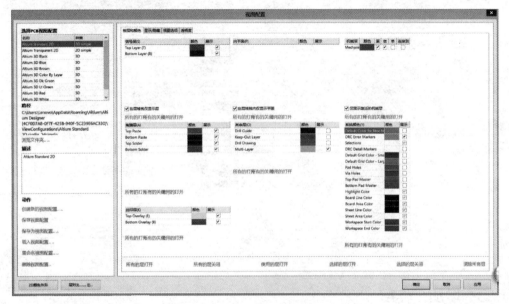

图 6-37　板层和颜色设置

系统默认设置的工作层面为 Top Layer 和 Bottom Layer，并设置为打开状态；默认机械层面为 Mechanical1。

## 6.5.2　设置工作层显示颜色及显示状态

在 PCB 设计中，由于层数多，为了区分不同层上的铜膜线，必须将各层设置为不同颜色。在图 6-37 中，单击工作层名称右边的色块，系统弹出【2D 系统颜色】对话框，如图 6-38 所示，在其中可以修改工作层的颜色。

在"系统颜色"区中，"Default Color for New Nets"用于设置网络飞线的颜色，"DRC Error Makers"用于设置违规错误标记；"Default Grid Color-Small"用于设置第一可视栅格的颜色；"Default Grid Color-Large"用于设置第二可视栅格的颜色；"Pad Holes"和"Via Holes"用于设置焊盘和过孔的钻孔；"Board Area Color"用于设置板图工作区的背景颜色。

一般情况下，使用系统默认颜色。用鼠标左键单击色块后面的"展示"区的复选框，可以设置显示或隐藏该项内容。

设计单管放大电路PCB　项目 6

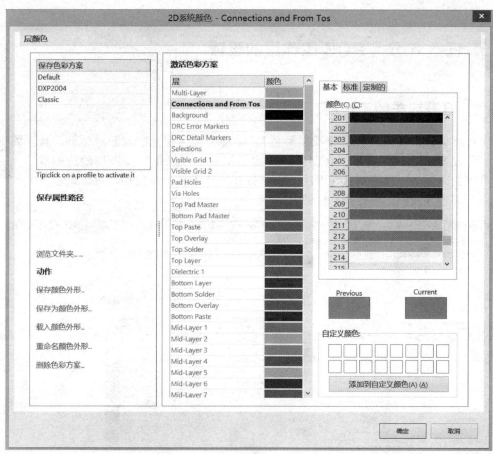

图 6-38 【2D 系统颜色】对话框

图6-38（彩图）

## 6.5.3　增加工作层

如果要增加信号层和电源层，可以执行菜单命令【设计】→【层叠管理】，打开【Layer Stack Manager】对话框，如图 6-39 所示。

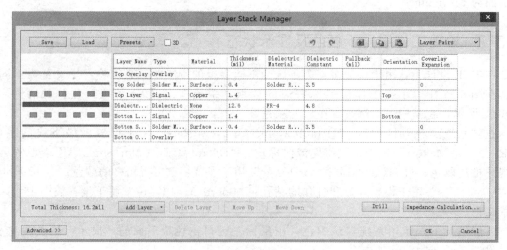

图 6-39　层堆栈管理对话框

在层堆栈管理器对话框中，单击【Presets】按钮，会显示出系统所提供的若干种具有不同结构的电路板层样式，如图 6-40 所示。

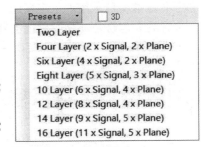

- 2 层板：双面板；
- 4 层板（2×Signal，2×Plane）：2 个信号层，2 个内电源/接地层；
- 6 层板（4×Signal，2×Plane）：4 个信号层，2 个内电源/接地层。

图 6-40 【Presets】菜单

该菜单中还有几种层堆的举例，这里就不一一介绍了。

如果要增加机械层面，则去除图 6-37 中的"仅展示激活的机械层"复选框的选中状态，屏幕将显示所有机械层，从中可以选择所需的机械层。

## 6.5.4 选择当前工作层

在进行布线时，必须先选择相应的工作层，然后再进行布线。设置当前工作层可以用鼠标左键单击工作区下方工作层选项卡栏上的某一个工作层，如图 6-41 所示，图中选中的工作层为 Top Layer，其左边的色块代表该层的颜色。

当前工作层的转换也可以使用快捷键实现，按小键盘上的【*】，可以在所有打开的信号层间进行切换；按小键盘上的【+】键和【-】键，可以在所有打开的工作层间进行切换。

在本例中，单管放大电路的 PCB 是一个简单的电路，我们采用单面板制作，所以工作层的设置采用系统默认值。

LS ‹ › ■ Top Layer ■ Bottom Layer ■ Mechanical 1 ☐ Top Overlay ■ Bottom Overlay ■ Top Paste ■ Bottom Paste ■ Top Solder ■ Bottom Solder ■ Drill Guide ■ Keep-Out Layer ■ Drill Drawing ▶ M

图 6-41 设置当前工作层

# 任务 6.6 定义 PCB 的形状和尺寸

手工规划印制电路板

PCB 的尺寸大小直接影响 PCB 成品的质量。当 PCB 尺寸过大时，会造成印制线路长，从而导致阻抗增加，电路的抗噪声能力下降，成本也会增加；而 PCB 尺寸过小时，则会导致 PCB 的散热不好，且印制线路密集，从而造成邻近的线路相互干扰。因此，PCB 的尺寸定义要引起设计者的重视。

通常 PCB 的外形形状以及尺寸，是根据设计的 PCB 在产品中的位置、空间、形状、大小，以及与其他部件的配合来确定的。常规 PCB 形状是以矩形居多，也有一些不规则的异形 PCB，在定义 PCB 的形状时要根据实际情况进行。

定义 PCB 的形状和尺寸就是要定义印制板的机械轮廓和电气轮廓。印制板的机械轮廓是指电路板的物理外形和尺寸，通常在机械层定义。印制板的电气轮廓是指电路板上放置元器件和进行布线的范围，它是一个封闭的区域，通常定义在禁止布线层。一般的电路设计仅定义电路板的电气轮廓即可。

Altium Designer 提供了两种方法定义 PCB：一种是采用手工定义；另一种是利用制板

设计单管放大电路PCB 项目6

向导定义。本项目采用手工定义的方法实现。

单管放大电路是一个简单的电路，元器件数量少，连线简单，因此 PCB 尺寸不需要太大，定义为 60mm×40mm。PCB 手工定义具体步骤如下。

1）设置单位

执行菜单命令【设计】→【板参数选项】，打开【板选项】对话框，如图 6-42 所示。在【度量单位】区域设置单位为 "Metric"。

图 6-42 【板选项】对话框

2）设置栅格

合适的栅格设置可以为 PCB 设计提供方便。在图 6-42【板选项】对话框中，点击左下角的【栅格…】按钮，打开【栅格管理器】对话框，如图 6-43 所示。在【栅格管理器】点击 "Default" 选项，打开【Cartesian Grid Editor】对话框，如图 6-44 所示。

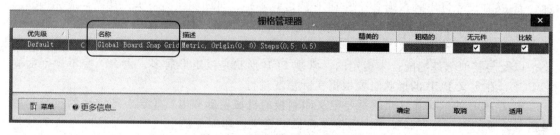

图 6-43 【栅格管理器】对话框

在【Cartesian Grid Editor】对话框中，可以对栅格的"显示"方式和"步进值"进行设置。在【显示】区域，可以设置栅格显示方式为 "Lines（线）"、"Dots（点）" 或 "Do

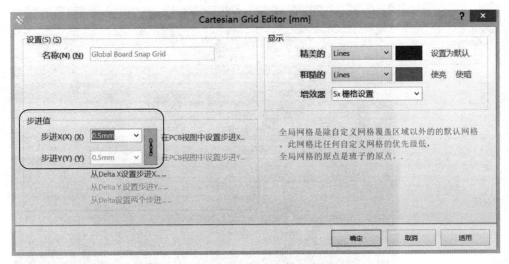

图 6-44 【Cartesian Grid Editor】对话框

Not Draw（不显示）"，通常选择"Lines"。在【步进值】区域可以设置栅格的步进值，图标  表示 X 方向和 Y 方向步进值设置是关联的，如图 6-44 所示，设置"步进 X"为 0.5mm，则"步进 Y"也为 0.5mm。鼠标左键单击关联图标，图标显示为 ![]，则断开关联，可以分别设置 X 方向和 Y 方向步进值。

在栅格设置时，除了使用上述菜单命令进行设置，还可以通过工具栏里的栅格按钮 ![] 直接设置。点击【栅格】按钮，弹出如图 6-45 所示菜单。"设置跳转栅格"相当于关联设置 X 方向和 Y 方向步进值，"跳转栅格 X""跳转栅格 Y"可以分别单独设置 X 方向和 Y 方向步进值，即非关联设置。

3）设置原点

执行菜单命令【编辑】→【原点】→【设置】，鼠标变成十字光标，将十字光标移动到合适的位置，通常是图纸的左下角，点击鼠标左键确定原点，如图 6-46 所示。设置好原点后，沿原点向右为＋X 轴，向上为＋Y 轴。

4）绘制 PCB 电气边框

印制板的电气边框也称为电气轮廓，在禁止布线层绘制。所以在绘制 PCB 电气边框前，首先要设置当前工作层为"Keep Out Layer"。用鼠标单击工作区下方标签中的 ■ **Keep-Out Layer**，将当前工作层设为禁止布线层。执行菜单

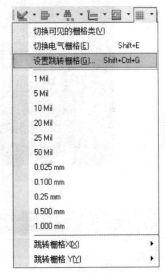

图 6-45 【栅格】菜单

命令【放置】→【直线】进行边框的绘制。也可以用鼠标点击实用工具栏里的【放置直线】按钮 ![/]，鼠标变成十字光标显示，移动十字光标到原点，点击鼠标左键确定边框的一个端点，然后向右移动鼠标，按下键盘上的【J】键，屏幕弹出一个菜单如图 6-47 所示，点击【新位置】，屏幕弹出的【Jump To Location】对话框，在其中输入坐标（60mm，0mm），如图 6-48 所示，光标自动跳转到坐标（60mm，0mm），双击鼠标左键，确定边框终点，完成第一条边框的绘制。然后，采用相同的方法绘制其余三条边框，坐标分别为（60mm，40mm）、（0mm，40mm）和（0mm，0mm）。这样就绘制了一个 60mm×40mm 的矩形框。此后，放置元件和 PCB 布线都要在此边框内进行。

169

设计单管放大电路PCB

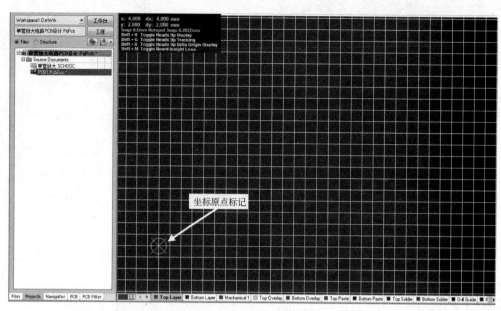

图 6-46　设置原点

图 6-47　【新位置】菜单

图 6-48　定义位置坐标

在规划印制电路板时一般不用直线直接绘制，原因在于画线的时候靠眼睛直接辨别，确定线条长度比较困难，容易在转弯处形成 45°斜线。而采用光标跳转到新位置的方法定位准确，定点可靠闭合，且不会在转弯处产生 45°斜线，所以优先推荐光标跳转法。

值得注意的是，在使用光标跳转法时，如果出现按下键盘上的【J】键不跳转的情况，要设置当前输入法为英文输入状态。此外，绘制的电气边框必须可靠闭合，构成一个闭合区域。

5）放置标准尺寸

在 PCB 设计中，为了便于后续 PCB 的加工，通常会将 PCB 板的信息标注好，比如印制板的尺寸。标注信息通常放置在"机械层 1"，所以在放置标准尺寸前，要将当前工作层切换到机械层 1。用鼠标单击工作区下方标签中的 ■ Mechanical 1，将当前工作层设为机械层 1。用鼠标点击实用工具栏里的【放置标准尺寸】按钮，十字光标上附着一个标尺，移动鼠标到待测量边框的一端，对齐栅格，点击鼠标左键确定起点，然后移动鼠标到边框终点，点击鼠标左键确定终点，点击鼠标右键完成一个标尺放置。用同样的方法完成另一侧边框标尺的放置。完成标尺放置的 PCB 如图 6-49 所示。

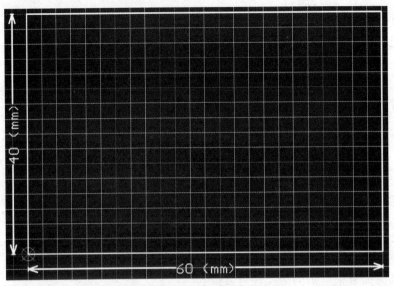

图 6-49　完成标尺放置的 PCB

6）重新规划 PCB 板形状

完成印制板电气边框绘制后发现，规划好的印制板仅是默认图纸的一部分，可以重新对印制板进行剪切，使之直接显示规划好的印制板，而不显示多余的图纸。选中印制板的电气边框，注意此处必须选中一个闭合的区域，然后执行菜单命令【设计】→【板子形状】→【按照选择对象定义】，则可以重新定义印制板的形状，重新定义后的 PCB 如图 6-50 所示。除使用菜单命令外，也可以按快捷键 D-S-D 实现此功能。至此，印制板的定义完成。

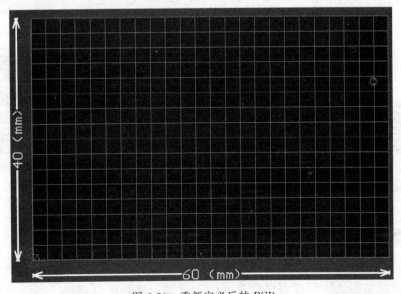

图 6-50　重新定义后的 PCB

设计单管放大电路PCB　项目❻

## 任务 6.7　设置 PCB 元件库

设置封装库

在进行 PCB 设计前，首先要知道使用的元件封装在哪一个库里，有些特殊的元件可能在系统的封装库中没有提供，用户还必须使用系统提供的 PCB 元件库编辑器自行设计，并将这些封装所在的库添加进当前库中才能调用。

### 6.7.1　设置元件库显示封装名和封装图形

Altium Designer 中元件库"＊.IntLib"是集成的，它将原理图元件库和 PCB 元件库集成在一起，包含元件图形、元件封装及元件参数等信息，进入 PCB 设计系统后，元件库默认显示原理图元件库的信息。

用鼠标单击工作区右侧的【库…】选项卡，系统弹出元件库面板，如图 6-51 所示，面板上显示集成库中原理图元件库信息，如元件名、图形、参数及系统默认的封装等。

用鼠标单击图 6-51 中的【…】按钮，屏幕弹出一个小窗口用于选择元件库显示信息，如图 6-52 所示，去除【器件】复选框，单击【Close】按钮，屏幕显示图 6-53 所示的浏览封装信息，此时面板中显示的为元件封装信息。

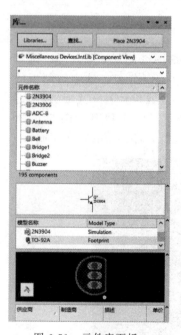

图 6-51　元件库面板

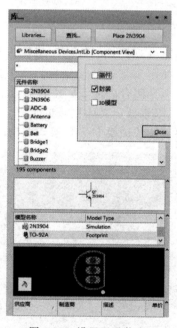

图 6-52　设置显示信息

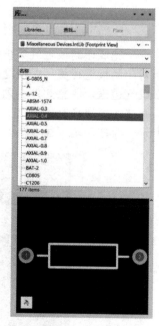

图 6-53　浏览封装信息

### 6.7.2　加载元件库

在 Altium Designer 中，PCB 库文件一般集成在集成库中，文件的扩展名为".IntLib"，在原理图设计中可直接设置元件的封装。该软件也提供了一些未集成的 PCB 库，文件的扩展名为".PcbLib"，位于 Altium Designer 16 ＼ Library ＼ Pcb 目录下。

加载元件封装库的方法与原理图设计中的相同，可以单击图 6-51 中的【库…】按钮进行元件库设置，本例的元件封装均在 Miscellaneous Device.IntLib 库中。

## 6.7.3 设置指定路径下所有元件库为当前库

有时候不知道元件封装所在的库和元件封装的详细信息，可以通过设置路径的方式，将所有的封装库设为当前库，以便从中查找所需的元件封装图形和名称。

单击图 6-51 中的【库…】按钮，屏幕弹出【可用库】对话框，如图 6-54 所示，选中【搜索路径】选项卡，如图 6-55 所示，单击【路径】按钮，屏幕弹出图 6-56 所示的【PCB 工程选项】对话框。

选中【Search Paths】选项卡，单击【确定】按钮，屏幕弹出【编辑搜索路径】对话框，单击【…】按钮，屏幕弹出【浏览文件夹】对话框，如图 6-57 所示，用于设置元件库所在的路径，本例中路径选择 "D：\ Program Files（X86）\ Altium \ Library \ Pcb"，设置路径如图 6-58 所示。

选好路径后单击【确定】按钮完成设置，系统返回【编辑搜索路径】对话框，单击【确定】按钮完成全部设置工作，将该目录下的元件库设置成当前库，如图 6-59 所示。

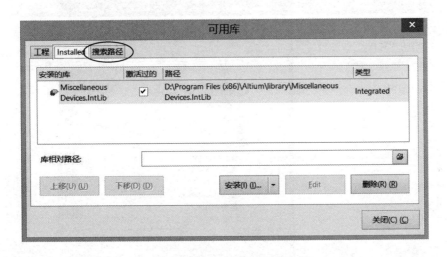

图 6-54 【可用库】对话框

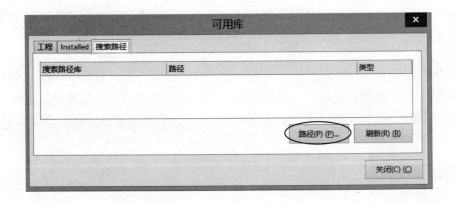

图 6-55 【搜索路径】对话框

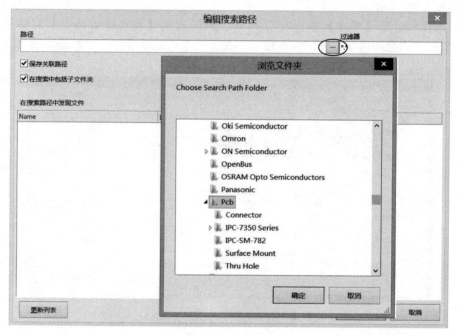

图 6-56 【PCB 工程选项】对话框

图 6-57 设置路径

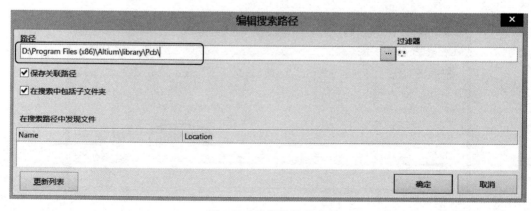

图 6-58 路径设置完成

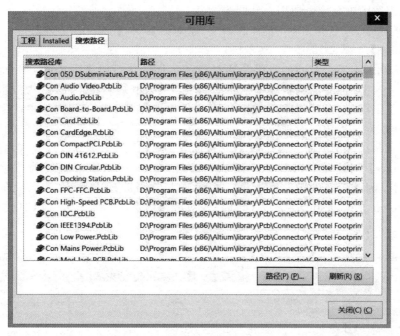

图 6-59　路径中的库均为当前库

值得注意的是：如果路径设置中选择 "D:\Program Files(X86)\Altium\Library\Pcb"，则只包含 PCB 封装库；如果选择 "D:\Program Files(X86)\Altium\Library"，则包含集成元件库和 PCB 封装库，在使用时可根据需要设置。

 ## 任务 6.8　载入网络表

加载网络表与元件
封装到PCB

加载网络表，即将原理图中元件的相互连接关系，以及元件封装尺寸数据输入到 PCB 编辑器中，实现原理图向 PCB 的转化，以便进一步制板。

### 6.8.1　准备设计转换

如果要将原理图中的设计信息转换到新的空白 PCB 文件中，首先应完成如下的工程准备工作。

① 对工程中所绘制的电路原理图进行编译检查，验证设计，确保电气连接的正确性和元件封装的正确性。

② 确认与电路原理图和 PCB 文件相关联的所有元件库均已加载，保证原理图文件中所指定的封装形式，在可用库文件中都能找到并可以使用。PCB 元件封装库的加载和原理图元件库的加载方法完全相同。

③ 将所建的 PCB 空白文件和原理图文件添加到相同的工程中。

### 6.8.2　网络表与元件封装的装入

Altium Designer 系统为用户提供了两种装入网络表与元件封装的方法。

设计单管放大电路PCB

项目 6

① 在原理图编辑环境中使用设计同步器。

② 在 PCB 编辑环境中执行菜单命令【设计】→【Import Changes From PCB _ Project1. PrjPcb】。

这两种方法的本质是相同的，都是通过启动工程变化订单来完成的。下面就以单管放大电路为例，介绍在原理图编辑环境中使用同步器装入网络表和元件封装的方法。

在前期的工作中，已经将原理图和 PCB 文件放置在同一个工程文件中，为了保证设计的正确性，再次对工程中的原理图进行编译，并将工作界面切换到已绘制好的原理图界面，如图 6-60 所示。执行菜单命令【工程】→【Compile PCB Project 单管放大电路. PrjPcb】。查看【Messages】对话框，如图 6-61 所示。根据 Messages 中的信息，修改原理图，直至没有错误为止。从图 6-61 中，可以看出单管放大电路原理图中有一个警告（Warning）"Net3_2 have no driving source"，这个问题仅对电路仿真有影响，而对 PCB 设计没有影响，所以可以不予考虑。

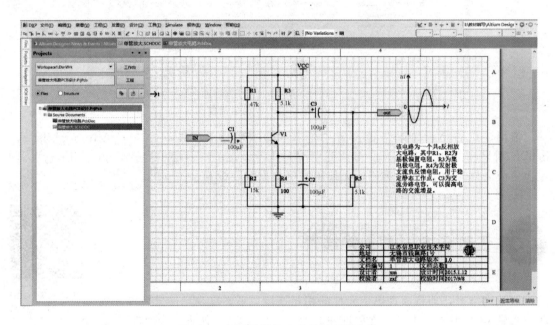

图 6-60　打开单管放大电路原理图文件

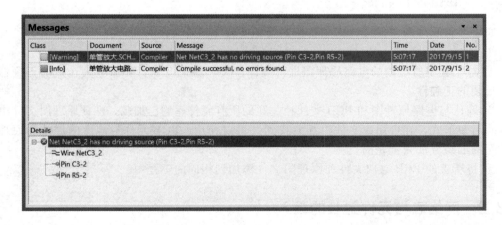

图 6-61　【Messages】对话框

在加载网络表和元件封装之前,必须将元件封装进行正确设置,然后设置所有封装所在封装库为当前库。单管放大电路里元件主要有电阻、电容以及三极管,封装分别为 AXI-AL-0.4、CAPPR2-5×6.8、BCY-W3/E4,这些封装存放在集成库 Miscellaneous Devices. IntLib 中。

下面以三极管 V1 为例介绍封装的添加方法。在图 6-60 所示的原理图界面,在三极管 V1 上双击鼠标打开【元件属性】对话框,如图 6-62 所示。

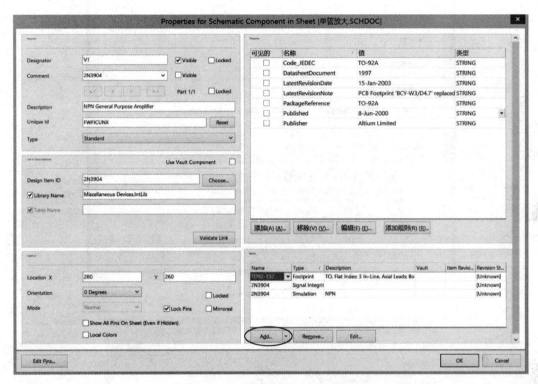

图 6-62  V1【元件属性】对话框

点击右下角【Add…】按钮,弹出【添加新模型】对话框,选择"Footprint",如图 6-63 所示,点击【确定】按钮打开【PCB 模型】对话框,如图 6-64 所示。在【封装模型】选项的【名称】中输入元件封装"BCY-W3/E4",发现【描述】里显示"Footprint not found",而且在【选择封装】选项区显示"BCY-W3/E4 not found in project libraries or installed libraries(在工程库和已安装库中没找到 BCY-W3/E4)",说明此次操作没有找到封装库,封装添加失败。

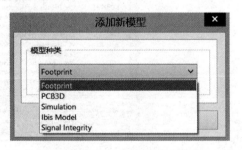

图 6-63  【添加新模型】对话框

在图 6-64【封装模型】对话框中点击【浏览】按钮,打开【浏览库】对话框,如图 6-65 所示,点击【…】按钮,打开【可用库】对话框,点击【搜索路径】选项卡,设置搜索路径为"D:\Program Files(X86)\Altium\Library",如图 6-66 所示。点击【确定】按钮,返回到【可用库】对话框,继续点击【关闭】按钮,返回到【浏览库】对话框,继续点击【确定】按钮,返回到【封装模型】对话框,在【封装模型】选项区的【名称】中输入"BCY-W3/E4",【PCB 元件库】选项区选择"任意",则【选择封装】区域显示 BCY-W3/E4

设计单管放大电路PCB  项目 ⑥

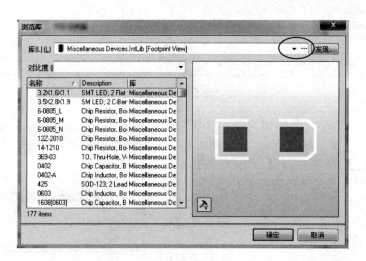

图 6-64 【PCB 模型】对话框

图 6-65 【浏览库】对话框

封装，如图 6-67 所示，添加封装成功。采用相同的方法，给其他元件添加封装。

完成元件封装设置后，可以借助生成元件清单或网络表，检查封装设置是否正确，若有遗漏，可重新设置正确。

元件封装设置好以后，在原理图编辑环境中，执行菜单命令【设计】→【Update PCB Document 单管放大电路.PcbDoc】，如图 6-68 所示。执行完上述命令后，系统会打开如图 6-69 所示的【工程更改顺序】对话框。在该对话框中显示了本次要进行载入的元件封装及载入到 PCB 文件名等。

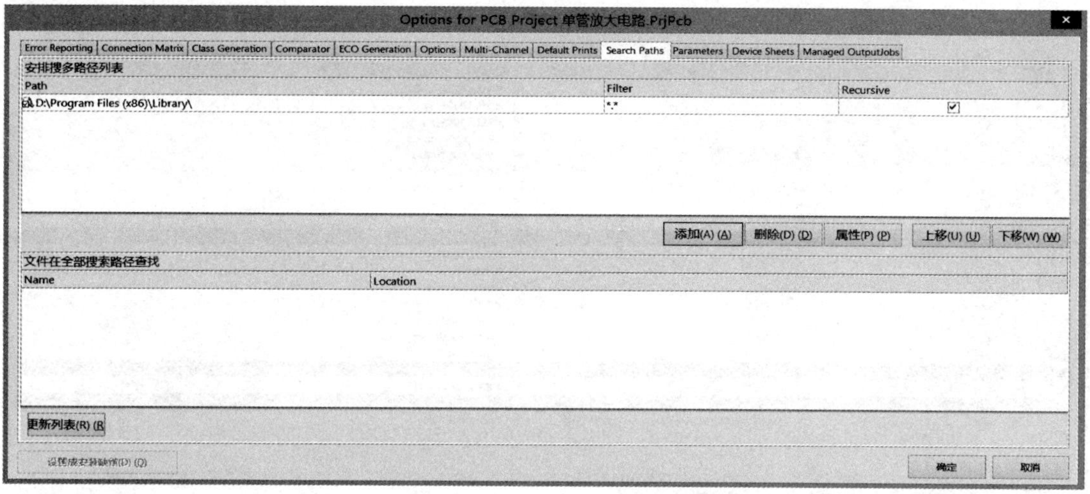

图 6-66 设置搜索路径

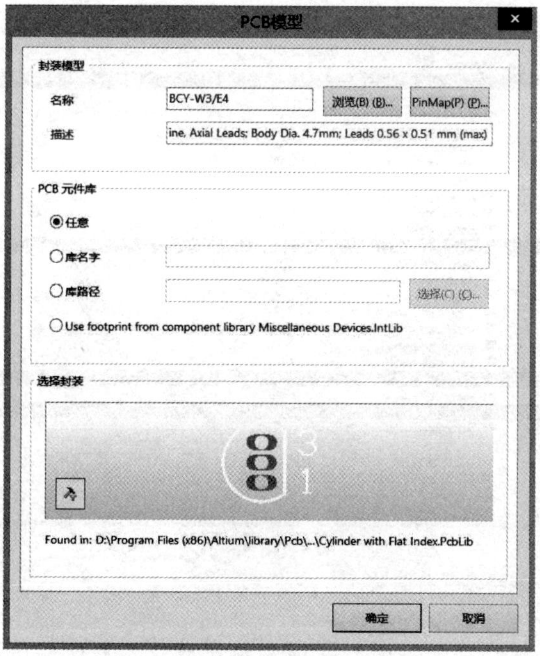

图 6-67 V1 封装添加成功

图 6-68 打开【Update PCB Document 单管放大电路.PcbDoc】

单击【生效更改】按钮，在【状态】区域中的【检测】栏中将会显示检查的结果，如果出现绿色的对号标记，表明对网络表及元件封装的检查是正确的，变化有效；当出现红色的叉号标记时，表明对网络表及元件封装检查是有错误的，变化无效，如图6-70所示。如果网络表及元件封装检查是错误的，一般是由于没有添加封装，或者没有装载可用的集成封装库，造成无法找到正确的元件封装。比如图6-70所示的错误就是V1的封装"Model Name"找不到。解决的办法是回到原理图编辑界面重新为元件添加封装，然后重新执行加载网络表操作，直至【状态】区域中的【检测】栏检查结果都正确，如图6-71所示。

设计单管放大电路PCB 项目6

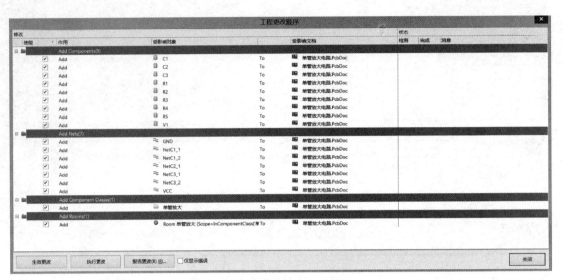

图 6-69　【工程更改顺序】对话框

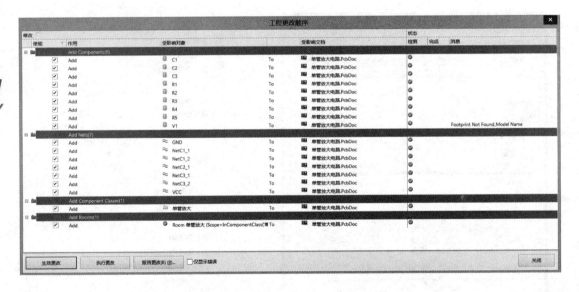

图 6-70　检查网络及元件封装

也可以选中【工程更改顺序】对话框下方的【仅显示错误】选项，则在【状态】区域中的
【检测】栏中将会仅显示错误条目，若都正确则不显示，如图 6-72 所示。

当网络表及元件封装检查全部正确后，单击【执行更改】按钮，将网络表及元器件封
装装入到 PCB 文件"单管放大电路.PcbDoc"中，如果装入正确，则在【状态】区域中的
【完成】栏中显示出绿色的对号标志，如图 6-73 所示。

关闭【工程更改顺序】对话框，则可以看到所装入的网络表与元件封装放置在 PCB 的
电气边界外，并且以飞线的形式显示网络表和元件封装之间的连接关系，如图 6-74 所示。
飞线是一种形式上的连线，它只从形式上表示出各个焊点之间的连接关系，并没有电气上
的连接意义，它按照电路的实际连接将各个节点相连，使电路中的所有节点都能够连通，
且无回路。

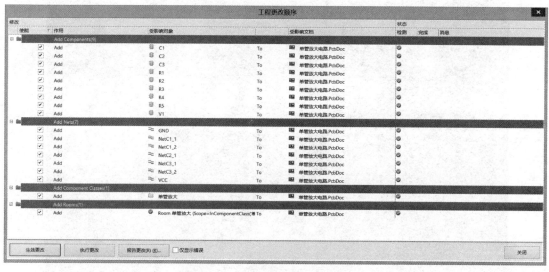

图 6-71 再次检查网络及元件封装

图 6-72 仅显示错误

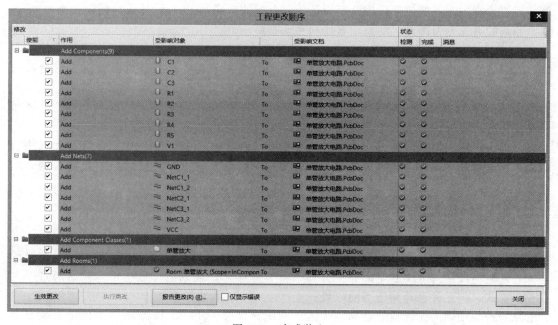

图 6-73 完成装入

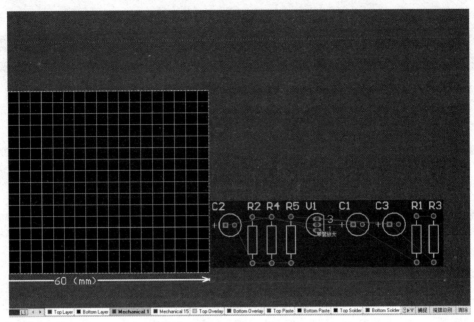

图 6-74　装入网络表与元件封装到 PCB 文件

单管放大电路PCB
手工布局

## 任务 6.9　元件布局

装入网络表和元件封装后，需要将元件封装放入工作区，并按照一定规则排列好，这就是对元件封装进行布局。在 PCB 设计中，布局是一个重要的环节。布局的好坏将直接影响布线的效果，因此可以认为，合理的布局是 PCB 设计成功的第一步。

布局的方式分为两种，即自动布局和手动布局。

① 自动布局是指设计人员布局前先设定好设计规则，系统自动在 PCB 上进行元件的布局，这种方法效率较高，布局结构比较优化，但缺乏一定的布局合理性，所以在自动布局完成后，需要进行一定的手工调整，以达到设计的要求。

② 手动布局是指设计者手工在 PCB 上进行元件的布局，包括移动、排列元件。这种布局结果一般比较合理和实用，但效率比较低，完成一块 PCB 布局的时间比较长。

所以，一般采用这两种方法相结合的方式进行 PCB 的设计。本例中，单管放大电路结构简单，元件数量少，连线简单，适合手工布局。接下来将以单管放大电路布局为例介绍手工布局的方法。

### 6.9.1　通过 Room 空间移动元件

加载网络表及元件到 PCB 文件后，元件分散在电气边界之外，这显然不能满足布局的要求，此时可以通过 Room 空间布局方式，将元件移动到规划的印制板中，然后通过手工调整的方式，将元件移动到适当的位置。

从原理图中调用元件封装和网络表后，系统自定义一个 Room 空间（本例中系统自定义的 Room 空间为"单管放大"，它是根据原理图文件名定义的），其中包含了所有载入的元件，移动 Room 空间，对应的元件也会跟着一起移动。

用鼠标左键点住"单管放大"Room空间，将Room空间移动到电气边界内，如图6-75所示，执行菜单命令【工具】→【器件布局】→【按照Room排列】，移动光标至Room空间上单击鼠标左键，元件将自动按类型整齐排列在Room空间内，单击鼠标右键结束操作，此时屏幕上会有一些画面残缺，可以执行菜单命令【察看】→【刷新】进行画面刷新，或者按键盘上【End】键进行画面刷新，Room空间布局后的PCB如图6-76所示。

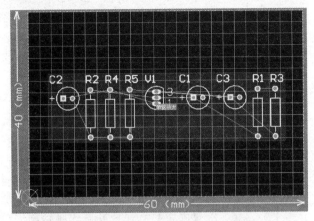

图6-75 移动Room空间到电气边界内

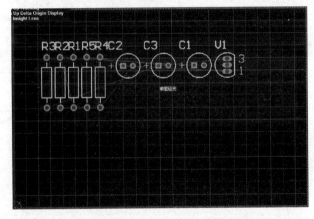

图6-76 Room空间布局后的PCB

元件布局后，图6-76中Room空间"单管放大"是多余的，用鼠标单击选中Room空间，按键盘上的【Delete】键删除Room空间。

## 6.9.2 手工布局调整

手工布局就是通过移动和旋转元件，将其移动到合适的位置，同时尽量减少元件之间网络飞线的交叉。手工布局时应严格遵循原理图的绘制结构。首先将全图最核心的元件放置到合适的位置，然后将其外围元器件按照原理图的结构放置到该核心元件的周围。通常使具有电气连接的元件引脚比较靠近，这样使布线距离短，从而使整个PCB的导线能够易于连通。

1）用鼠标移动元件

元件移动有多种方法，比较快捷的方法是直接使用鼠标进行移动，即将光标移到元件上，按住鼠标左键不放，将元件拖动到目标位置。

图 6-77 【选择元件】对话框

图 6-78 【元件标号】对话框

2）使用菜单命令移动元件

执行菜单命令【编辑】→【移动】→【器件】，光标变为"十"字形，移动光标到需要移动的元件处，单击该元件，移动光标即可将其移动到目标位置，单击鼠标左键放置该元件。

如果图比较复杂，元件数量比较多，不易查找元件，则执行该命令后，在 PCB 板上的空白处单击鼠标左键，屏幕弹出【选择元件】对话框，如图 6-77 所示，列出了 PCB 板上的元件标号清单，在其中选择要移动的元件后，单击【确定】按钮选中元件并进行移动。

3）在 PCB 中快速定位元件

在 PCB 较大时，查找元件比较困难，此时可以采用"跳转"命令进行元件定位。执行菜单命令【编辑】→【跳转】→【器件】，屏幕弹出【元件标号】对话框，如图 6-78 所示，在对话框中输入要查找的元件标号，点击【确定】按钮，光标将跳转到指定元件上。

4）旋转元件

用鼠标单击选中元件，按住鼠标左键不放，同时按下键盘上的【X】键进行水平翻转；按【Y】键进行垂直翻转；按【Space】键进行 90°旋转。元件的旋转角度可以自行设置，执行菜单命令【工具】→【优先选项】，弹出如图 6-79 所示对话框，选择【General】选项，在【其他】区域的【旋转步骤】栏中设置旋转角度。要注意的是，在 PCB 布局中要慎重使用翻转功能，

图 6-79 设置旋转角度

多余三个引脚的元件封装比如集成电路的封装，通常是不能翻转的，翻转后会导致元件安装时引脚不能匹配而不能安装。

单管放大电路的核心元件是三极管 V1，将 V1 放在图纸中间位置，然后根据原理图结构放置周围元件，元件分布尽量均匀，且相互连接的元件放在一起，旋转元件，使飞线交叉尽量少，飞线连接尽量短，初步布局后的 PCB 如图 6-80 所示。

5）元件排列

从图 6-80 可以看出，虽然元件已经初步布局好，但是还不够完美，比如 R1 和 R3 顶部相连，如果能顶部对齐，效果会更好。当然，这是可以通过直接拖动元件移动位置来实现，但对于元件数量多的 PCB 做这样的调整显然比较花时间，Altium Designer 系统提供了关于元件排列的相关命令，可以帮助用户更快、更好地完成排列工作。

执行菜单命令【编辑】→【对齐】，系统会弹出【对齐】命令菜单，如图 6-81 所示，系统还提供了排列工具栏，如图 6-82 所示。

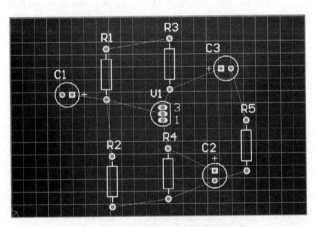

图 6-80 初步布局的单管放大电路

| | | |
|---|---|---|
| | 对齐(A)... | |
| | 定位器件文本(P)... | |
| | 左对齐(L) | Shift+Ctrl+L |
| | 右对齐(R) | Shift+Ctrl+R |
| | 向左排列（保持间距）(E) | Shift+Alt+L |
| | 向右排列（保持间距）(G) | Shift+Alt+R |
| | 水平中心对齐(C) | |
| | 水平分布(D) | Shift+Ctrl+H |
| | 增加水平间距 | |
| | 减少水平间距 | |
| | 顶对齐(I) | Shift+Ctrl+T |
| | 底对齐(B) | Shift+Ctrl+B |
| | 向上排列（保持间距）(I) | Shift+Alt+I |
| | 向下排列（保持间距）(N) | Shift+Alt+N |
| | 垂直中心对齐(V) | |
| | 垂直分布(I) | Shift+Ctrl+V |
| | 增加垂直间距 | |
| | 减少垂直间距 | |
| | 对齐到栅格上(G) | Shift+Ctrl+D |
| | 移动所有器件原点到栅格上(Q) | |

图 6-81 【对齐】命令菜单

▌ : 将选取的元件向最左侧的元件对齐；

♣ : 将选取的元件水平中心对齐；

▐ : 将选取的元件向最右侧的元件对齐；

▌▌▐ : 将选取的元件水平平铺；

▐▐ : 将选取放置的元件的水平间距扩大；

▐▐ : 将选取放置的元件的水平间距缩小；

▔ : 将选取的元件与最上边的元件对齐；

▐ : 将选取的元件按元件的垂直中心对齐；

▟ : 将选取的元件与最下边的元件对齐；

♣ : 将选取的元件垂直平铺；

▐ : 将选取放置的元件的垂直间距扩大；

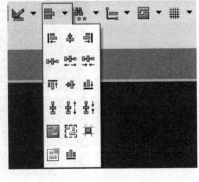

图 6-82 排列工具栏

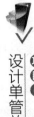

：将选取放置的元件的垂直间距缩小；

：将所选的元件在 Room 空间内部排列；

：将所选的元件在一个矩形框内部排列；

：将元件对齐到栅格上；

：将所选元件对齐。

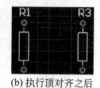

(a) 未对齐之前　　(b) 执行顶对齐之后

图 6-83　执行元件顶部对齐前后对比

按住键盘上【Shift】键，鼠标左键点击 R1 和 R3，选中 R1 和 R3，点击顶部对齐 ，R1 与 R3 靠近顶部对齐，连线变成直线，如图 6-83 所示。也可以在选中元件后，按快捷键【Shift】+【Ctrl】+【T】执行顶部对齐命令。

采用同样的方法，R1 和 R2 执行左对齐命令；R3 和 R4 执行右对齐命令；R2、R4 和 R5 执行底对齐命令。

Altium Designer 系统提供的对齐菜单命令，并不是只针对元件之间的对齐，还可用于焊盘与焊盘之间的对齐，如图 6-84 所示。电阻 R4、C2 和 R5 底端焊盘，为了使布线时遵从最短布线原则，应使三个焊盘对齐。选中这三个焊盘，执行【下对齐】命令，使三个焊盘对齐到一条直线上。同样的方法将 C1 和 C3 位置调整好。

在上述初步布局的基础上，为了使电路更加美观、经济，需要进一步优化电路布局。若电路中出现交叉线，则可以按键盘上的【Space】键，调整元件 C1 的方位以消除交叉线，如图 6-85 所示。调整好的 PCB 布局如图 6-86 所示。

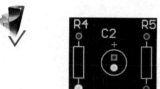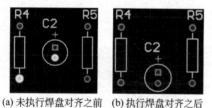

(a) 未执行焊盘对齐之前　　(b) 执行焊盘对齐之后

图 6-84　执行焊盘对齐前后对比

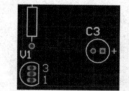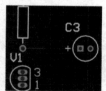

(a) 电容C3两焊盘两飞线交叉　(b) 调整后的电容C3布局

图 6-85　消除飞线交叉的前后对比

元器件布局调整后，元件标注已经放置好，注释未显示。从图 6-86 中可以看到，标注位置统一放在元件上方，而且旋转元件不会旋转标注，标注位置用户可以自行设置。

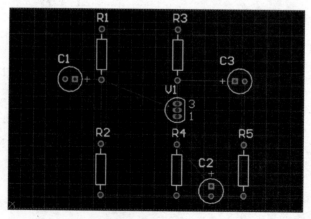

图 6-86　调整后 PCB 的布局

选中要调整的元件，执行菜单命令【编辑】→【对齐】→【定位器件文本】，系统打开【器件文本位置】对话框。在该对话框中，对元件文本（标号和说明内容）的位置进行设置，如图 6-87 所示，调整后的 PCB 如图 6-88 所示。

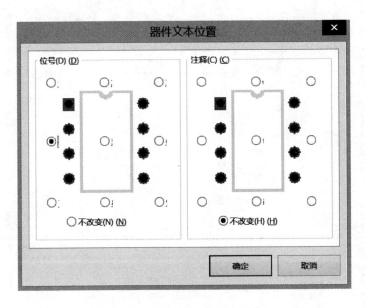

图 6-87　【器件文本位置】对话框

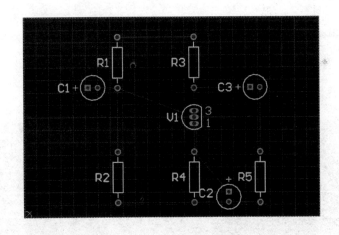

图 6-88　调整标注位置后的 PCB

统一调整后，发现有的元件标注位置不尽合理，可以直接手动调整文本位置。标注文字的调整通常采用移动和旋转的方式进行，用鼠标左键点住标注文字，按下键盘上的【X】键进行水平翻转，按【Y】键进行垂直翻转，按【Space】键进行 90°旋转，调整好方向后拖动标注文字到目标位置，放开鼠标左键即可。

修改标注尺寸可直接用鼠标双击该标注文字，在弹出的对话框中修改【高度】、【宽度】和【角度】的值，如图 6-89 所示。

元件标注文字一般要求排列整齐，文字方向一致，不能将元件的标注文字放在元件的框内，或者压在焊盘或过孔上，经过标注调整后的 PCB 布局如图 6-90 所示。

图 6-89　【标识】设置对话框

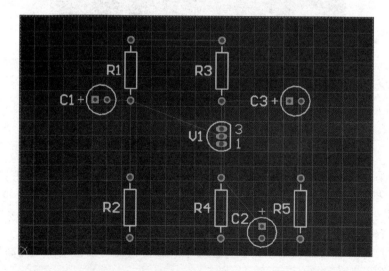

图 6-90　标注调整后的 PCB 布局

## 任务 6.10　放置焊盘及制作定位孔

放置焊盘及制作
定位孔

### 6.10.1　放置焊盘并设置网络

在图 6-90 所示的 PCB 中，还缺少连接电源的焊盘及电路输入、输出焊盘，需要手工放置，并设置与之连接的网络。

1）放置焊盘

Altium Designer 系统提供有通孔式焊盘和贴片式焊盘，外形有圆形（Round）、矩形（Rectangle）、八角形（Octagonal）和圆矩形（Rounded Rectangle）等，通孔式焊盘的基本形状如图 6-91 所示。

执行菜单命令【放置】→【焊盘】，或单击放置工具栏上放置焊盘按钮◎，进入放置焊盘状态，移动光标到合适位置后，单击鼠标左键，放下一个焊盘，此时仍处于放置状态，可继续放置焊盘，每放置一个焊盘，焊盘编号自动加 1。放置完毕，单击鼠标右键，退出放置状态。

图 6-91　通孔式焊盘的基本形状

在焊盘处于悬浮状态时，按下键盘上的【Tab】键，调出【焊盘属性】对话框，如图 6-92 所示。在对话框中主要设置孔径（通孔尺寸）、尺寸（X-size、Y-size）、形状、标识（焊盘编号）、层、网络，以及焊盘的钻孔壁是否要镀铜（镀金）等。点击【外形】选项的下拉菜单，可以设置焊盘形状。

若要设置焊盘为贴片式，则将其【层】选项设为所需的工作层即可，如顶层贴片焊盘选择 Top Layer，底层贴片焊盘则选择 Bottom Layer。用鼠标双击焊盘也可以调出【焊盘属性】对话框。用鼠标左键点住键盘，拖动鼠标可以移动焊盘。

在本例中添加 6 个通孔式焊盘，其中输入端两个，输出端两个，电源及接地端两个。添加焊盘后 PCB 如图 6-93 所示。

2）查看元件焊盘的网络

本例中，电路的输入端接 C1 的负端，故两个输入焊盘中一个与 C1 的负端相连，另一个与地相连。在图 6-93 中看不到 C1 负端的网络，此时将光标移动到 C1 负端的焊盘上，同时按下键盘上的【Shift】键＋【X】键，屏幕弹出一个对话框显示焊盘的网络信息，元件焊盘网络如图 6-94 所示，从图中可以看出 C1 负端的网络为 "NetC1_2"。

3）设置焊盘的网络

手工放置焊盘后，如图 6-92 所示，【网络】选项显示 "No Net（无网络）"。在后续交互式中，不能对独立焊盘进行交互布线，所以必须对独立焊盘进行网络设置，这样才能完成布线。设置网络的方法为在图 6-92 中【网络】选项的下拉列表中选择所需的网络即可。

焊盘网络的设置必须根据原理图进行，下面以输入端焊盘为例进行说明。电路接入端接 C1 的负端，从图 6-94 中可以得出其网络为 "NetC1_2"，故用鼠标双击要与 C1 的负端

设计单管放大电路PCB　项目6

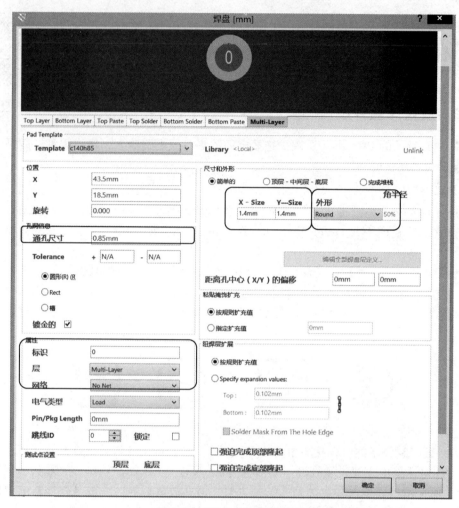

图 6-92 【焊盘属性】对话框

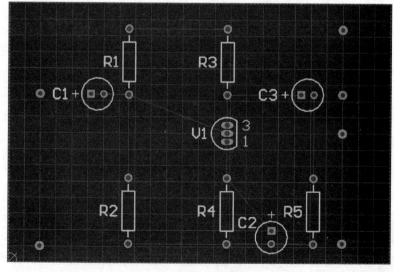

图 6-93 放置好焊盘的 PCB

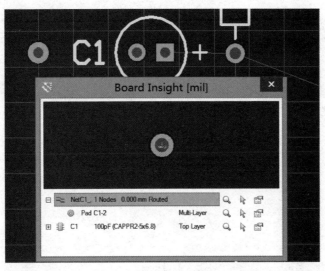

图 6-94　元件焊盘网络

相连的焊盘，在弹出的【焊盘属性】对话框中，点击【属性】区的【网络】选项后的下拉列表框，选择"NetC1_2"，单击【确定】按钮完成焊盘网络设置。

采用相同的方法设置其他独立焊盘的网络，可以发现独立焊盘与相连元件焊盘之间出现飞线连接，如图 6-95 所示。

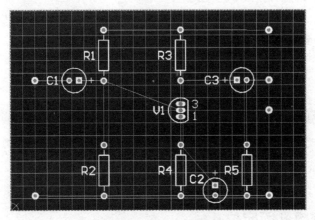

图 6-95　完成独立焊盘网络设置的 PCB

## 6.10.2　放置过孔

过孔用于连接不同层上的印制导线，过孔有 3 种类型，分别是通透式（Multi-Layer）、隐藏式（Buried）和半隐藏式（Blind）。通透式过孔导通底层和顶层，隐藏式过孔导通相邻内部层，半隐藏式过孔导通表面层与相邻的内部层。

执行菜单命令【放置】→【过孔】，或单击放置工具栏上放置过孔按钮 ，进入放置过孔状态，移动光标到合适位置后，单击鼠标左键，放下一个过孔，此时仍处于放置过孔状态，可继续放置过孔。在过孔处于悬浮状态时，按下键盘上的【Tab】键，调出图 6-96 所示的【过孔】属性对话框，可以设置孔尺寸、直径、过孔始层和末层及过孔所在网络等。本例是单面板，所以不需要使用过孔。

图 6-96　【过孔】属性对话框

### 6.10.3　制作螺钉孔等定位孔

在电路板中经常要用螺钉来固定散热片和 PCB，需要设置螺钉孔，它们与焊盘或过孔不同，一般不需要导电部分。在实际设计中，可以利用放置焊盘或者过孔的方法来制作螺钉孔。下面就以放置焊盘的方法为例，介绍螺钉孔制作的方法和步骤。

一般焊盘的里层是通孔的孔径，在孔壁上有覆铜，外层是一圈铜箔，用焊盘制作螺钉孔，主要利用焊盘的孔，而孔壁不需要覆铜。

执行菜单命令【放置】→【焊盘】，进入放置焊盘状态，按下键盘上的【Tab】键，打开【焊盘属性】对话框，选择"圆形焊盘"，并设置 X-size、Y-size 和通孔尺寸为相同值，本例中放置 3mm 的安装孔，所以数值都设为 3mm，目的是不要表层铜箔，定义螺钉孔如图 6-97 所示。

在【孔洞信息】区域中，取消【镀金的】后的复选框，目的是取消在孔壁上的铜。单击【确定】按钮，退出对话框，移动光标到印制板的一个角放置焊盘，此时放置的就是一个螺钉孔。然后继续在印制板其余三个角放置三个螺钉孔。由于螺钉孔是凭感觉放置的，

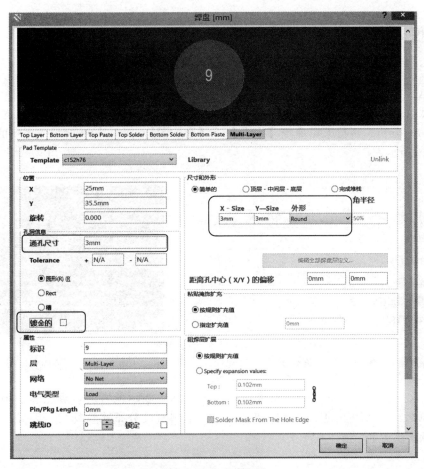

图 6-97　定义螺钉孔

而眼睛很难准确定位，所以螺钉孔位置不准确，可以通过修改螺钉孔的坐标精确确定螺钉孔位置。本例中要求螺钉孔中心离板边缘 2mm，那么四个定位孔的坐标为（2，2）、（58，2）、（58，38）及（2，38）。在【焊盘属性】对话框的【位置】区域设置 X 和 Y 的值。

放置螺钉孔后的 PCB 如图 6-98 所示。

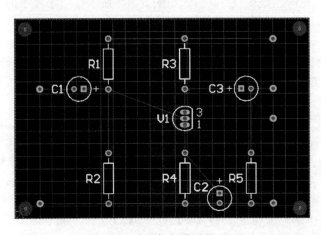

图 6-98　放置螺钉孔后的 PCB

**任务 6.11 密度分析**

由于电子元件对热比较敏感，因此当 PCB 上的某个区域元件密度过高时，会导致热能集中，降低这一区域内的电子元件的使用寿命。因此，应在元件布局结束后，对布局好的 PCB 进行密度分析。执行菜单命令【工具】→【密度图】，如图 6-99 所示。系统的密度分析图如图 6-100 所示。

| 取消布线(U) | ▶ |
| 密度图(Y) | |
| 重新标注(N)... | |
| Signal Integrity... | |
| 从 PCB 库更新(L)... | |
| FPGA信号管理器(F)... | |
| 引脚/部件 交换(W) | ▶ |

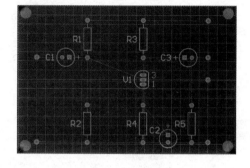

图 6-99 【密度图】菜单命令          图 6-100 系统的密度分析图

在密度分析图中，用颜色表示密度级别，其中绿色表示低密度，黄色表示中密度，而红色表示高密度。从图中的密度分析结果可知，本例密度分布比较均匀，差异不大，而且元件都是低密度分布。

 **任务 6.12 三维预览**

用户可通过 3D 图查看电路布局的密度。如图 6-101 所示，执行菜单命令【察看】→【切换到 3 维显示】，此时系统生成 3D 图，如图 6-102 所示，由于库中的元件没有 3D 模型，所以只显示 2D 图形。

3D 预览中的主要控制功能如下：

① 3D 板子快速放大或缩小。按住鼠标滚轮，然后前后拖动鼠标进行放大或缩小 3D 板子；或按住鼠标右键的同时按下【Ctrl】键，并前后拖动鼠标，也可以放大或缩小 3D 板子。

② 旋转 3D 板子。将光标移动到板子中心，按住【Shift】键，然后按住鼠标右键，并上下左右移动鼠标，则 3D 板子会沿着鼠标移动的方向旋转，如图 6-103 所示。

③ 3D 板子恢复水平放置。按键盘上的【V】键＋【0】键，3D 板子恢复水平放置。

④ 3D 板子水平翻转。同时按下键盘上的【V】键＋【B】键，3D 板子水平翻转。

⑤ 3D 板子 90°旋转。按键盘上的【V】键＋【9】键，3D 板子进行 90°旋转。

⑥ 2D/3D 显示切换。按键盘上的【V】键＋【2】键，板子从 3D 显示状态恢复到 2D 状态，按键盘上的【V】键＋【3】键则恢复 3D 显示状态。

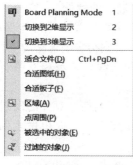

图 6-101　3D 显示命令

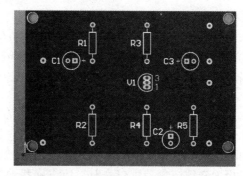

图 6-102　电路布局后的 3D 显示图

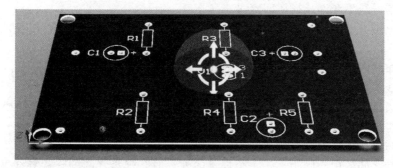

图 6-103　旋转 3D 板子

## 任务 6.13　手工布线

单管放大电路PCB
手工布线

如图 6-98 所示，布局好的 PCB 中元件之间通过网络飞线连接，而网络飞线不是实际的连线，它只是表示了哪些元件焊盘的网络是相同的，它们之间必须连接在一起。用印制导线将具有相同网络的焊盘连接在一起，就是布线。

在 PCB 设计中，布线是完成产品设计的重要步骤，也是限定最多、技巧最细、工作量最大的一个环节。PCB 布线分为单面布线、双面布线及多层布线 3 种。Altium Designer 系统为用户提供了两种布线方式：自动布线和手工布线。单管放大电路 PCB 电路结构简单，元件少，所以采用单面走线、手工布线的方式进行布线。

在 PCB 设计中有两种布线的方式，可以通过执行菜单命令【放置】→【走线】进行布线，或执行菜单命令【放置】→【Interactive Routing】进行交互式布线。前者一般用于没有加载网络的线路连接，后者用于有加载网络的线路连接。通过执行菜单命令【放置】→【走线】方式放置的印制导线，可以放置在 PCB 的信号层和非信号层上，当放置在信号层上时，就具有电气特性，称为印制导线；当放置在其他层时，代表无电气特性的绘图标识线，规划印制板尺寸就是采用这种方式放置导线的。由于本例中加载了网络表，所以采用交互式走线进行布线。

### 6.13.1　布线的基本规则

PCB 设计好坏对其抗干扰能力影响很大。因此，在进行 PCB 设计时，必须遵守 PCB

设计单管放大电路PCB

项目6

195

设计的基本原则，并应符合抗干扰设计的要求，使电路获得最佳的性能。

① 印制导线的布设应尽可能短。同一元件的各条地址线或数据线应尽可能保持一样长；当电路为高频电路或布线密集时，印制导线的拐弯应为圆角，否则会影响电路的电气特性。

② 当双面布线时，两面的导线应互相垂直、斜交或弯曲布线，避免相互平行，以减小寄生耦合。

③ PCB 尽量使用 45°折线，而不是 90°折线布线，以减小高频信号对外的发射与耦合。

④ 作为电路的输入及输出用的印制导线，应尽量避免相邻平行，以免发生回流，在这些导线之间最好加接地线。

⑤ 当板面布线疏密差别较大时，应以网状铜箔填充，网格大于 8mil（0.2mm）。

⑥ 贴片焊盘上不能有通孔，以免焊膏流失而造成元件虚焊。

⑦ 重要信号线不允许从插座间穿过。

⑧ 卧装电阻、电感（插件）、电解电容等元件的下方避免布线孔，以免波峰焊后孔与元件壳体短路。

⑨ 手工布线时，先布电源线，再布地线，且电源线应尽量在同一层面上。

⑩ 信号线不能出现回环布线，如果不得不出现环路，要尽量让环路小。

⑪ 布线通过两个焊盘之间而不与它们相连通时，应该与他们保持最大而相等的间距。

⑫ 布线与导线之间的距离也应当均匀、相等并且保持最大。

⑬ 导线与焊盘连接处的过渡要圆滑，避免出现小尖角。

⑭ 当焊盘之间的中心间距小于一个焊盘的外径时，焊盘之间的连接导线宽度可以和焊盘的直径相同；当焊盘之间的中心距大于焊盘的外径时，应减小导线的宽度；当一条导线上有 3 个以上的焊盘时，它们之间的距离应该大于两个直径的宽度。

⑮ 印制导线的公共地线应尽量布置在 PCB 的边缘部分。在 PCB 上应尽可能多地保留铜箔作为地线，这样得到的屏蔽效果比一长条地线要好，传输线特性和屏蔽作用也将得到改善，另外还起到了减小分布电容的作用。印制导线的公共地线最好能形成环路或网状，这是因为当在同一块 PCB 上有许多集成电路时，由于图形上的限制产生了接地电位差，从而引起噪声容限的降低，当做成回路时，接地电位差减小。

⑯ 为了抑制噪声能力，接地和电源的图形应尽可能与数据的流动方向平行。

⑰ 多层 PCB 可采取其中若干层做屏蔽层，电源层、地线层均可视为屏蔽层，要注意的是，一般地线层和电源层设计在多层 PCB 的内层，信号线设计在内层或外层。

⑱ 数字区与模拟区尽可能进行隔离，并且数字地与模拟地要分离，最后接于电源地。

## 6.13.2 手工布线

单击【布线】，工具栏如图 6-104 所示，点击【交互式布线】按钮 ，就可以进行布线了。

图 6-104 布线工具栏

此时，在预布线的网络的起点处放置鼠标，光标中心会出现一个八角空心符号，如图 6-105 所示。八角空心符号表示在此处点击鼠标左键就会形成有效的电气连接。单击鼠标左键即可开始布线，如图 6-106 所示。

在布线过程中按【Tab】键，弹出【Interactive Routing For Net】对话框，如图 6-107 所示。

在该对话框的左侧，可以进行导线的宽度、导线所在层、过孔的内/外直径等设置；在对话框的右侧，可以对交互式布线冲突解决方案、交互式布线选项等进行设置。

单击【编辑宽度规则】按钮，弹出【导线宽度规则设置】对话框，可以对导线宽度进行具体设置，设置最大值、最小值以及最优值，如图 6-108 所示。

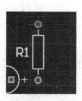

图 6-105　鼠标中心的八角空心符号　　　　图 6-106　交互式布线

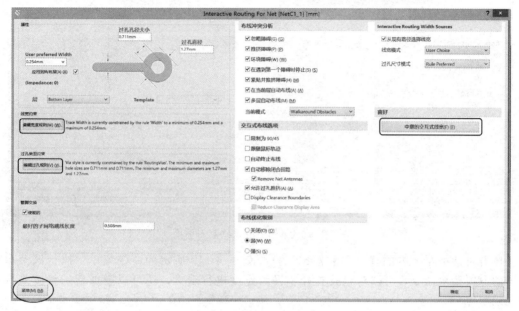

图 6-107　【Interactive Routing For Net】对话框

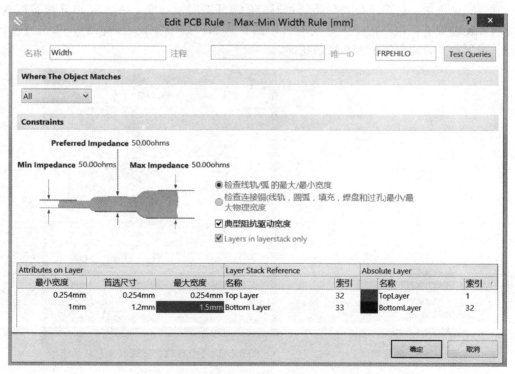

图 6-108　【导线宽度规则设置】对话框

单击【编辑过孔规则】按钮，弹出过孔规则设置对话框，可以对过孔规则进行具体设置，本例是单面板，用不到过孔，所以可以不设置，如图 6-109 所示。

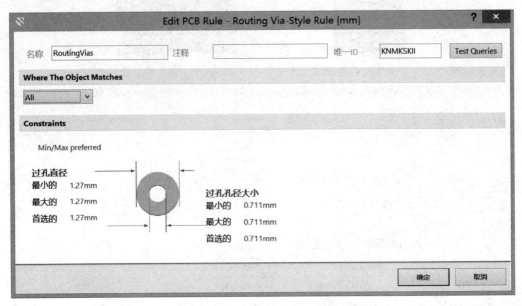

图 6-109 【编辑过孔规则】对话框

单击对话框左下方的【菜单】按钮，打开如图 6-110 所示的命令菜单。执行该菜单所列出的各项菜单命令，可以对过孔孔径、导线宽度进行定义，还可以增加新的线宽规则和过孔规则等。

单击【中意的交互式线宽】按钮，打开如图 6-111 所示的【中意的交互式线宽】对话框。在该对话框中，给出了公制和英制相对应的若干导线宽度值，在不超出导线宽度规则设定范围的前提下，用户在放置导线时可以随意选用。选中要设定的值后，单击【确定】按钮，即可将其设定为当前所布线的宽度。

| 中意的交互式线宽 | | | | |
|---|---|---|---|---|
| **英制** | | **&公制的** | | **系统单位** |
| 宽度 | 单位 | 宽度 | 单位 | 单位 |
| 5 | mil | 0.127 | mm | Imperial |
| 6 | mil | 0.152 | mm | Imperial |
| 8 | mil | 0.203 | mm | Imperial |
| 10 | mil | 0.254 | mm | Imperial |
| 12 | mil | 0.305 | mm | Imperial |
| 20 | mil | 0.508 | mm | Imperial |
| 25 | mil | 0.635 | mm | Imperial |
| 50 | mil | 1.27 | mm | Imperial |
| 100 | mil | 2.54 | mm | Imperial |
| 3.937 | mil | 0.1 | mm | Metric |
| 7.874 | mil | 0.2 | mm | Metric |
| 11.811 | mil | 0.3 | mm | Metric |
| 19.685 | mil | 0.5 | mm | Metric |
| 29.528 | mil | 0.75 | mm | Metric |
| 39.37 | mil | 1 | mm | Metric |

编辑宽度规则(W) (W)...
编辑过孔规则(V) (V)...

添加宽度规则(A) (A)...
添加过孔规则(D) (D)...

网络属性(Z)...

添加(A) (A)... 删除(D) (D)... 编辑(E) (E)... 取消

图 6-110 命令菜单　　　　图 6-111 【中意的交互式线宽】对话框

设置完成后，单击【确定】按钮确认设置。将光标移动到另一点待连接的焊盘处，单击鼠标左键，完成一次布线操作，如图 6-112 所示。

当放置好印制导线后，希望再次调整印制导线属性时，可双击放置好的印制导线，打开【印制导线编辑】对话框，如图 6-113 所示。

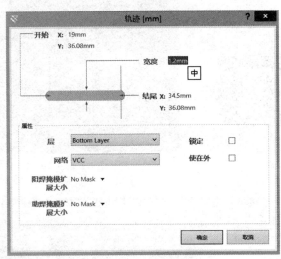

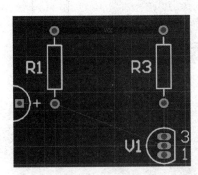

图 6-112　完成交互式布线方式连接网络　　　　图 6-113　【印制导线编辑】对话框

在该对话框中编辑印制导线的宽度、所在层、所在网络及其位置参数等。【锁定】复选框用于设置铜膜是否锁定，锁定后的连线在移动时，屏幕会弹出一个对话框提示是否确认移动。

在印制导线放置过程中，并不都是直线连接，很多时候需要转折，Altium Designer 系统提供了 5 种转折方式，分别为 45°、弧线、90°、任意角度和 1/4 圆弧角转折。在放置印制导线过程中，同时按下键盘上的【Ctrl】＋【Shift】＋【Space】键，可以切换印制导线转折方式，连线的转折方式如图 6-114 所示。

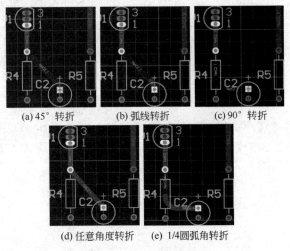

(a) 45° 转折　　　　(b) 弧线转折　　　　(c) 90° 转折

(d) 任意角度转折　　　　(e) 1/4圆弧角转折

图 6-114　连线的转折方式

按上述方式布线，即可完成 PCB 的布线。在本例中一般线宽设为 1.2mm，与三极管相连的线宽设为 1mm，由于封装尺寸原因，若线宽设为 1.2mm，则靠近焊盘太近，地线线宽设为 1.5mm。完成布线的 PCB 如图 6-115 所示。

执行菜单命令【工具】→【遗留工具】→【3D 显示】，则显示布线完成后的 PCB 3D 显示图，如图 6-116 所示。

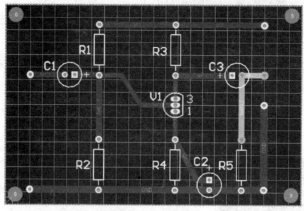

单管放大电路
PCB板3D演示

图 6-115  完成布线的 PCB

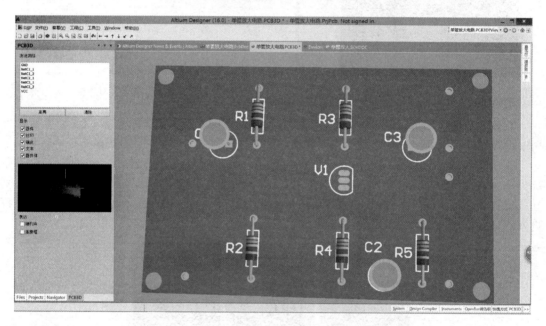

图 6-116  完成布线的 PCB 3D 显示图

图6-116(彩图)

在左侧的【预览旋转工具】区域，可以预览当前 3D 图形的方向及位置。移动光标到该区域中，单击鼠标左键，在该区域内上下左右拖动，3D 图形也会随之转动，可以看到不同方向上的 PCB 效果图。

## 项目训练

1. 简述印制板的概念和作用。
2. 印制板按导电板层划分可分为哪几种？按基板材料划分可分为哪几种？
3. 焊盘和过孔有什么区别？
4. 网络表的主要作用是什么？
5. 如何设置印制板的工作层面？
6. 如何设置单位制式？
7. 如何设置网格尺寸？

8.如何设置板层的颜色？

9.如何进行工作层间的切换？

10.印制板的电气轮廓放在哪一层？

11.印制板尺寸放在哪一层？

12.手工设计 PCB 的一般步骤是什么？适用于哪类印制板的设计？

13.印制电路板的机械轮廓在哪一层定义？

14.通孔式焊盘有哪几种形状？

15.在印制板设计中，"放置直线"和"交互式布线"有什么区别？各适合于什么场合使用？

16.在印制板设计时，如何切换印制导线的转折方式？

17.设计单面板时应如何设置板层？

18.过孔与焊盘有何区别？

19.如何从原理图载入网络表和元件？

20.如何调整连线的线宽？

21.如何改变焊盘的网络？

22.如何设定元件旋转角度？

23.如何布设圆弧形连线并改变线宽？

24.如何进行印制板规划？

25.如何使用快捷键切换各工作层？

设计单管放大电路PCB

项目 6

# 项目7

## 设计PCB元件

【知识目标】
- 了解 PCB 元件库编辑器的使用;
- 掌握利用向导设计 PCB 元件的方法和步骤;
- 掌握手工设计 PCB 元件的方法和步骤;
- 掌握库文件报表生成方法。

【能力目标】
- 会通过查阅资料或测量获得元件参数;
- 会利用向导完成 PCB 元件设计;
- 会手工设计 PCB 元件。

【素质目标】
- 培养责任意识;
- 培养严谨的工作态度;
- 培养注重细节、一丝不苟、精益求精的工匠精神。

【导　　入】

　　Altium Designer 为用户提供了丰富的封装库资源,且不断更新,用户可以去 Altium 官网下载。但在实际设计过程中可能会遇到找不到匹配的 PCB 元件的情况,这时就需要用户对元件精确测量后手动制作出来。Altium Designer 提供了便捷的创建 PCB 元件库功能,用户可以使用 PCB 器件向导制作 PCB 元件,或者采用直接手工创建的方法,也可以采用编辑已有封装的方法获得符合要求的新封装。

设计PCB元件-项目
概述

✎ 读书笔记

## 7.1.1　启动封装库编辑器

打开 Altium Designer，执行菜单命令【文件】→【New】→【Library】→
【PCB 元件库】，如图 7-1 所示，系统打开 PCB 元件库编辑界面，如图 7-2 所示。界面左侧
自动打开【PCB Library】标签，【元件】栏显示 PCBCOMPONENT _ 1，右侧是工作区。

单击【Project】标签，可以看到新建了一个 PCB 元件库 PcbLib1.PcbLib，它不属于任
何一个工程，在 Free Document 中，如图 7-3 所示。创建好的 PCB 元件库可以根据需要追

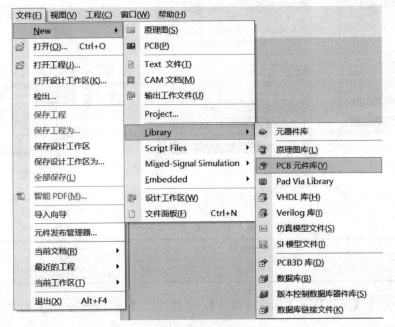

图 7-1　菜单命令

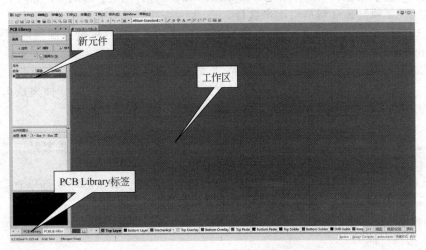

图 7-2　PCB 元件库编辑界面

加到任意一个工程中。鼠标点击 PCB 元件 PcbLib1.PcbLib，点击鼠标右键，将 PCB 元件库保存为 MyPcbLib1.PcbLib，如图 7-4 所示。

接下来就可以创建 PCB 元件了。通常可以采用三种方法创建 PCB 元件：利用 PCB 器件向导创建、手工创建、采用编辑已有封装创建。用户可以根据自己的实际情况选择创建方法。

发光二极管PCB
元件设计

## 7.1.2 新建发光二极管 PCB 元件

Altium Designer 系统为用户提供了一种简便、快捷的 PCB 元件制作方法，就是使用 PCB 器件向导。用户只需要按照向导给出的提示，逐步输入 PCB 元件的尺寸参数，即可完成 PCB 元件的制作。

下面我们将以创建一个发光二极管封装 LED 为例，介绍利用 PCB 向导创建 PCB 元件的方法。封装 LED 如图 7-5 所示，具体参数如表 7-1 所示。

图 7-3　新建 PCB 元件库

图 7-4　重命名 PCB 元件库

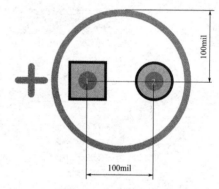

图 7-5　LED 封装形式

表 7-1　LED 封装参数

| 名称 | 轮廓线宽 | 焊盘间距 | 外轮廓半径 | 焊盘外径 | 焊盘孔径 |
|---|---|---|---|---|---|
| 参数 | 10mil | 100mil | 100mil | 50mil | 28mil |

执行菜单命令【工具】→【元器件向导】，系统弹出【PCB 器件向导】对话框，如图 7-6 所示。

单击【下一步】按钮，系统弹出【Component Wizard-器件图案】对话框，如图 7-7 所示。

系统提供 12 种封装模型可供用户选择。

① Ball Grid Arrays（BGA）：球形栅格列阵封装，是一种高密度、高性能的封装形式。

② Capacitors：电容型封装，可以选择直插式或贴片式封装。

③ Diodes：二极管封装，可以选择直插式或贴片式封装。

④ Dual In-line Packages（DIP）：双列直插式封装，是最常见的一种集成电路封装形式，其引脚分布在芯片两侧。

⑤ Edge Connectors：边缘连接的接插件封装。

⑥ Leadless Chip Carriers（LCC）：无引线芯片载体型封装，其引脚紧贴于芯片体，在芯片底部向内弯曲。

⑦ Pin Grid Arrays（PGA）：引脚栅格列阵式封装，其引脚从芯片底部垂直引出，整齐地分布在芯片四周。

⑧ Quad Packs（QUAD）：方阵贴片式封装，与 LCC 封装相似，但其引脚是向外伸展的，而不是向内弯曲的。

⑨ Resistors：电阻封装，可以选择直插式或贴片式封装。

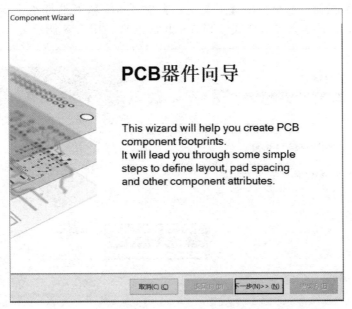

图 7-6 【PCB 器件向导】对话框

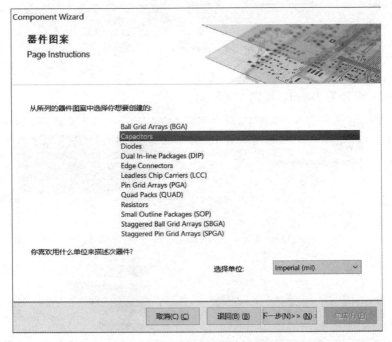

图 7-7 【Component Wizard-器件图案】对话框

⑩ Small Outline Packages（SOP）：是与 DIP 封装相对应的小型表贴式封装，体积较小。

⑪ Staggered Ball Grid Arrays（SBGA）：错列的 BGA 封装形式。

⑫ Staggered Pin Grid Arrays（SPGA）：错列引脚栅格阵列封装，与 PGA 封装相似，只是引脚错开排列。

在本任务中，要创建的发光二极管的封装为圆形，与电容封装类似，所以选择"Capacitors"模型。此外，由于给出的参数均是英制制式，所以【选择单位】栏中选择"Imperial（mil）"。

单击【Next】按钮，系统弹出【工艺选择】对话框。该对话框给出了两种工艺选择，即直插式和贴片式。这里选择直插式（Through Hole），如图 7-8 所示。

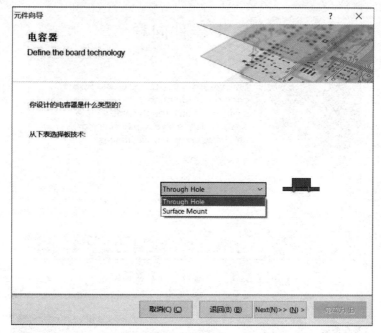

图 7-8　选择电容工艺

选择好后，单击【Next】按钮，进入【焊盘尺寸设置】对话框，根据提供参数设置焊盘外径为 50mil，内径为 28mil，如图 7-9 所示。

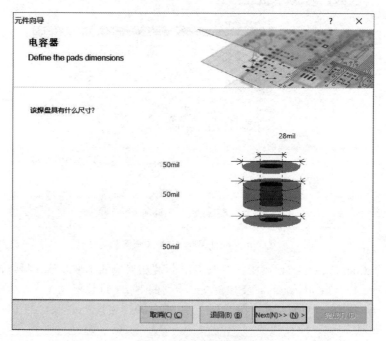

图 7-9　焊盘尺寸设置

单击【Next】按钮，进入【焊盘间距设置】对话框，根据提供参数设置两个焊盘间距为 100mil，如图 7-10 所示。

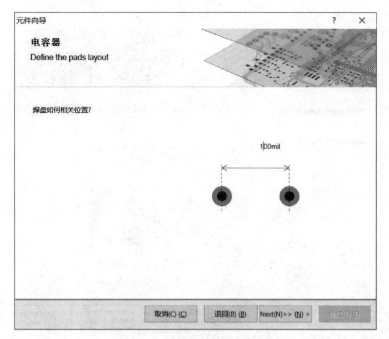

图 7-10　焊盘间距设置

单击【Next】按钮，进入【电容外形定义】对话框，选择电容的极性为"Polarised（有极性的）"，选择电容的装配类型为"Radial（圆形的）"，如图 7-11 所示。

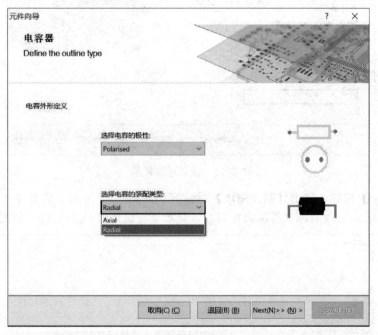

图 7-11　定义电容外形

单击【Next】按钮，进入外轮廓半径和轮廓线宽的设置，设置外轮廓半径为 100mil，轮廓线宽为 10mil，如图 7-12 所示。

单击【Next】按钮，进入封装名称的设定，如图 7-13 所示。在文本编辑栏内输入封装的名称，此处将新建的封装命名为"LED"。

设计PCB元件　项目7

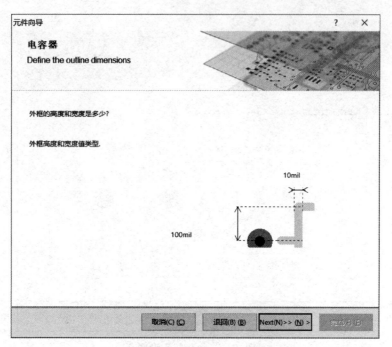

图 7-12  设置外轮廓半径和轮廓线宽

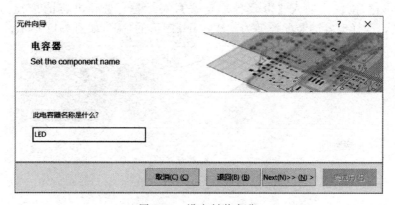

图 7-13  设定封装名称

单击【Next】按钮，弹出【制作完成】对话框，如图 7-14 所示。单击【完成】按钮，退出 PCB 器件向导。在 PCB 库文件编辑窗口内，显示了所制作的 PCB 元件，如图 7-15 所示。

图 7-14  完成封装制作

将其与欲创建的 PCB 元件对照，发现还有两处需要调整：指示正极性的"＋"号放到引脚 1 外面；将引脚 1 的焊盘设为正方形，以区别正负极。

用鼠标拉出一个矩形框，选中"＋"，然后将其移动到引脚 1 附近放置好，鼠标在空白处单击左键，解除选中状态。放置"＋"号的 LED 封装如图 7-16 所示。

鼠标在焊盘 1 上双击，打开焊盘属性设置对话框，在【尺寸与外形】栏中，选择【外形】为"Rectangular"，如图 7-17 所示，设置后的封装如图 7-18 所示。

图7-15（彩图）

图7-16（彩图）

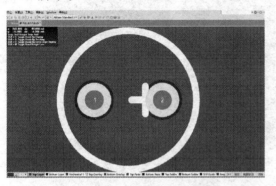

图 7-15　制作完成的 LED 封装

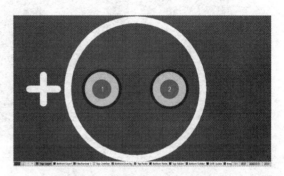

图 7-16　调整好极性标识的封装

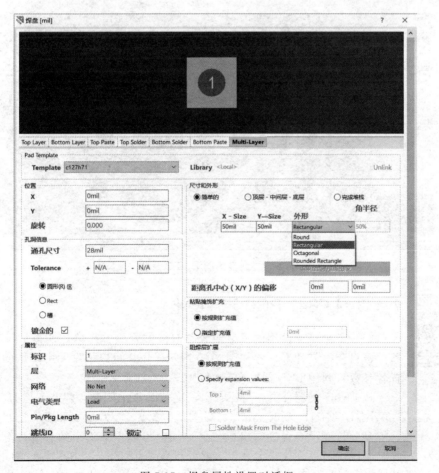

图 7-17　焊盘属性设置对话框

设置好之后，执行菜单命令【文件】→【保存】，将制作好的封装 LED 保存。此时，在 MyPcbLib1.PcbLib 中就多了一个封装元件，如图 7-19 所示。

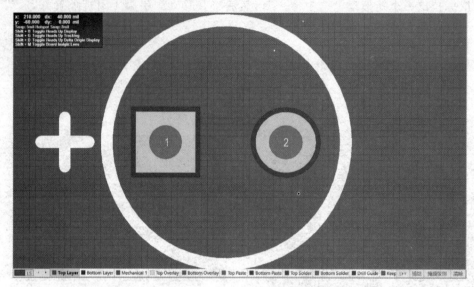

图 7-18　设置好的封装

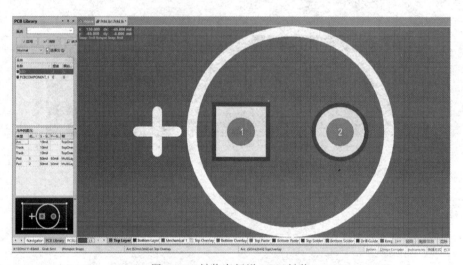

图 7-19　封装库新增 LED 封装

LF347 封装元件设计

## 7.1.3　LF347 PCB 元件设计

LF347 是一种常用的场效应管与双极型管兼容的单片四运放，通过搜索器件资料获得其外形尺寸如图 7-20 所示。用户可以根据图中给出的尺寸，设置各参数，利用 PCB 器件向导创建 LF347 的封装。

从 LF347 的器件资料可以看出，它采用 SOP 封装，封装名称为 SO-8。焊盘宽度为"B"，最小值（MIN）为 0.35mm，最大值（MAX）为 0.49mm，此处设置焊盘宽度为 0.5mm。焊盘的长度没有直接给出数值，但用户可以根据给出的参数计算得出，焊盘的长度为"（H−E）/2"并留有一定余量，此处设置为 1.25mm。相邻焊盘间距为 e，即 1.27mm，一般相邻焊盘间距要准确，所以不能随意取值。两列焊盘的中心间距为"E+1/2

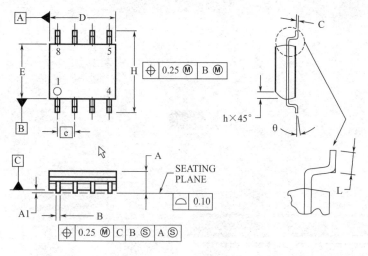

D SUFFIX
PLASTIC PACKAGE
CASE 751–05
(SO–8)
ISSUE R

NOTES:
1. DIMENSIONING AND TOLERANCING PER ASME Y14.5M, 1994.
2. DIMENSIONS ARE IN MILLIMETERS.
3. DIMENSION D AND E DO NOT INCLUDE MOLD PROTRUSION.
4. MAXIMUM MOLD PROTRUSION 0.15 PER SIDE.
5. DIMENSION B DOES NOT INCLUDE MOLD PROTRUSION. ALLOWABLE DAMBAR PROTRUSION SHALL BE 0.127 TOTAL IN EXCESS OF THE B DIMENSION AT MAXIMUM MATERIAL CONDITION.

| DIM | MILLIMETERS | |
| | MIN | MAX |
| --- | --- | --- |
| A | 1.35 | 1.75 |
| A1 | 0.10 | 0.25 |
| B | 0.35 | 0.49 |
| C | 0.18 | 0.25 |
| D | 4.80 | 5.00 |
| E | 3.80 | 4.00 |
| e | 1.27 BSC | |
| H | 5.80 | 6.20 |
| h | 0.52 | 0.50 |
| L | 0.40 | 1.25 |
| θ | 0° | 7° |

图 7-20　LF347 封装尺寸图

焊盘长度"，此处取 $5.25$mm。焊盘个数为 8。从器件资料获取这些关键信息后，用户就可以开始创建 PCB 元件了。

执行菜单命令【工具】→【元器件向导】，系统弹出【元器件向导】对话框，单击【下一步】打开【Component Wizard-器件图案】对话框，选择封装模型为"Small Outline Packages（SOP）"，【选择单位】为"Metric"，如图 7-21 所示。

图 7-21　【Component Wizard-器件图案】对话框

单击【下一步】按钮，打开【定义焊盘尺寸】对话框，设置焊盘宽度为 $0.5$mm，长度

设计 PCB 元件

项目 7

211

为 1.25mm，如图 7-22 所示。

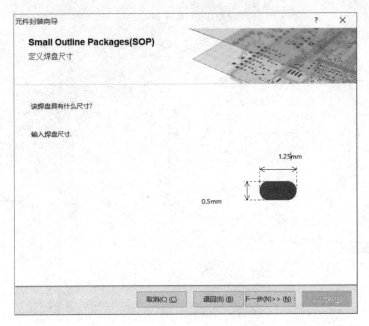

图 7-22 【定义焊盘尺寸】对话框

单击【下一步】按钮，打开【定义焊盘布局】对话框，设置相邻焊盘间距为 1.27mm，两列焊盘中心间距为 5.25mm，如图 7-23 所示。

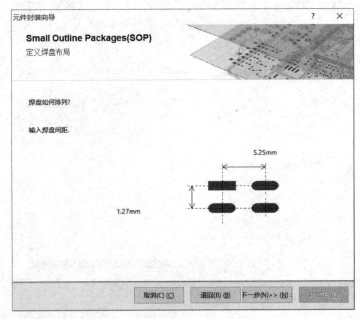

图 7-23 【定义焊盘布局】对话框

单击【下一步】按钮，打开【定义外框宽度】对话框，设置外框宽度为默认值 0.2mm，如图 7-24 所示。

单击【下一步】按钮，打开【设定焊盘数量】对话框，设置焊盘数量为 8，如图 7-25 所示。

单击【下一步】按钮，打开【设定封装名称】对话框，设定封装名称为 SO-8，如图 7-26 所示。

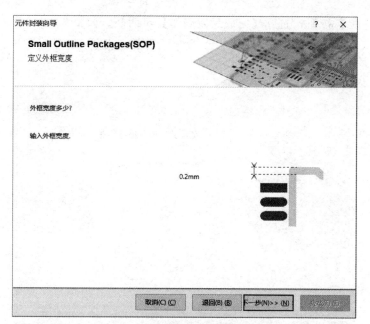

图 7-24 【定义外框宽度】对话框

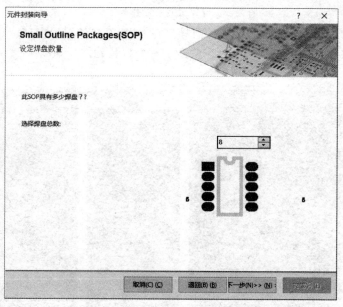

图 7-25 【设定焊盘数量】对话框

图 7-26 【设定封装名称】对话框

单击【下一步】按钮，打开【完成封装制作】对话框，如图 7-27 所示。

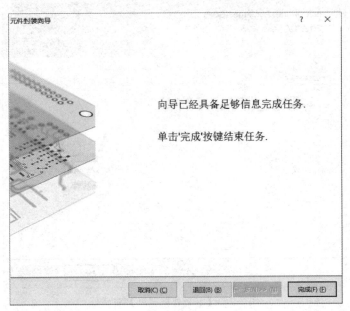

向导已经具备足够信息完成任务.

单击'完成'按键结束任务.

图 7-27 【完成封装制作】对话框

单击【完成】按钮，退出 PCB 器件向导。在 PCB 库文件编辑窗口，显示了所制作的封装 SO-8，同时在 MyPcbLib1.PcbLib 中就多了一个封装元件，如图 7-28 所示。

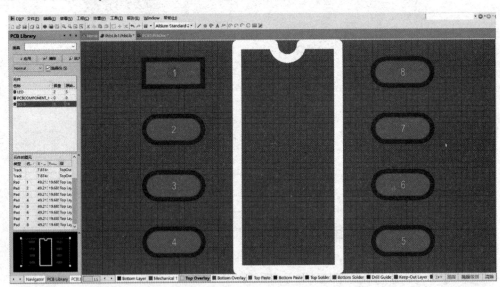

图 7-28 制作完成的封装

 **任务 7.2 手工制作 PCB 元件**

TO-220 PCB元件
设计

使用 PCB 器件向导可以完成多数常用标准 PCB 元件的设计，但有时会遇到一些特殊的、非标准的元件，无法使用 PCB 器件向导进行设计，此时就需要手工进行设计了。手工制作 PCB 元件的一般步骤如下。

第一步：设置库文件编辑环境参数；

第二步：绘制元件外形轮廓；

第三步：放置焊盘；

第四步：设置 PCB 元件的参考点。

此处，以三端稳压电源 L7815CV 的封装 TO-220 为例，介绍手工制作 PCB 元件的方法。在制作 PCB 元件前，必须获得 PCB 元件信息，确定具体参数才能进行 PCB 元件的制作。获得 PCB 元件信息的方法通常有两种：一是查阅器件手册，获取封装信息；二是采用精密测量仪器如游标卡尺，自己测量。第一种方法在利用向导创建 PCB 元件已经用过，本例采用自己测量的方法获得三端稳压器封装信息。经测量和前期处理，期望设计的封装以及尺寸如图 7-29 所示。焊盘属性如表 7-2 所示，线属性如表 7-3 所示。

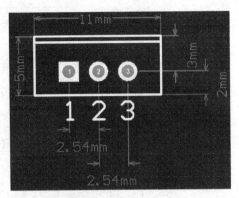

图 7-29　TO-220 封装及尺寸

表 7-2　焊盘属性

| 焊盘序号 | 焊盘板层 | 焊盘孔径 | 焊孔形状 | 焊盘尺寸 | 焊盘形状 | 间距 |
|---|---|---|---|---|---|---|
| 1 | Multi-Layer | 1.1mm | 圆形 | 1.7mm×1.7mm | Rectangular | 2.54mm |
| 2 | Multi-Layer | 1.1mm | 圆形 | 1.7mm×1.7mm | Round | 2.54mm |
| 3 | Multi-Layer | 1.1mm | 圆形 | 1.7mm×1.7mm | Round | 2.54mm |

表 7-3　线属性

| 线段线宽 | 线段板层 | 外框范围-宽 | 外框范围-上高 | 外框范围-下高 | 方向指示线 |
|---|---|---|---|---|---|
| 0.2mm | Top Overlay | 11mm | 3mm | 2mm | 上方 |

得到封装参数后，就可以进行 PCB 元件设计了。使用 PCB 器件向导进行新元件设计时，通常不需要事先进行参数设置，而在手工制作一个 PCB 元件时，最好事先进行板面和系统参数设置，然后再进行新 PCB 元件的设计。

1）创建新元件

打开已创建的库文件 MyPcbLib1.PcbLib，可以看到在【PCB Library】面板的 PCB 元件栏中，已经有一个空白的封装"PCBCOMPONENT_1"，双击该封装名，系统弹出【库元件参数】对话框，如图 7-30 所示，在【名称】栏填入"TO-220"，然后按【确定】键，就可以在编辑窗口内创建所需的 PCB 元件了。

2）设置环境参数

执行菜单命令【工具】→【器件库选项】，打开【板选项】对话框，设置相应的工作参数，如图 7-31 所示。

首先，测量出来的封装参数采用的是公制，所以在【板选项】对话框中，【度量单位】一栏中设置【单位】为"Metric"。然后为了方便封装的制作，一般需要对栅格做进一步的设置。单击【栅格】按钮，然后双击【Global Board Snap】，打开【Cartesian Grid Editor】对话框，将步进 X 值和步进 Y 值都设成 0.025mm，如图 7-32 所示。完成上述设置后，单

设计PCB元件

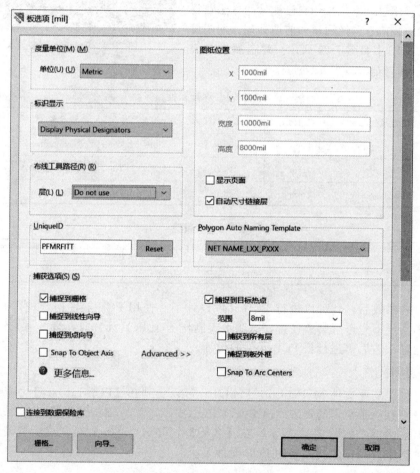

图 7-30　【库元件参数】对话框

图 7-31　【板选项】对话框

击【适用】按钮，然后单击【确定】按钮，退出【Cartesian Grid Editor】对话框，再次单击【确定】按钮，退出【板选项】对话框。

　　3）绘制元件外形轮廓

　　单击板层标签中的"Top Overlay"或者按键盘上的【 * 】，将顶层丝印层设置为当前层。执行菜单命令【编辑】→【设置参考】→【定位】，如图 7-33 所示。

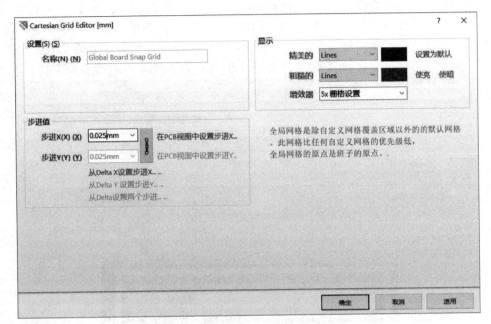

图 7-32 【Cartesian Grid Editor】对话框

设置 PCB 库文件编辑环境的原点。设置好的参考原点，如图 7-34 所示。

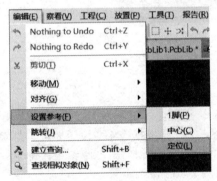

图 7-33 菜单命令【定位】

图 7-34 设置编辑环境的参考原点

通过元件测量数据，PCB 元件外形轮廓为一个矩形，将矩形的一个顶点设在参考原点，则可以确定其余点的坐标，具体如图 7-35 所示。

点击 PCB【库配线】工具栏中的图标 ✏，在参考原点点击鼠标左键，确定线段一个端点，然后拖动鼠标，可以看到拖出一条黄色的线，如图 7-36 所示。

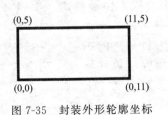

图 7-35 封装外形轮廓坐标

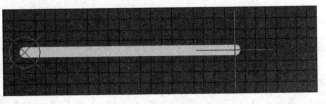

图 7-36 绘制直线段

在直线处于放置状态时，按键盘上的【J】键，系统弹出如图 7-37 所示的菜单，单击

【新位置】，打开跳转位置设置对话框，设置跳转点坐标为（11，0），如图 7-38 所示。点击【确定】按钮，鼠标跳转到坐标（11，0），固定鼠标不动，然后单击鼠标左键确定线段末端点，继续往上移动，利用同样的方法绘制线段，最终完成封装外形轮廓的绘制，如图 7-39 所示。要强调的是，在使用【J】键实现跳转功能时，要求设置输入法为英文状态下才行，否则功能不能实现。

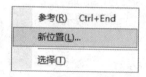

图 7-37 菜单

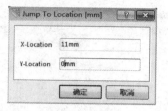

图 7-38 跳转位置设置对话框

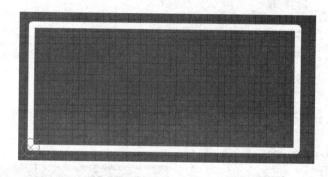

图 7-39 绘制好的封装外形轮廓

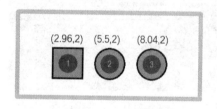

图 7-40 焊盘坐标图

### 4）放置焊盘

放置焊盘操作主要是焊盘属性设置和定位两个方面。焊盘属性设置只要根据表 7-2 设置即可。焊盘定位采用坐标法实现，根据 PCB 元件参数，确定焊盘坐标，具体如图 7-40 所示。

点击 PCB【库配线】工具栏中的图标 ⊙，此时有一个焊盘处于悬浮状态，跟随鼠标移动，按下键盘上的【Tab】键，打开焊盘属性设置对话框，根据焊盘属性表里的参数进行设置，如图 7-41 所示。在【尺寸与外形】栏设置 X-Size 为 1.7mm、Y-Size 为 1.7mm，外形为圆形。在【孔洞信息】栏设置通孔尺寸为 1.1mm。在【属性】栏设置标识为 2，【位置】栏暂时不设置 X 和 Y 坐标，因为移动鼠标后坐标会随之改变，所以要放下焊盘后再打开修改坐标。设置完成后，单击【确定】按钮，在绘制好的边框里单击鼠标左键放置第一个焊盘，放好第一个焊盘后在合适位置点击鼠标左键，放置第二个焊盘和第三个焊盘。双击后放置焊盘，打开【焊盘属性】对话框，可以发现第二个焊盘的参数与之前第一个设置的相同。不同的是位置参数和标识。逐一双击打开每个焊盘修改位置参数和标识，其中焊盘 1 在【尺寸与外形】栏设置【外形】为 "Rectangular"，【位置】设 X 为 2.96mm，Y 为 2mm；【属性】栏设置【标识】为 1；焊盘 2【位置】设 X 为 5.5mm，Y 为 2mm；【属性】栏设置【标识】为 2；焊盘 3【位置】设 X 为 8.04mm，Y 为 2mm；【属性】栏设置【标识】为 3。放置好焊盘的 PCB 封装形式如图 7-42 所示。

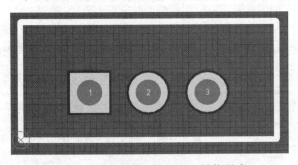

图 7-41 焊盘属性设置对话框

图 7-42 放置好焊盘的 PCB 封装形式

5）画标识线

TO-220 封装还要画一条标识线指示顶端。因为只是指示功能，不涉及尺寸，所以不需要很严格。只要在创建好的封装上部画一条指示线即可。画好标识线的封装如图 7-43 所示。

图7-43（彩图）

图 7-43　画好标识线的封装形式

6）设置参考点

从图 7-43 可以看出，封装 TO-220 的参考点在外形轮廓的左下角，这是为了创建封装的便利，将参考点定义在外形轮廓的一个顶点，而在实际使用中，PCB 元件的参考点一般定义在 1 引脚或者中间位置。执行菜单命令【编辑】→【设置参考】→【中心】，参考原点显示在引脚 2，即 PCB 元件的中心位置，如图 7-44 所示。

单击菜单命令【保存】，完成封装 TO-220 的创建。

图 7-44　设置参考点到 PCB 元件中心

 **任务 7.3　采用编辑方式制作 PCB 元件**

采用编辑方式设计双色发光二极管PCB元件

双色发光二极管的实物图如图 7-45 所示，其原理图元件符号如图 7-46 所示，封装尺寸图如图 7-47 所示。

从发光二极管的实物来看，其封装也是由一个矩形和三个焊盘构成的，与刚创建好的 TO-220 封装类似，只是尺寸不同，因此就不需要从头新建，而是可以通过编辑 TO-220 封装的方式来完成制作。

1）前期准备工作

首先根据双色发光二极管的实物和尺寸，确定待创建的双色发光二极管封装尺寸如图 7-48 所示。根据封装尺寸信息得出其坐标信息如图 7-49 所示。

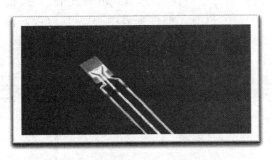

图 7-45  双色发光二极管实物

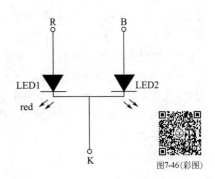

图 7-46  双色发光二极管原理图元件

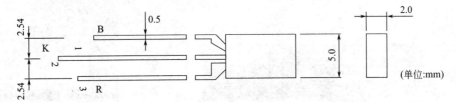

图 7-47  双色发光二极管封装尺寸图

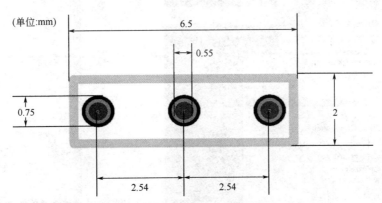

图 7-48  待创建的双色发光二极管封装尺寸图

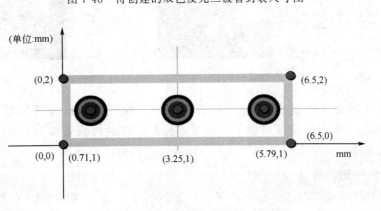

图 7-49  双色发光二极管封装坐标图

2）复制已有 PCB 元件

准备工作做好后就可以着手封装的创建了。执行菜单命令【文件】→【打开】，在弹出的

【Choose Document to Open】对话框中，选中 TO-220 所在的封装库 MyPcbLib1.PcbLib 存放路径，单击【打开】按钮，打开该 PCB 库文件。在 PCB 元器件列表中查找 TO-220，将光标放置到元器件列表窗口中的 TO-220 上，单击鼠标右键，弹出如图 7-50 所示的右键菜单。

在弹出的菜单中选择【复制】命令后，在要新建封装的 PCB 库文件元器件列表窗口内单击鼠标右键，在弹出的菜单中选择【粘贴】命令，此时在 MyPcbLib1.PcbLib 元器件列表窗口出现 TO-220-DUPLICATE 元件，如图 7-51 所示。这是因为两个 PCB 元件建在同一个库文件中的缘故，如果不是建在同一个库文件，则会发现在待建的库中新增一个 PCB 元件 TO-220。

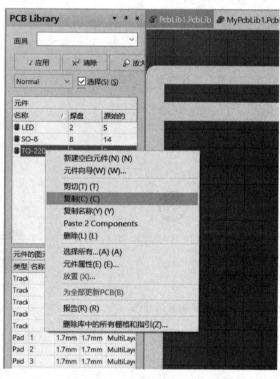

图 7-50　PCB 库的右键菜单

图 7-51　复制 PCB 元件

单击元器件列表窗中的 TO-220-DUPLICATE，执行菜单命令【工具】→【元件属性】，打开【库元件参数】设置对话框，在【名称】栏设置封装名称为 LED_D，此处也可以通过双击元器件列表窗中的 TO-220-DUPLICATE 实现名称修改。

3）修改获得新元件外形轮廓

接下来就可以修改 TO-220 的封装了。首先执行菜单命令【编辑】→【设置参考】→【定位】，移动光标到外形轮廓的左下角，点击鼠标左键，确定参考原点位置，如图 7-52 所示。单击选中线段①，按键盘上的【Delete】键，删除线段①。

双击线段②，打开线段属性设置对话框，设置线段的起止端点，如图 7-53 所示。开始于（0,0），结束于（6.5,0）。双击线段③，打开线段属性设置对话框，设置线段的起止端点，如图7-54所示。开始于（6.5,0），结束于（6.5,2）。双击线段④，打开线段属性设置对话框，设置线段的起止端点，如图7-55所示。开始于（0,2），结束于（6.5,2）。双击线段⑤，打开线段属性设置对话框，设置线段的起止端点，如图7-56所示。开始于（0,2），结束于（0,0）。修改完成后的封装外形边框如图7-57所示。

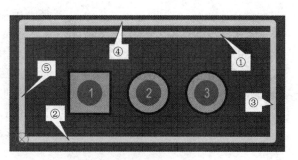

图7-52　设定参考点到位置

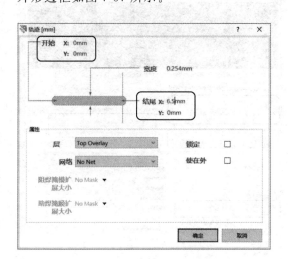

图7-53　修改线段②的属性

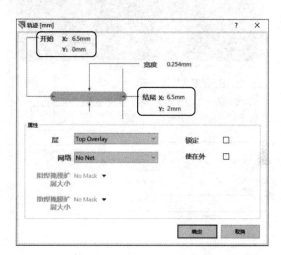

图7-54　修改线段③的属性

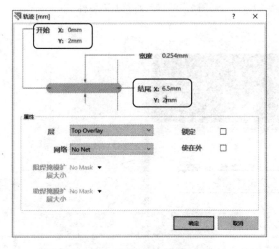

图7-55　修改线段④的属性

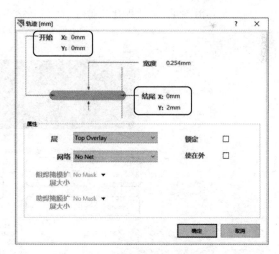

图7-56　修改线段⑤的属性

4）修改焊盘

双击焊盘1，打开焊盘属性设置对话框，设置焊盘属性，如图7-58所示。焊盘外径：X-Size为0.75mm、Y-Size为0.75mm；外形为Round；位置X为0.71mm、Y为1mm；孔径为0.55mm；标识为B。

双击焊盘2，打开焊盘属性设置对话框，设置焊盘属性，如图7-59所示。焊盘外

设计PCB元件　项目7

图 7-57 修改后的外形边框

径、内径，以及外形与焊盘 1 相同，位置 X 为 3.25mm、Y 为 1mm，标识为 K。

双击焊盘 3，打开【焊盘】设置对话框，设置焊盘属性，如图 7-60 所示。焊盘外径、内径，以及外形与焊盘 1 相同，位置 X 为 5.79mm、Y 为 1mm，标识为 R。

修改好焊盘的 PCB 元件如图 7-61 所示。

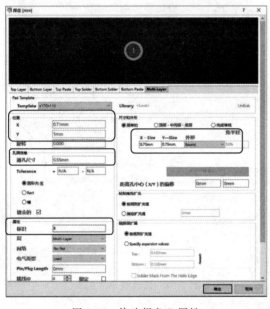

图 7-58 修改焊盘 B 属性

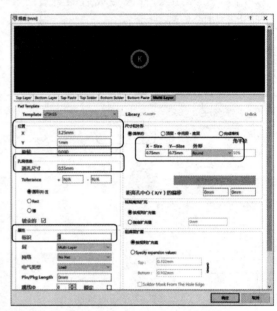

图 7-59 修改焊盘 K 属性

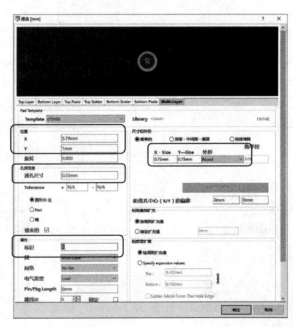

图 7-60 修改焊盘 R 属性

图 7-61　修改好焊盘的 PCB 元件　　　　　　　　图 7-62　设置参考点到中心

5）设置参考点

执行菜单命令【编辑】→【设置参考】→【中心】，参考原点显示在引脚 K，即 PCB 元件的中心位置，如图 7-62 所示。执行【保存】命令，将创建的 PCB 元件保存到库文件中，如图 7-63 所示。

图7-63（彩图）

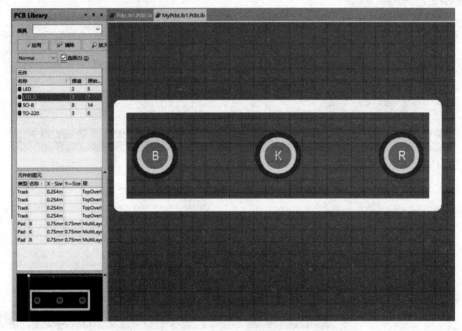

图 7-63　创建的 PCB 元件保存到库文件

## 任务 7.4　生成库文件的报表

元件规则检查及
报表生成

1）元件规则检查

PCB 元件创建完成后，用户可以通过运行元件规则检查，帮助检查 PCB 元件创建的正确性，也可以根据元件检查报告发现存在的问题，及时进行修改。

执行菜单命令【报告】→【元件规则检查】，如图 7-64 所示，系统弹出【元件规则检查】对话框，如图 7-65 所示。在【元件规则检查】对话框中，可以选择要检查的项，如丢失的焊盘、短接铜、非连接的铜等，勾选检查的项目，然后单击【确定】。系统弹出整个封装库文件的检查错误报告，如图 7-66 所示。如果没有错误则报告是空的，若有错误则会列出出错元件以及出错原因。

2）生成库列表

执行菜单命令【报告】→【库列表】，如图7-67所示，系统生成库文件列表，如图7-68所示，报告显示库中元件数目以及所有元件名称。

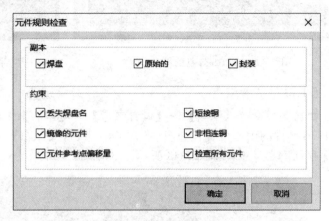

图7-64　【元件规则检查】菜单命令　　　　　　图7-65　【元件规则检查】对话框

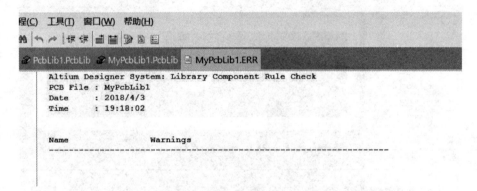

图7-66　封装库文件错误报告

图7-67　【库列表】菜单命令　　　　　　　　　　图7-68　库列表报告

3）生成库报告

执行菜单命令【报告】→【库报告】，如图7-69所示，系统弹出【库报告设置】对话框，如图7-70所示，在对话框中可以设置输出报告名称以及保存路径。设置好后，单击【确定】按钮，系统生成封装库报告，如图7-71所示，报告详细列出库中所有PCB元件形式以及相关参数。

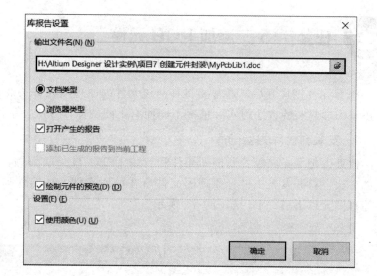

图 7-70 【库报告设置】对话框

图 7-69 【库报告】菜单命令

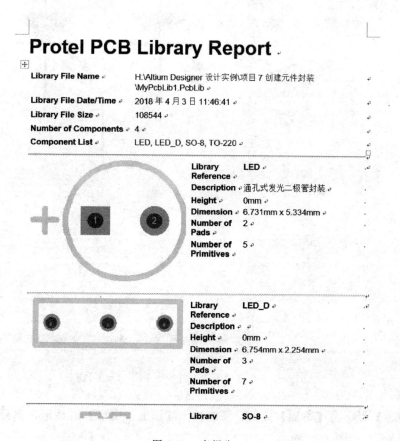

# Protel PCB Library Report

| | |
|---|---|
| Library File Name | H:\Altium Designer 设计实例\项目7 创建元件封装\MyPcbLib1.PcbLib |
| Library File Date/Time | 2018 年 4 月 3 日 11:46:41 |
| Library File Size | 108544 |
| Number of Components | 4 |
| Component List | LED, LED_D, SO-8, TO-220 |

| | |
|---|---|
| Library Reference | LED |
| Description | 通孔式发光二极管封装 |
| Height | 0mm |
| Dimension | 6.731mm x 5.334mm |
| Number of Pads | 2 |
| Number of Primitives | 5 |

| | |
|---|---|
| Library Reference | LED_D |
| Description | |
| Height | 0mm |
| Dimension | 6.754mm x 2.254mm |
| Number of Pads | 3 |
| Number of Primitives | 7 |

| | |
|---|---|
| Library | SO-8 |

图 7-71 库报告

## 任务 7.5　添加 PCB 元件

PCB 元件创建好后，通常要将其与该元件的原理图元件关联起来才能够使用。添加封装的方法因实际情况不同而有不同的操作方法，下面具体进行介绍。

1）安装封装库为当前库

此处以把发光二极管原理图元件和封装 LED_D 关联为例，介绍给原理图元件添加封装的方法。打开发光二极管原理图元件所在的库文件，在器件列表栏找到双色发光二极管的原理图元件 LED_D，如图 7-72 所示。

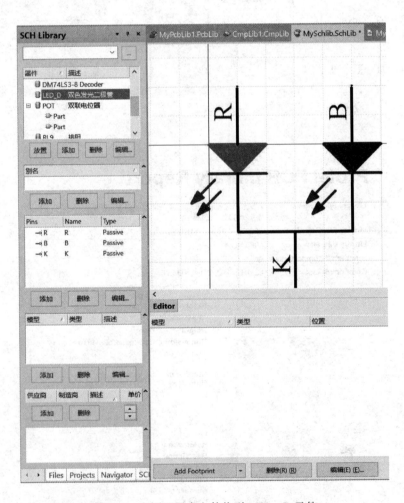

图 7-72　在原理图库文件找到 LED_D 元件

在【模型】栏单击【添加】按钮，系统弹出【添加新模型】对话框，选择【模型种类】为 "Footprint"，如图 7-73 所示。

单击【确定】按钮，系统弹出【PCB 模型】对话框，如图 7-74 所示。

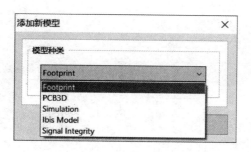

图 7-73 【添加新模型】对话框

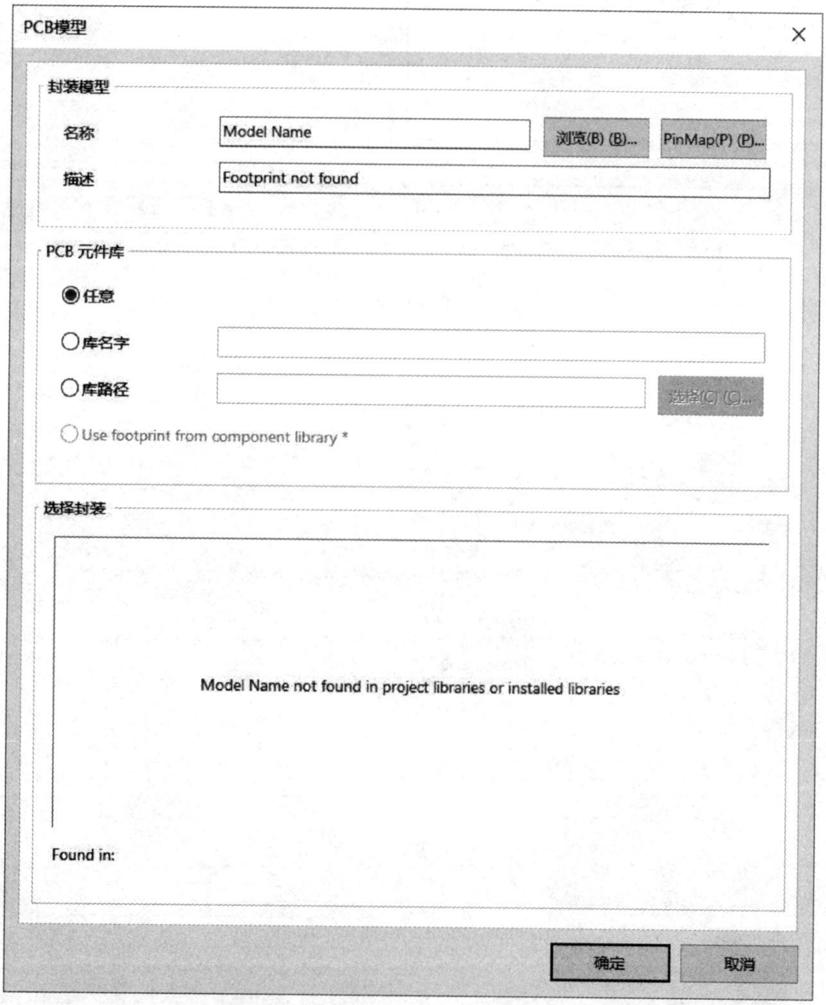

**PCB模型**   ×

**封装模型**

名称      Model Name      浏览(B) (B)...    PinMap(P) (P)...

描述      Footprint not found

**PCB 元件库**

◉ 任意

○ 库名字

○ 库路径                       选择(C) (C)...

○ Use footprint from component library *

**选择封装**

Model Name not found in project libraries or installed libraries

Found in:

确定    取消

图 7-74 【PCB 模型】对话框

单击【封装模型】栏的【浏览】，打开【浏览库】对话框，如图 7-75 所示。在【浏览库】对话框单击▼，打开【可用库】对话框，单击【Installed】标签，如图 7-76 所示。

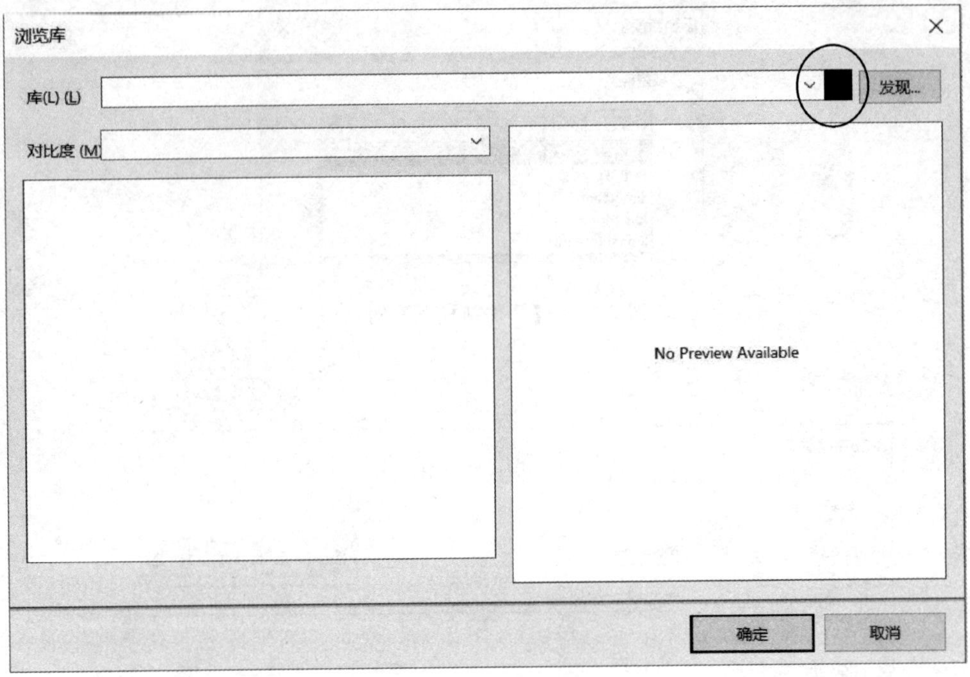

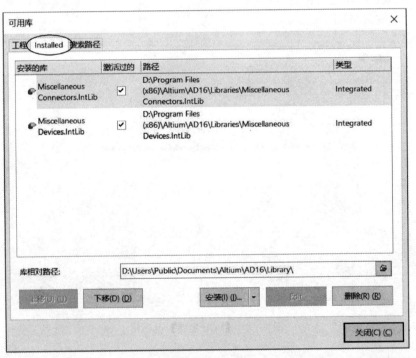

图 7-75　【浏览库】对话框

图 7-76　【可用库】对话框

单击【安装】按钮，选择"Install from file…"，如图 7-77 所示。系统弹出【打开】对话框，设置创建的封装库路径并指定库文件，如图 7-78 所示。

图 7-77　选择安装路径

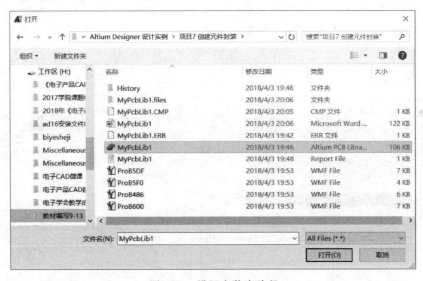

图 7-78　设置安装库路径

单击【打开】按钮，这时 MyPcblib1．PcbLib 出现在安装库列表中，如图 7-79 所示。关闭【可用库】对话框，回到【浏览库】对话框，选择库文件和封装 LED＿D，如图 7-80 所示。

单击【确定】按钮，回到【PCB 模型】对话框，可以看到双色发光二极管的封装已经设置好了，如图 7-81 所示。单击【确定】按钮，结束 PCB 模型设置。

封装添加完成的双色发光二极管如图 7-82 所示。

如果将原理图元件库和封装添加在同一个工程中，则封装库直接默认为当前可用库，不需要再安装，可以直接添加封装。

设计PCB元件

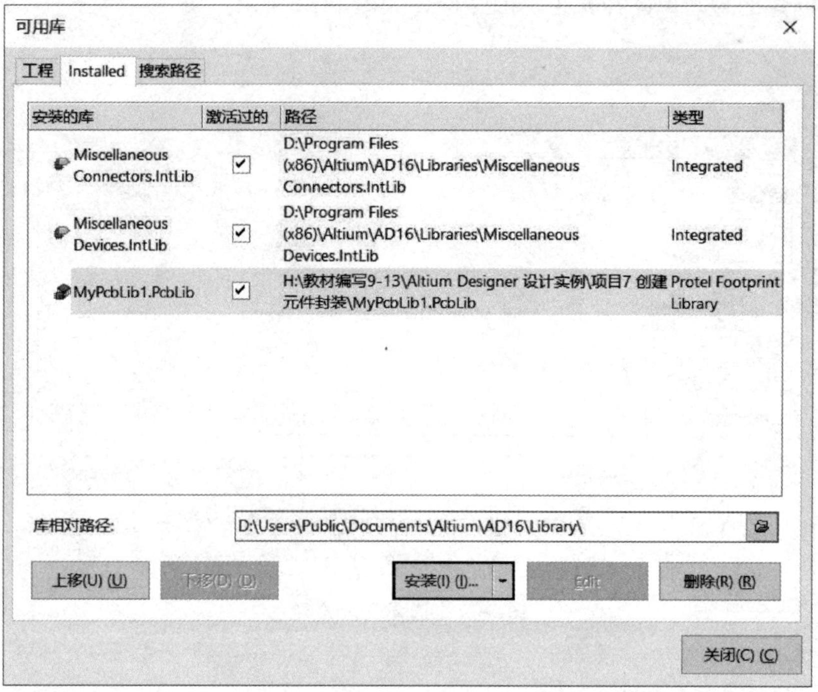

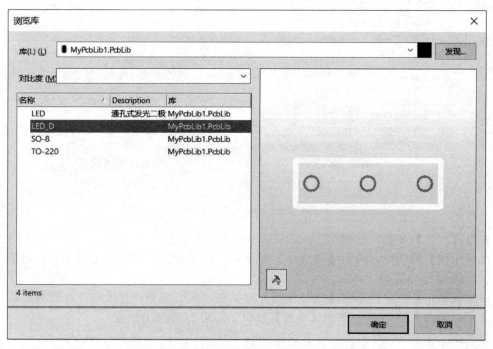

图 7-79　完成库安装

图 7-80　在【浏览库】对话框选择 PCB 元件

图 7-81　【PCB 模型】对话框设置封装

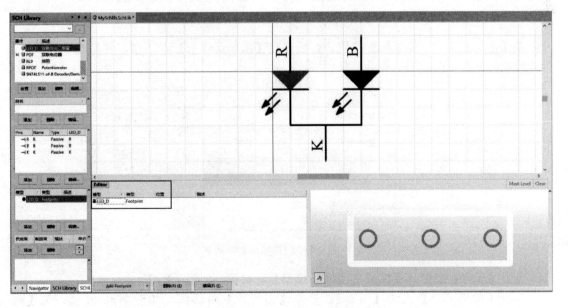

图 7-82　完成封装设置的发光二极管

233

2）设置封装库路径添加 PCB 元件

此处以给创建的原理图元件 DM74LS00 添加封装 DIP-14 为例，介绍通过设置封装库路径实现封装添加的方法。打开 DM74LS00 原理图元件所在的库文件，在器件列表栏找到 DM74LS00，如图 7-83 所示。

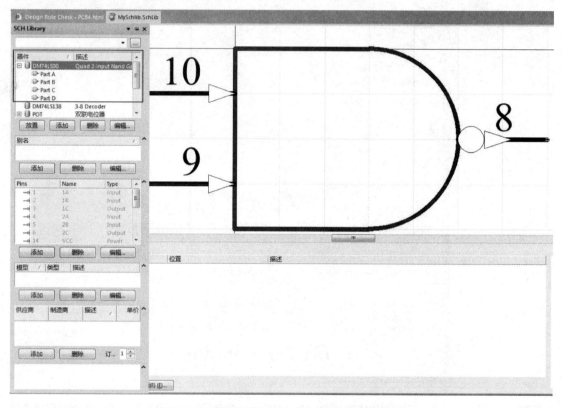

图 7-83　在原理图库文件找到 DM74LS00 元件

在【模型】栏单击【添加】按钮，系统弹出【添加新模型】对话框，选择【模型种类】为"Footprint"，如图 7-84 所示。

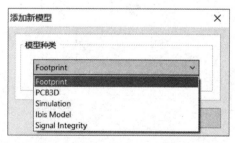

图 7-84　【添加新模型】对话框

单击【确定】按钮，系统弹出【PCB 模型】对话框，如图 7-85 所示。

单击【封装模型】栏的【浏览】，打开【浏览库】对话框，如图 7-86 所示。在【浏览库】对话框单击 ▾，打开【可用库】对话框，单击【搜索路径】标签，如图 7-87 所示。

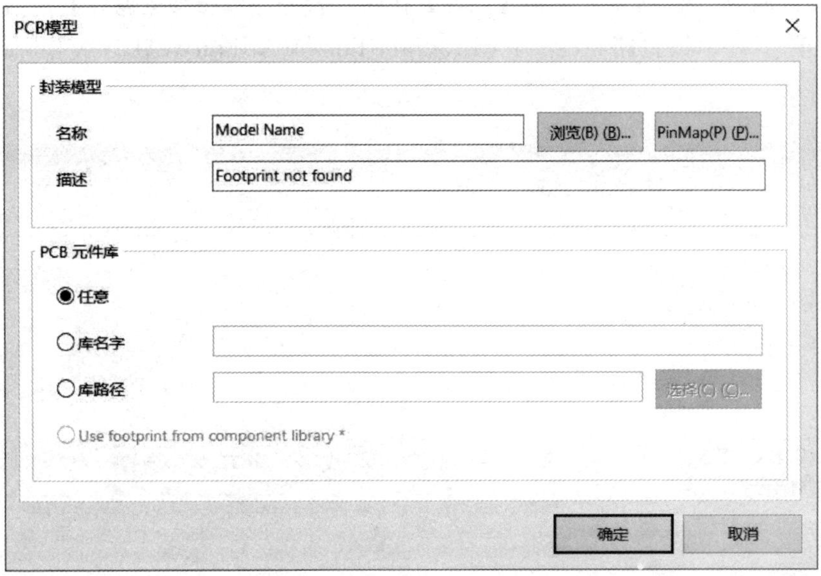

图 7-85　【PCB 模型】对话框

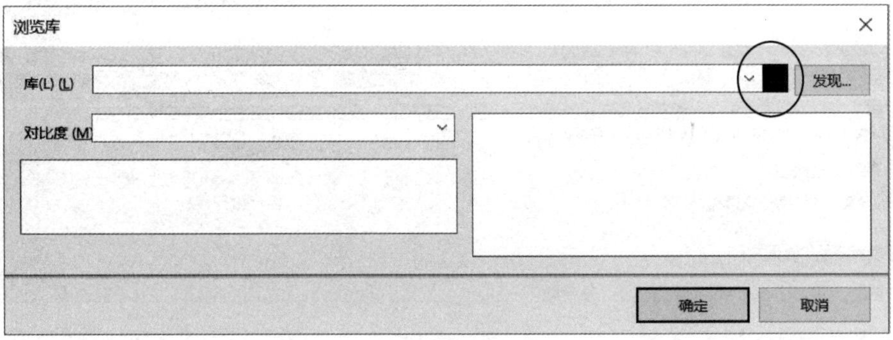

图 7-86　【浏览库】对话框

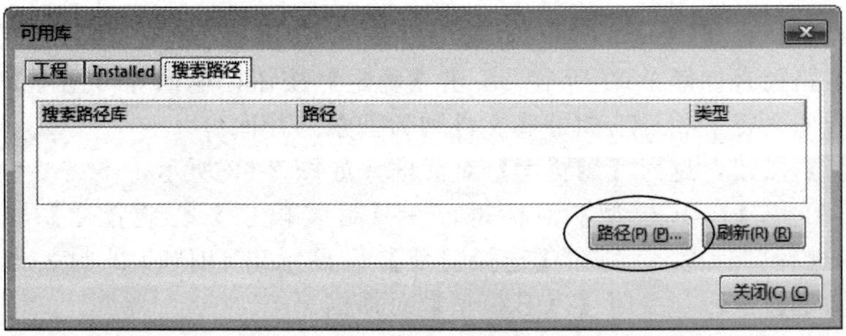

图 7-87　【可用库】对话框

设计PCB元件　项目 ⑦

单击【路径】，打开【Options for Documents Free Documents】对话框，打开【Search Paths】标签，如图 7-88 所示。单击【添加】按钮，打开【编辑搜索路径】对话框，在【路径】设置栏单击 ⋯，设置路径为 D：\ Program Files \ Altium \ AD16 \ Libraries \ PCB，如图 7-89 所示。

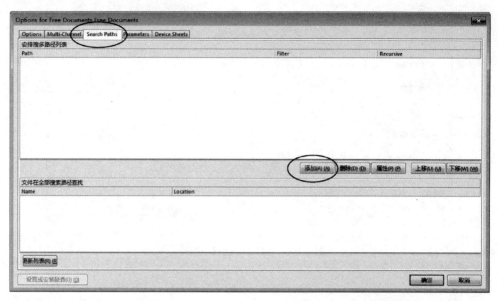

图 7-88 【Options for Documents Free Documents】对话框

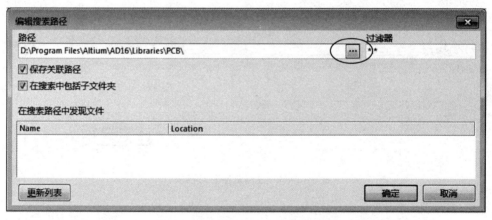

图 7-89 【编辑搜索路径】对话框

设置好路径后，在【Options for Documents Free Documents】对话框【Path】栏会显示设置好的搜索路径，如图 7-90 所示。单击【确定】按钮，返回【可用库】对话框，如图 7-91 所示，可以看到已经将所有封装库文件列为搜索路径库。

单击【关闭】按钮，返回【浏览库】对话框，如图 7-92 所示，不需要设置，直接单击【确定】按钮，打开【PCB 模型】对话框，在【封装模型】栏【名称】输入"DIP-14"，【PCB 元件库】选择"任意"，则在【选择封装】栏显示出 DIP-14 的封装模型，如图 7-93 所示。单击【确定】按钮，关闭【PCB 模型】对话框。

执行菜单命令【文件】→【保存】，完成封装添加，添加了封装的 DM74LS00 如图 7-94 所示。

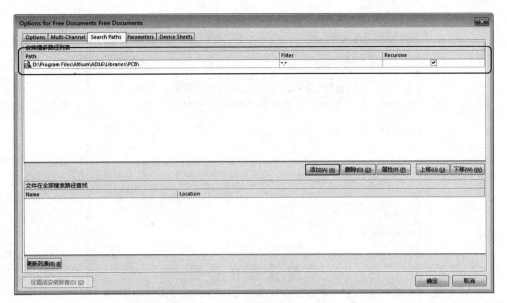

图 7-90　【Path】栏会显示设置好的搜索路径

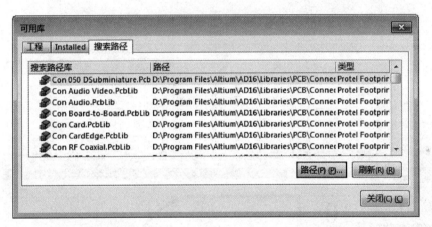

图 7-91　【可用库】中的【搜索路径库】

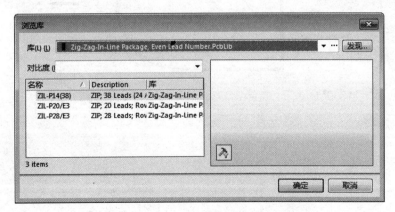

图 7-92　【浏览库】对话框

**PCB 模型**

封装模型

名称　　　DIP-14　　　　　　　　　　　　　浏览(B) (B)...　　inMap(P) (P).

描述　　　DIP; 14 Trim Leads; Row Spacing 7.62 mm; Pitch 2.54 mm

PCB 元件库

○ 任意

○ 库名字

○ 库路径　　　　　　　　　　　　　　　　　　　　选择(C) (C)...

○ Use footprint from component library *

选择封装

Found in: D:\Program Files\Altium\AD16\Libra...\IPC-SM-782 Section 13.1 DIP.PcbLib

确定　　取消

图 7-93　【PCB 模型】对话框

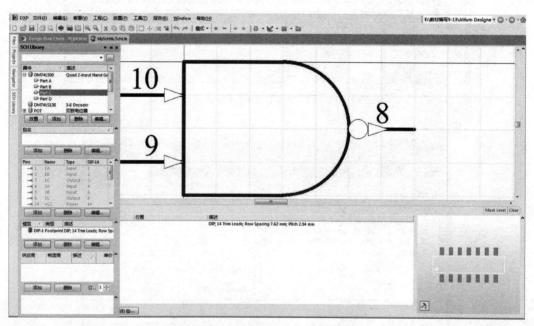

图 7-94　完成封装设置的 DM74LS00

## 项目训练

1. 在 Altium Designer 中设计 PCB 元件，需要了解 PCB 元件的外形及尺寸，如何获得其外形和尺寸？

2. 自行创建 PCB 元件有哪些方法？这些方法有什么不同？

3. 如何使用创建好的 PCB 元件？简述将设计好的 PCB 元件添加到原理图元件的方法。

4. 在手工创建 PCB 元件时，经常采用坐标法，说一说使用坐标法有什么好处？

5. PCB 元件设计好以后通常会进行元件规则检查，元件规则检查时通常会检查哪些项目？为什么要进行元件规则检查？

6. 采用手工创建 PCB 元件的方法设计三极管元件的封装 BCY-W3，如图 7-95 所示。其中焊盘参数为：孔径 35mil，外径 X 为 78.74mil，Y 为 39.37mil，外形为圆形，相邻焊盘中心间距为水平 0mil，垂直 50mil。

7. 请根据提供的集成电路 74LS138 的资料，利用向导法分别设计其贴片式封装 SOP16 和双列直插式封装 DIP16。其中 SOP16 的封装信息如图 7-96 所示，DIP16 的封装信息如图 7-97 所示。

图 7-95　三极管封装 BCY-W3

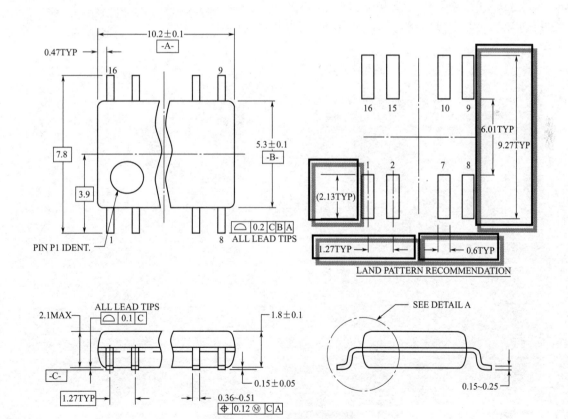

图 7-96　SOP16 封装信息

设计PCB元件 项目 7

239

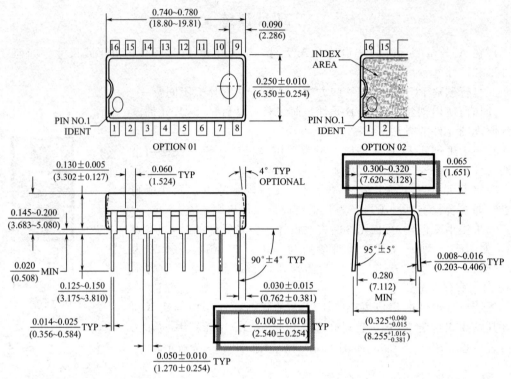

图 7-97　DIP16 封装信息

項目8

设计流水灯PCB

【知识目标】
- 印制电路板向导的使用；
- PCB 的预布局操作；
- 印制电路板的布局及布线操作；
- 印制电路板的后期处理；
- PCB 输出。

【能力目标】
- 掌握异形印制板规划，会根据实际需要进行预布局、预布线操作；
- 掌握自动布线以及手工修改操作；
- 掌握印制电路板后期处理。

【素质目标】
- 树立效率意识；
- 培养审美能力；
- 强化规范意识；
- 培养严谨求实、一丝不苟、精益求精的工匠精神。

【导　入】

电子电路的印制板由于电子产品外形的不同而可能有不同的形状，除了常规的矩形印制板外，还有很多为了适合电子产品而制成圆形或其他形状的印制板，本项目将以流水灯为载体介绍异形印制板的设计，并介绍印制电路板的后期处理。

为配合流水灯电子产品的外形，流水灯 PCB 为圆形，采用双面布线，布线空间较宽裕。在设计流水灯 PCB 之前要考虑 PCB 的尺寸、安装定位孔的位置、电子产品元件布局等，具体要求如下：

① PCB 的机械轮廓半径为 51mm，禁止布线层距离板边沿为 1mm；
② 根据产品的具体情况放置 3 个定位孔；
③ 16 个发光二极管以圆形均匀排列在 PCB 边缘；
④ 布线时，普通信号线宽 0.3mm，电源线和地线线宽 0.4mm；
⑤ 连线转折采用 135° 圆角。

流水灯PCB设计-
项目概述

✏ 读书笔记

--------------------

--------------------

--------------------

--------------------

--------------------

--------------------

--------------------

## 任务 8.1　设计电路原理图

流水灯电路采用 89C52 单片机为核心，通过程序设计控制 16 个发光二极管的点亮，实现流水闪烁的效果，电路原理图如图 8-1 所示。

从图中可以看出，其由三个部分构成：单片机控制电路❶、显示电路❷和电源接口电路❸。电路元件参数如表 8-1 所示。

① 新建项目文件【流水灯 PCB 设计 . PrjPcb】，新建原理图文件【流水灯 . SchDoc】，根据图 8-1 绘制流水灯原理图，元件参数如表 8-1 所示。

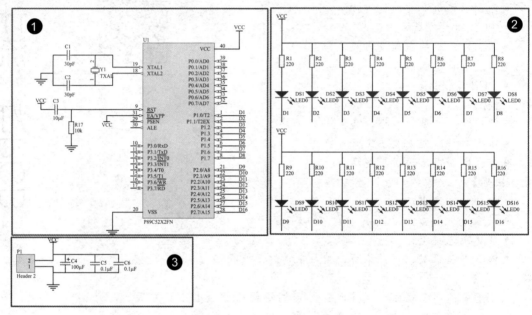

图 8-1　流水灯电路原理图

表 8-1　流水灯电路元件参数

| 元件类型 | 序号 | 封装 | 在库文件中的名称 | 器件类型或型号 | 封装库 | 数量 |
|---|---|---|---|---|---|---|
| 电容 | C1,C2 | C0805 | Cap | 30pF | Miscellaneous Devices . IntLib | 2 |
| | C3 | CAPPR2-5x6. 8 | Cap Pol2 | 10μF | Miscellaneous Devices . IntLib | 1 |
| | C4 | CAPPR2-5x6. 8 | Cap Pol2 | 100μF | Miscellaneous Devices . IntLib | 1 |
| | C5,C6 | C0805 | Cap | 0. 1μF | Miscellaneous Devices . IntLib | 2 |
| 发光二极管 | DS1～DS16 | 6-0805 | LED0 | LED0 | Miscellaneous Devices . IntLib | 16 |
| 插头 | P1 | HDR1X2 | Header 2 | | Miscellaneous Connectors . IntLib | 1 |
| 电阻 | R1～R16 | 6-0805 | Res2 | 200 | Miscellaneous Devices . IntLib | 16 |
| | R17 | 6-0805 | Res2 | 10k | Miscellaneous Devices . IntLib | 1 |
| 单片机 | U1 | SOT129-1 | P89C52X2FN | P89C52X2FN | Philips Microcontroller 8-Bit. IntLib | 1 |
| 晶振 | Y1 | BCY-W2/D3. 1 | XTAL | 12MHz | Miscellaneous Devices . IntLib | 1 |

② 执行菜单命令【工程】→【Compile PCB Project 流水灯. PrjPcb】，对电路原理图进行编译，系统的信息窗口中会显示编译的信息，查看错误信息并修改原理图。若未显示信息窗口，可执行菜单命令【察看】→【工作区面板】→【System】→【Messages】打开信息窗口。

③ 按照表 8-1 重新设置好元件封装。

④ 执行菜单命令【设计】→【设计项目的网络表】→【Protel】，产生网络表文件，查看元件封装信息和网络是否正确，并进行修改。

## 任务 8.2　规划异形 PCB

流水灯PCB的规划

### 8.2.1　利用 PCB 向导创建流水灯 PCB 文件

① 启动 Altium Designer 系统，在图 8-2 所示界面左侧的【Project】控制面板的下方，点击【Files】标签，切换到【Files】面板，如图 8-3 所示，在【从模板新建文件】栏中选择【PCB Board Wizard】，如图 8-4 所示，打开【PCB 板向导】对话框，如图 8-5 所示。

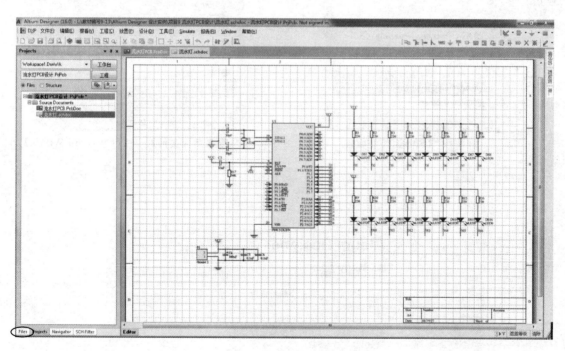

图 8-2　Altium Designer 启动界面

② 在图 8-5 所示对话框点击【下一步】按钮，打开【PCB 板向导-选择板单位】对话框，在此对话框中为 PCB 设置使用的度量单位。在本项目中，给出的 PCB 尺寸用的是公制，所以在此选用"公制"单位如图 8-6 所示。

③ 在图 8-6 所示对话框点击【下一步】按钮，弹出【PCB 板向导-选择板剖面】对话框，选择【Custom】自定义板子的形状和尺寸，如图 8-7 所示。

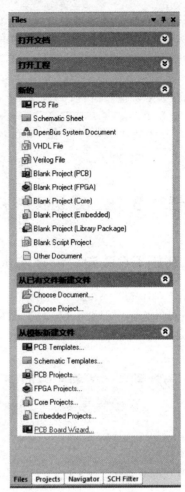

图 8-3 【Files】控制面板　　图 8-4 【从模板新建文件】→【PCB Board Wizard】

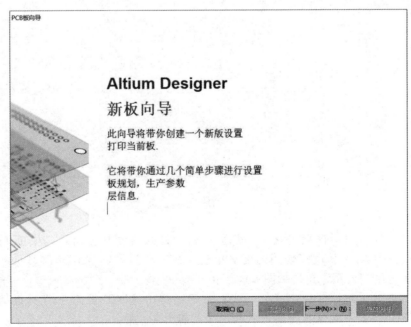

图 8-5 【PCB 板向导】对话框

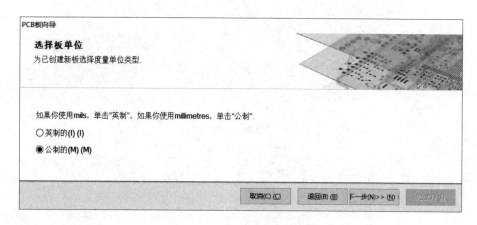

图 8-6 【PCB 板向导-选择板单位】对话框

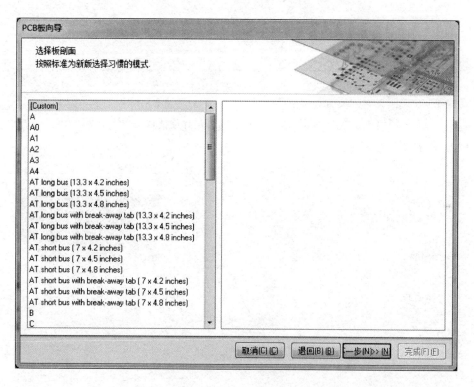

图 8-7 【PCB 板向导-选择板剖面】对话框

④ 在图 8-7 所示对话框点击【下一步】按钮，弹出【PCB 板向导-选择板详细信息】对话框，根据流水灯 PCB 的实际，设置 PCB 的形状为圆形，半径为 51mm，尺寸层为 Mechanical Layer 1，边界线宽 0.3mm，尺寸线 0.3mm，与板边缘保持距离为 1mm，显示标题块和比例、图例串和尺寸线，不切掉拐角和内角，具体各参数设置如图 8-8 所示。

⑤ 在图 8-8 所示对话框点击【下一步】按钮，弹出【PCB 板向导-选择板层】对话框，设定信号层和电源层的层数，流水灯 PCB 为双面板，信号层为顶层和底层，不设电源平面，如图 8-9 所示。

项目 8

设计流水灯PCB

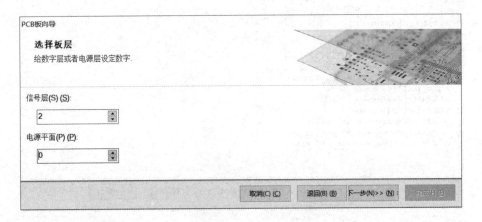

图 8-8　流水灯 PCB-选择板详细信息

图 8-9　【PCB 板向导-选择板层】对话框

⑥ 在图 8-9 所示对话框点击【下一步】按钮，打开【PCB 板向导-选择过孔类型】对话框，设置过孔是【仅通孔的过孔】还是【仅盲孔和埋孔】。流水灯 PCB 是双面板，所以选择【仅通孔的过孔】，如图 8-10 所示。

⑦ 在图 8-10 所示对话框点击【下一步】按钮，打开【PCB 板向导-选择元件和布线工艺】对话框，在此设置所设计的 PCB 是以表面贴装元件为主，还是以通孔元件为主，流水灯 PCB 主要以表面贴装元件为主，所以选择表面装配元件，且不允许放置元件到板两边，如图 8-11 所示。

246

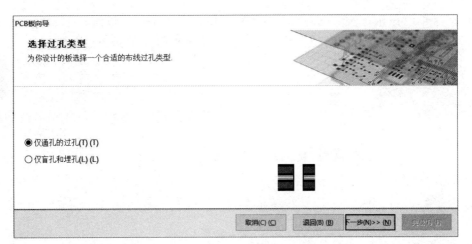

图 8-10　【PCB 板向导-选择过孔类型】对话框

⑧ 在图 8-11 所示对话框点击【下一步】按钮，打开【PCB 板向导-选择默认线和过孔尺寸】对话框，设置 PCB 的最小导线尺寸、过孔尺寸以及导线之间的距离，这些参数在布线过程中还可以在布线规则里进行设置，所以此处可以采用默认值，如图 8-12 所示。

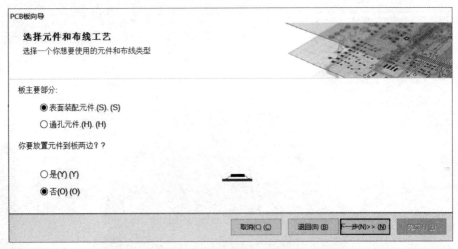

图 8-11　【PCB 板向导-选择元件和布线工艺】

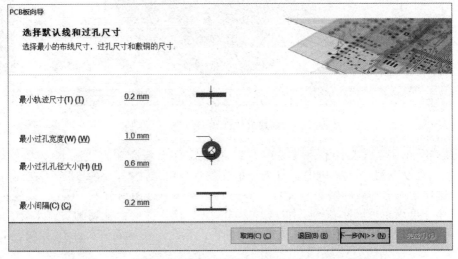

图 8-12　【PCB 板向导-选择默认线和过孔尺寸】对话框

设计流水灯PCB　项目8

247

⑨ 在图 8-12 所示对话框点击【下一步】按钮，打开【PCB 板向导-板向导完成】对话框，表示所创建 PCB 文件的各项设置已经完成，如图 8-13 所示。

图 8-13　【PCB 板向导-板向导完成】对话框

⑩ 在图 8-13 中点击【完成】按钮，系统根据前面的设置生成一个默认名为 "PCB1. PcbDoc" 的新文件，同时进入了 PCB 环境，如图 8-14 所示。

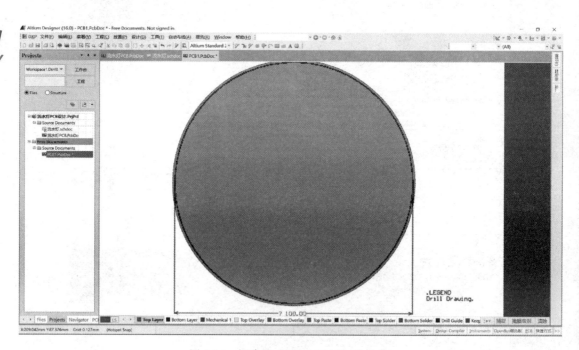

图 8-14　新建的 "PCB1. PcbDoc" 文件

⑪ 执行菜单命令【文件】→【另存为】，将该文件重新命名为 "流水灯. PcbDoc"。从图 8-14 左侧可以看到，利用 PCB 向导新建的文件在自由文件夹，跟原理图不在同一个 Project 中，这样是无法加载网络表和元件封装的，必须将原理图文件和 PCB 文件放在同一个工程文件中才可以。用鼠标左键点住 PCB 文件，并将该文件向上拖动到 "流水灯. PrjPcb"，松开鼠标，发现 PCB 文件已经放置在工程文件中。至此，新建的流水灯 PCB 就定义好了。

## 8.2.2 放置定位孔

根据流水灯的外形安装需要，要放置三个定位孔，以圆心为坐标原点，三个定位孔的位置分别为（0，30）、（－30，－20）和（30，－20），孔径为 4.1mm。放置定位孔有两种方法：利用焊盘放置和利用过孔放置。此处，我们采用利用焊盘放置的方法来实现。

1）设置圆心为坐标原点

为了使坐标原点和圆心尽可能重合，要设置跳转栅格尽量小一些，此处设置跳转栅格为 0.0127mm。点击应用工具栏【栅格】按钮▦，如图 8-15 所示，点击【设置跳转栅格】，弹出如图 8-16 所示的【Snap Grid】对话框，设置跳转栅格为 0.0127mm。

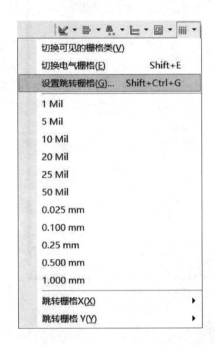

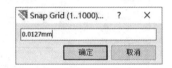

图 8-15  设置跳转栅格命令          图 8-16  【Snap Grid】对话框

用鼠标点击 PCB 的电气边框，使之处于选中状态，将圆心显示出来。执行菜单命令【编辑】→【原点】→【设定】，此时鼠标变成十字光标，将光标移动到圆心附近，按键盘上的【PgUp】进行放大，移动十字光标到圆心，尽量使原点与圆心重合，点击鼠标左键，确定原点，则在圆心处显示原点标记，将鼠标移动到原点，可以看到屏幕左下角的坐标为（X：0mm，Y：0mm）。

2）放置焊盘

用鼠标点击布线工具栏里的放置焊盘按钮◎，在焊盘未放置之前按下键盘上的【Tab】键，打开焊盘属性设置对话框，设置焊盘属性如图 8-17 所示，在【尺寸与外形】区域设置【X-Size】为 4.1mm，【Y-Size】为 4.1mm，【外形】为 Round；在【孔洞信息】区域设置【通孔尺寸】为 4.1mm，选中【圆形】前面的复选框，去掉【镀金的】后面的复选框；在【属性】区域选中【锁定】后面的复选框，其余采用默认值。设置好参数后，放下三个焊盘。然后，逐次双击焊盘，再次打开【焊盘属性】对话框，在【位置】区域设定焊盘坐标为（0，30）、（－30，－20）和（30，－20）。放置好定位孔的 PCB 如图 8-18 所示。

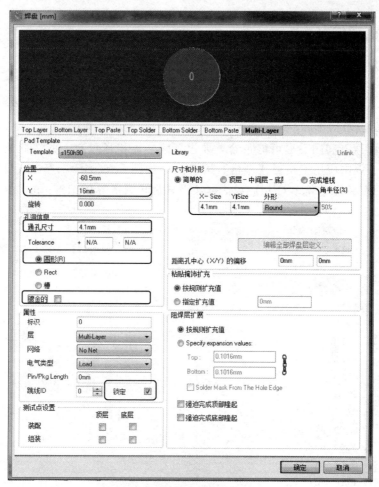

图 8-17　焊盘属性设置对话框

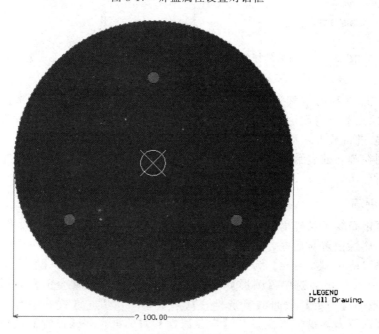

图 8-18　放置好定位孔的 PCB

## 任务 8.3　PCB 布局

### 8.3.1　PCB 布局的一般规则

PCB 布局是将元件在一定面积的印制板上合理地排放，它是设计 PCB 的第一步。PCB 布局是决定 PCB 设计是否成功和是否满足使用要求的最重要的环节之一。一个好的布局，首先要满足电路的设计性能，其次要满足安装空间的限制，在没有尺寸限制时，要使布局尽量紧凑，减小 PCB 设计的尺寸，以减少生产成本。为了让读者了解布局的一般规则，为后续印制电路板的布局奠定基础，我们准备了元件布局规则的拓展知识，请读者自行扫描二维码学习。

PCB 布局的一般　　　　PCB 布局的一般
规则文稿　　　　　　　规则

### 8.3.2　元件预布局

元件预布局指的是为了满足电路布局需要，在整体布局前先将某些元件确定位置后再进行布局的操作。在本项目中，为了更好地显示效果，16 个发光二极管要均匀地分布在圆形印制电路板边缘且指向圆心。如果将所有元件载入印制电路板后再手工布局，将需要一一设置元件的位置以及旋转角度，这显然费时费力，不是一个好方法。我们将介绍先将 16 个发光二极管和相

流水灯 PCB 元件
预布局

应的限流电阻布局好，并锁定位置，然后再利用设计同步器加载网络表和其他元件封装的实现方法。发光二极管封装和电阻封装布局采用阵列粘贴方式实现。

1）发光二极管的布局

① 确定封装形式。根据表 8-1 可以查到发光二极管的封装形式为 6-0805。

② 放置发光二极管。在【库…】面板点击【Search】按钮，打开【搜索库】对话框，如图 8-19 所示，在【过滤器】区域设置【域】为 Name，【运算符】为 equals，【值】为 6-0805，【范围】区域设置为 Footprints，选中【库文件路径】前的复选框，【路径】为元件库的存放路径，搜索发光二极管的封装，如图 8-20 所示。值得注意的是：6-0805 在集成库 Miscellaneous Devices. InLib 中，所以在【路径】设置时设置到 Library 文件夹即可，如果路径设置不正确将导致查找不到元件封装。

点击【Place 6-0805】按钮，打开【放置元件】对话框，如图 8-21 所示，在对话框【元件详情】区域设置【位号】为发光二极管的标识符 DS1。预布局时，预先放置的元件封装与加载网络表导入封装，是通过元件的标识符进行匹配的，所以在预布局时要正确地设置封装的位号。点击【确定】按钮，沿水平方向任意放置封装 DS1，放置好的 DS1 如图 8-22 所示。

设计流水灯PCB

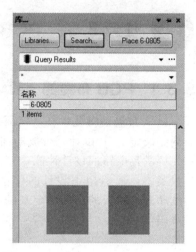

图 8-19　【搜索库】对话框　　　　　　　　　　　　　图 8-20　查找结果

图 8-21　【放置元件】对话框

图 8-22　放置好的 DS1

从图 8-22 可以看出，位号 DS1 字符有些大，可以调整小一些，用鼠标双击 DS1，打开【标识】对话框，如图 8-23 所示，可以对标识的高度、宽度以及角度进行设置。本例中将高度修改为 1.2mm，其余不变。由于采用阵列粘贴的方式进行放置，所以必须将要复制的封装设置好，否则需要一个一个地调整。

图 8-23 【标识】对话框

③ 复制元件。用鼠标单击选中元件 DS1，执行菜单命令【编辑】→【剪切】，移动光标到元件 DS1 的两个焊盘中间，如图 8-24 所示，单击鼠标左键，将其剪切。

图 8-24 剪切时移动光标到 DS1 的焊盘中间

④ 发光二极管预布局。执行菜单命令【编辑】→【特殊粘贴】，打开【选择性粘贴】对话框，如图 8-25 所示。

设计流水灯PCB 项目8

253

图 8-25　【选择性粘贴】对话框

点击【粘贴阵列】，打开【设置粘贴阵列】对话框，如图 8-26 所示。本电路中 16 个发光二极管是均匀地放置在半径为 45mm 的圆周上的，所以【阵列类型】选择圆形，每个发光二极管间旋转的角度为 22.5°，选中【旋转项目到适合】复选框，在【放置变量】区域设置【条款计数】为16，【文本增量】为 1。

点击【确定】按钮，将光标移动到原点（0，0），单击鼠标左键，然后移动光标到参考点（45，0），单击鼠标左键，这时将放下 16 个发光二极管封装，如图 8-27 所示。

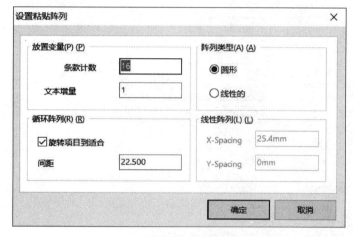

图 8-26　【设置粘贴阵列】对话框

图8-27(彩图)

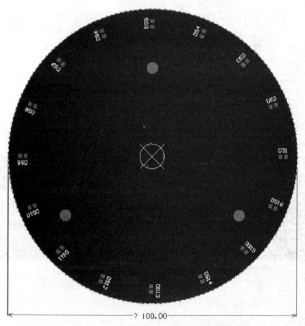

图 8-27　预布局好的发光二极管

2）限流电阻预布局

采用相同的方法放置限流电阻的封装 6-0805，位号为 R1，16 个限流电阻均匀地放置在半径为 38mm 的圆周上，阵列粘贴时，两个参考点是（0，0）和（38，0）。预布局好的限流电阻如图 8-28 所示。

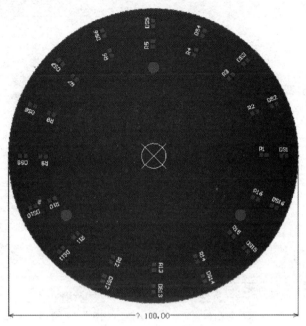

图8-28(彩图)

图 8-28　预布局好的限流电阻

3）锁定预布局

为了防止已经排列好的发光二极管和限流电阻在布局时重新布局，必须将预布局好的元件设置为锁定状态，这样在布局其他元件时，这些元件的位置不会移动。为了提高修改效率，可以采用全局修改方法。鼠标右键单击任意一个元件，在弹出的菜单中点击【查找相似对象】，打开【发现相似目标】对话框，在对话框中选择发光二极管和电阻所具有的共同属性项【Footprint】，并设为 same，如图 8-29 所示。点击【确定】按钮，打开【PCB Inspector】对话框，选中【Lock Strings】、【Locked】，以及【Lock Primitives】后面的复选框，如图 8-30 所示。此时，移动鼠标到任意一个元件，拖动元件会发现元件被锁定拖不动，达到锁定的目的。

最后，保存流水灯 PCB。

## 8.3.3　载入元件到 PCB 及手工布局

1）加载网络表和其他元件封装

打开设计好的原理图"流水灯 . SchDoc"，执行菜单命令【设计】→【Update PCB Document 流水灯 . PcbDoc】，屏幕弹出如图 8-31 所示的【确认是否匹配元件】对话框，单击【Yes】按钮，确认匹配元件。

单击【Yes】按钮，打开【工程更改顺序】对话框，显示本次更新的对象和内容，单击【生效更改】按钮，系统将自动检查各项变化是否正确有效，所有正确的更新对象，在检查栏内会显示绿色的对号标志；不正确的则显示红色的叉号，根据实际情况查看更新的信息是否正确并返回修改，直至没有错误为止，如图 8-32 所示。

载入元件到PCB
及手工布局

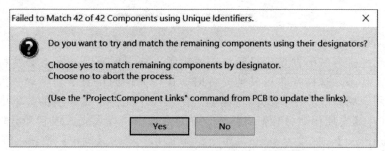

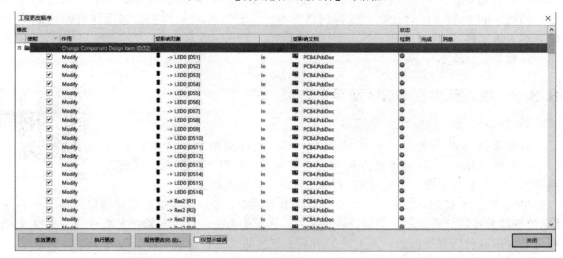

图 8-29 【发现相似目标】对话框　　　　图 8-30 【PCB Inspector】对话框

**Failed to Match 42 of 42 Components using Unique Identifiers.**

Do you want to try and match the remaining components using their designators?

Choose yes to match remaining components by designator.
Choose no to abort the process.

(Use the "Project:Component Links" command from PCB to update the links).

Yes　　　No

图 8-31 【确认是否匹配元件】对话框

图 8-32 【工程更改顺序】对话框

单击【执行更改】按钮，系统将接受工程变化，将网络表和元件封装添加到流水灯PCB中，如图 8-33 所示。单击【关闭】按钮关闭对话框，系统自动加载元件，如图 8-34 所示。从图中可以看到，加载网络表后预布局的元件之间出现了飞线连接。预布局元件呈现绿色显示，是因为这些元件不在 Room 空间覆盖之下，移动其他元件到 PCB 后，删除 Room 空间后就会恢复正常显示。

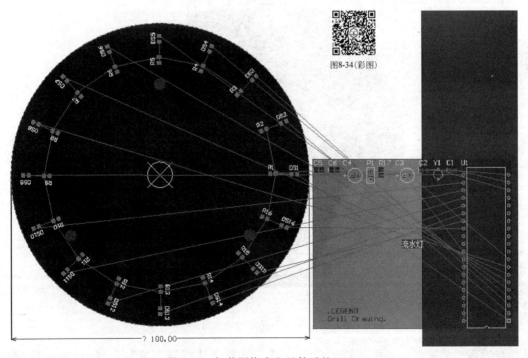

图 8-33　单击【执行更改】后的结果

图8-34(彩图)

图 8-34　加载网络表和元件后的 PCB

自动布局文稿

2）元件布局

元件布局通常有两种方式：动布局和手工布局。

① 元件自动布局。目前，自动布局通常是不能满足用户的要求的，还需要用手动的方式进行布局调整。所以设计人员通常都不会采用自动布局方式，采用手工布局才能设计出高质量的印制板，此处介绍仅供读者了解自动布局这一功能。请读者扫描二维码了解自动布局操作。

② 元件手工布局与调整。手工布局时按着原理图绘制结构进行，首先将全图中最核心的元件放置到合适的位置，然后再将其外围元件按照原理图的结构放置到该核心元件周围。通常使具有电气连接的元件靠在一起，这样可以使布线距离最短，同时可以旋转元件使飞线交叉最少，这样可以使整个 PCB 的导线更易于布通。

在本电路中，16 个发光二极管和 16 个限流电阻已经预先布局好，需要布局的是单片机控制电路和电源接口电路。布局时，遵守先确定核心元件位置的规则，先将单片机 U1 移动到板子的中间位置，然后根据电路连接情况，将时钟电路（C1、C2、Y1）放在一起，并根据连接情况放在单片机 U1 的 18 号引脚附近，将复位电路（C3、R17）放在一起，根据飞线连接情况放到 U1 的 9 号引脚附近。电源接口电路（P1、C4、C5、C6）与单片机控制电路没有直接相连，考虑到印制板上元件分布的均衡性，放在 U1 的另一侧。初步放置好各元件以后，按照飞线交叉越少越好，飞线连接越短越好，旋转元件，进一步调整元件位置，在调整过程中要注意将时钟电路尽量靠近单片机，以防止其产生的高频振荡信号对其他电路产生干扰。元件位置调整好以后，检查并调整元件标识符的位置，手工布局调整完成后的 PCB 如图 8-35 所示。

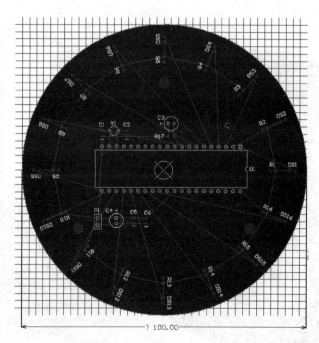

图8-35（彩图）

图 8-35　手工布局好的流水灯 PCB

布局调整结束后，通关执行菜单命令【工具】→【遗留工具】→【3D 显示】，查看元件布局的 3D 视图，观察元件布局是否合理。流水灯布局后 PCB 的 3D 视图如图 8-36 所示。

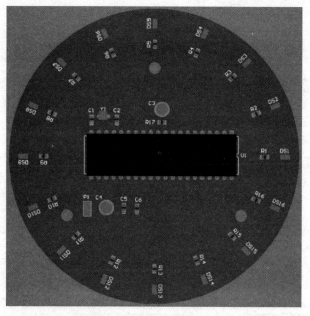

图 8-36　布局 3D 视图

图8-36(彩图)

　**任务 8.4　PCB 布线**

## 8.4.1　自动布线规则设置

### 1）布线规则设置

布线通常有两种方式，在前面的项目中已经介绍过手工布线的方法，在这里介绍自动布线方法，为了实现系统自动布线更符合设计者的要求，需要对布线规则进行设置。布线规则比较多，请读者扫描二维码自行学习。

布线规则设置文稿　　　　布线规则设置

### 2）布线策略设置

布线策略是指自动布线时所采取的策略。执行菜单命令【自动布线】→【设置】，弹出【Situs 布线策略】对话框，如图 8-37 所示。该对话框分为上、下两个区域，分别是【布线设置报告】区域和【布线策略】区域。

【布线设置报告】区域用于显示布线规则的设置及其受影响的对象。该区域包含了 3 个控制按钮。

① 编辑层走线方向：设置各信号层的布线方向。单击该按钮，会打开【层说明】对话框，如图 8-38 所示。通常顶层（Top Layer）和底层（Bottom Layer）的走线应该相互垂直。

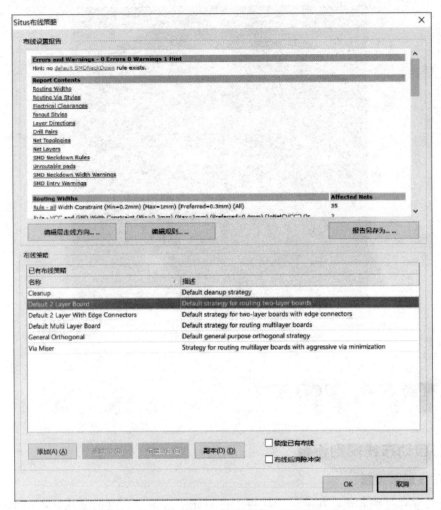

图 8-37 【Situs 布线策略】对话框

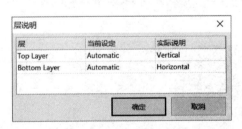

图 8-38 【层说明】对话框

② 编辑规则：打开【PCB 规则及约束编辑器】对话框，对各项规则继续进行修改或设置。

③ 报告另存为：将规则报告导出，并以后缀名为".htm"的文件保存。

【布线策略】区域用于选择可用的布线策略或编辑新的布线策略，有如下 6 种默认的布线策略。

① Cleanup：默认优化的布线策略。

② Default 2 Layer Board：默认的双面板布线策略。

③ Default 2 Layer With Edge Connectors：默认具有边缘连接器的双面板布线策略。

④ Default Multi Layer Board：默认的多层板布线策略。

⑤ General Orthogonal：默认的常规正交布线策略。

⑥ Via Miser：默认尽量减少过孔使用的多层板布线策略。

该窗口的下方还包括两个复选框：

① 锁定已有布线：将 PCB 上原有的预布线锁定，在开始自动布线过程中，自动布线器不会更改原有预布线。

② 布线后消除冲突：重新布线后，系统可以自动删除原有的布线。

如果系统提供的默认布线策略不能满足用户的设计要求，可以单击【添加】按钮，打开【Situs 策略编辑器】对话框，如图 8-39 所示。在该对话框中，可以编辑新的布线策略或设定布线时的速度。【Situs 策略编辑器】对话框提供了如下 14 种布线方式。

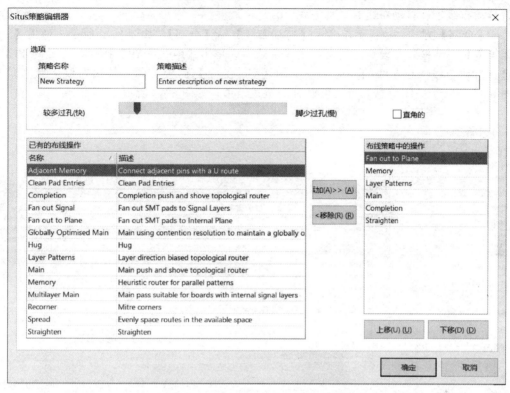

图 8-39 【Situs 策略编辑器】对话框

① Adjacent Memory：相邻的元器件引脚采用 "U" 形布线方式。

② Clean Pad Entries：清除焊盘上多余的布线，可以优化 PCB。

③ Completion：推挤式拓扑结构布线方式。

④ Fan out Signal：PCB 上焊盘通过扇出形式连接到信号层。

⑤ Fan out to Plane：PCB 上焊盘通过扇出形式连接到电源和地。

⑥ Globally Optimised Main：全局优化的拓扑布线方式。

⑦ Hug：采取环绕的布线方式。

⑧ Layer Patterns：工作层是否采用拓扑结构的布线方式。

⑨ Main：采取 PCB 推挤式布线方式。

⑩ Memory：启发式并行模拟布线。

⑪ Multilayer Main：多层板拓扑驱动布线方式。

⑫ Recorner：斜接转角。

⑬ Spread：两个焊盘之间的布线正处于中间位置。

⑭ Straighten：布线以直线形式进行布线。

在本项目中，点击设置【编辑层走线方向】，设置顶层（Top Layer）"Vertical（垂直）"、底层（Bottom Layer）"Horizontal（水平）"。在【布线策略】区域选择 "Default 2 Layer Board"。

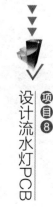

### 8.4.2 自动布线与手工调整

自动布线和手工调整

1）自动布线

布线参数设置好后，就可以利用 Altium Designer 提供的自动布线器进行自动布线了。自动布线有 8 种方式。

①【全部】方式。执行菜单命令【自动布线】→【全部】，如图 8-40 所示，弹出【Situs 布线策略】对话框，在设定好所有的布线策略后，单击【Route All】按钮，开始对 PCB 全局进行自动布线。在布线的同时，系统的【Messages】面板会同步给出布线的状态信息，如图 8-41 所示。关闭信息窗口，可以看到布线结果，如图 8-42 所示。

| 自动布线(A) | 报告(R) | Window |
|---|---|---|
| 全部(A)... | | |
| 网络(N) | | |
| 网络类(E)... | | |
| 连接(C) | | |
| 区域(R) | | |
| Room(M) | | |
| 元件(O) | | |
| 器件类(P)... | | |
| 选中对象的连接(L) | | |
| 选择对象之间的连接(B) | | |
| 添加子网络连接器(D) | | |
| 删除子网络连接器(V) | | |
| 扇出(F) ▶ | | |
| 设置(S)... | | |
| 停止(T) | | |
| 复位 | | |
| Pause | | |

图 8-40　菜单命令

**Messages**

| Class | Document | Sour... | Message | Time | Date | No. |
|---|---|---|---|---|---|---|
| Situ... | PCB4.PcbDoc | Situs | Starting Main | 23:57:17 | 2018/3/4 | 10 |
| Rou... | PCB4.PcbDoc | Situs | 63 of 67 connections routed (94.03%) in 4 Seconds 1 contenti... | 23:57:21 | 2018/3/4 | 11 |
| Situ... | PCB4.PcbDoc | Situs | Completed Main in 3 Seconds | 23:57:21 | 2018/3/4 | 12 |
| Situ... | PCB4.PcbDoc | Situs | Starting Completion | 23:57:21 | 2018/3/4 | 13 |
| Rou... | PCB4.PcbDoc | Situs | 67 of 67 connections routed (100.00%) in 5 Seconds 1 content... | 23:57:22 | 2018/3/4 | 14 |
| Situ... | PCB4.PcbDoc | Situs | Completed Completion in 1 Second | 23:57:23 | 2018/3/4 | 15 |
| Situ... | PCB4.PcbDoc | Situs | Starting Straighten | 23:57:23 | 2018/3/4 | 16 |
| Rou... | PCB4.PcbDoc | Situs | 67 of 67 connections routed (100.00%) in 6 Seconds | 23:57:23 | 2018/3/4 | 17 |
| Situ... | PCB4.PcbDoc | Situs | Completed Straighten in 0 Seconds | 23:57:23 | 2018/3/4 | 18 |
| Rou... | PCB4.PcbDoc | Situs | 67 of 67 connections routed (100.00%) in 6 Seconds | 23:57:23 | 2018/3/4 | 19 |
| Situ... | PCB4.PcbDoc | Situs | Routing finished  with 0 contentions(s). Failed to complete 0 co... | 23:57:23 | 2018/3/4 | 20 |

图 8-41　布线状态信息

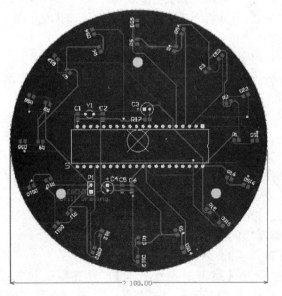

图8-42(彩图)

图 8-42　全部自动布线结果

从图中可以看出，布线结果不能令人满意，有些地方的走线不够合理，可以将不合理的走线删除，手工进行布线，这将在后续内容进行介绍。

②【网络】方式。【网络】方式布线就是用户以网络为单元对电路进行布线。以本例为例，首先对 VCC 网络进行布线，然后再对剩余的网络进行全电路自动布线。

首先查找 VCC 网络，用户可使用导航窗口进行查找。点击 PCB 标签，调出 PCB 导航窗口，在显示的网络列表中找到 VCC 网络，如图 8-43 所示。在 PCB 编辑环境中可以看到所有的 VCC 网络都以高亮度状态显示出来，如图 8-44 所示。

执行菜单命令【自动布线】→【网络】，光标变成十字光标，在 VCC 网络的飞线上单击，系统对 VCC 网络进行单一网络自动布线操作，结果如图 8-45 所示。

单击鼠标右键释放鼠标，接着对剩余电路进行布线。执行菜单命令【自动布线】→【全部】，在弹出的【Suits 布线策略】对话框中，选中【锁定已有布线】对话框，如图 8-46 所示。然后单击【Route All】按钮对剩余网络进行布线，布线结果如图 8-47 所示。

对照图 8-47 与图 8-42 布线结果可以发现，对 VCC 网络先进行布线，然后再对剩余电路布线的结果，比直接全部布线结果要好很多。因此，在对电路进行布线时，可以对特殊的网络进行先布线，以获得较好的布线结果。

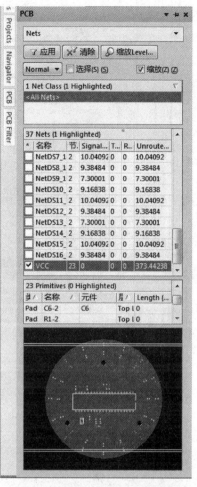

图 8-43　使用导航窗口查找网络

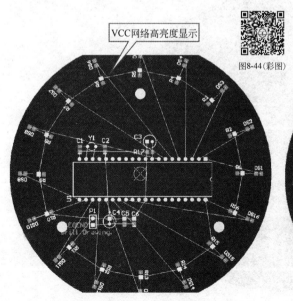

图 8-44　显示 VCC 网络

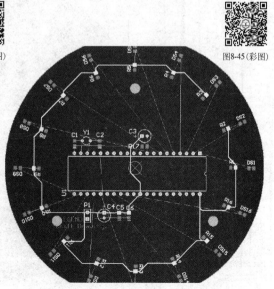

图 8-45　对 VCC 网络进行单一网络自动布线

设计流水灯PCB　项目 8

263

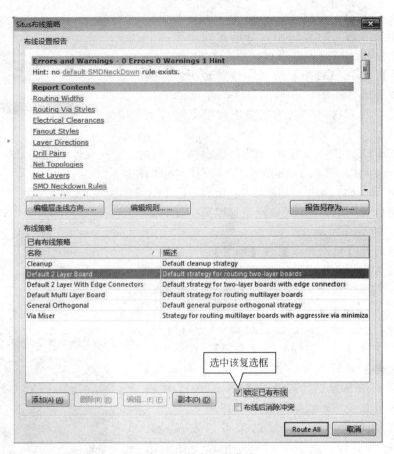

图 8-46　锁定已有布线

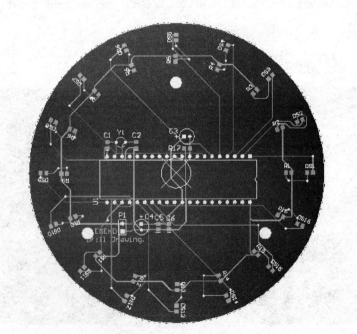

图 8-47　最终布线结果

③【网络类】方式。该方式为指定的网络类进行自动布线。执行菜单命令【设计】→【类】，弹出【对象类浏览器】对话框，如图 8-48 所示。在该对话框中可以添加网络类，以便于【网络类】的布线方式。若当前的 PCB 不存在自定义的网络类，执行【网络类】的布线方式后，系统弹出不存在网络类的对话框，如图 8-49 所示。

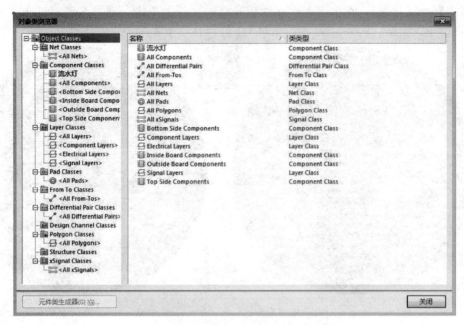

图 8-48　【对象类浏览器】对话框

④【连接】方式。【连接】方式就是用户可以对指定的飞线进行布线。执行菜单命令【自动布线】→【连接】，将十字光标在期望布线的飞线上单击，就可以对这一飞线进行单一连线自动布线操作，如图 8-50 所示。将期望布线的飞线布线完成后，再对剩余网络进行布线。

图 8-49　信息提示对话框

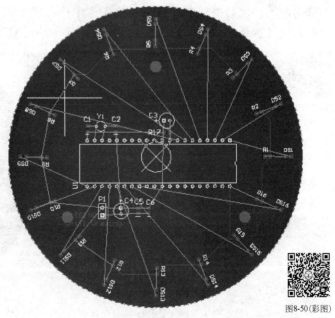

图8-50(彩图)

图 8-50　对单一连线进行自动布线操作

265

⑤【区域】方式。【区域】方式就是用户可以对指定区域进行布线。执行菜单命令【自动布线】→【区域】，将光标放在期望布线的区域并拖动鼠标，即可对选中的区域进行连线自动布线操作，如图 8-51 所示。将期望布线的区域布线完成后，再对剩余网络进行布线。

⑥【元件】方式。【元件】方式就是用户可以对指定的元件进行布线。执行菜单命令【自动布线】→【元件】，将十字光标在期望布线的元件上单击，即可实现对这个元件的网络进行自动布线操作，图 8-52 显示的是对 U1 进行自动布线的结果。

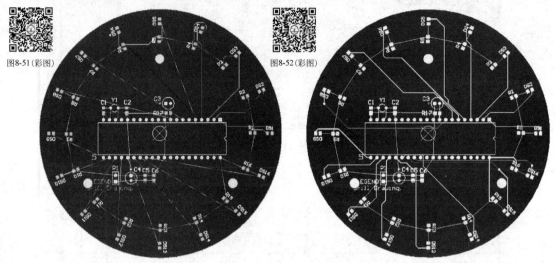

图 8-51　对单一区域进行自动布线操作　　　　图 8-52　对 U1 进行自动布线操作

⑦【选中对象的连接】方式。【选中对象的连接】与【元件】方式性质上是一样的，不同之处在于该方式可以一次对多个元件进行布线操作。首先选中要进行布线的多个元件，然后执行菜单命令【自动布线】→【选中对象的连接】，就可以实现对选中的多个元件进行自动布线操作，图 8-53 显示的是对 C1、C2 和 Y1 的自动布线结果。

⑧【选择对象之间的连接】方式。【选择对象之间的连接】方式就是用户可以实现在两个选中的元件之间进行布线操作。首先选中待布线的两个元件，然后执行菜单命令【自动布线】→【选择对象之间的连接】，图 8-54 显示的是 C3 与 U1 之间的连接。

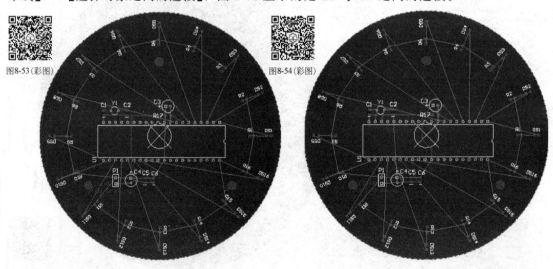

图 8-53　对 C1、C2 和 Y1 进行自动布线操作　　　图 8-54　对 C3 与 U1 进行自动布线操作

在实际应用中，用户可以根据需要灵活选择布线方式进行布线，以获得最佳布线效果。

2）手工调整

虽然 Altium Designer 具有强大的布线功能，但是自动布线时多少都会存在一些令人不满意的地方。通常一个设计美观的 PCB，往往是在自动布线的基础上进行多次修改的结果。

在本项目中，首先采用自动布线中的【网络】方式对 VCC 网络进行布线，然后对剩余网络进行全部自动布线，布线结果如图 8-55 所示。

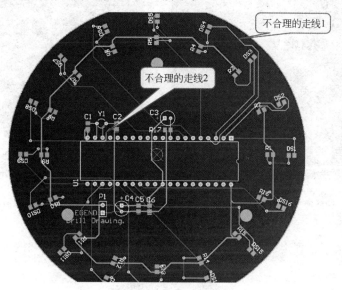

图 8-55　自动布线结果

从图中可以看出，走线 1 和走线 2 都是不合理的，印制线长且转弯多。下面以这两处不合理的走线为例，介绍手工调整的方法。首先看不合理走线 1，从图中可以看出，致使印制线不合理的原因主要是为了绕开同层的走线，而此处另外一层走线没有阻挡，对于这样的走线，可以将其换到另一层走线。选中不合理走线，按键盘上【Delete】键删除印制线，使其恢复飞线状态，如图 8-56 所示。切换当前工作层到【Bottom Layer】，对不合理走线进行手工布线。值得注意的是，DS4 是贴片元件，只能在顶层走线，要切换到底层走线，必须放置一个通孔，修改结果如图 8-57 所示。对照修改前后的走线，显然修改后走线更合理。

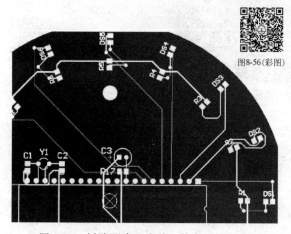
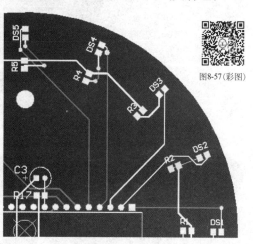

图 8-56　拆除不合理走线，恢复飞线状态　　　　　图 8-57　修改结果

项目8　设计流水灯PCB

走线 2 的修改跟走线 1 的修改类似，不同的是 C1 和 C2 都是贴片元件，需要放置两个通孔才行。首先拆除不合理的走线，恢复飞线连接，如图 8-58 所示；然后切换当前工作层为【Top Layer】，点击工具栏交互式布线连接工具，在 C1 的焊盘点击，拖出印制线到合适位置，按键盘上的【＊】键，切换工作层到【Bottom Layer】，单击鼠标左键放置通孔，继续连线，靠近 C2 的合适位置，再次切换工作层，放置通孔，最后修改好的结果如图 8-59 所示。

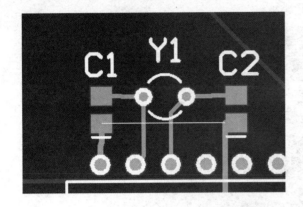

图 8-58　拆除不合理走线，恢复飞线状态

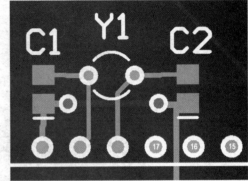

图 8-59　修改结果

继续调整其余不合理走线，手工调整好的流水灯 PCB 布线结果如图 8-60 所示。

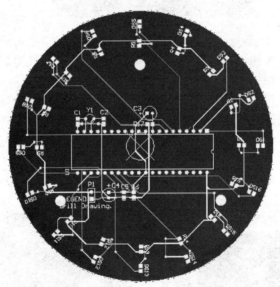

图8-60（彩图）

图 8-60　手工调整后的流水灯 PCB 布线结果

 **任务 8.5　印制板泪滴化和覆铜处理**

印制板在布线完成后往往还需要做一些后期处理，比如泪滴化、覆铜以及放置测试点等。在本任务中将介绍泪滴化操作和覆铜操作。

## 8.5.1 泪滴化处理

在 PCB 设计中，为了让焊盘更坚固，防止机械制板时焊盘与导线之间断开，常在焊盘和导线之间用铜膜布置一个过渡区，形状像泪滴，所以称为泪滴化。执行菜单命令【工具】→【滴泪】，系统弹出【Teardrops】对话框，如图 8-61 所示。

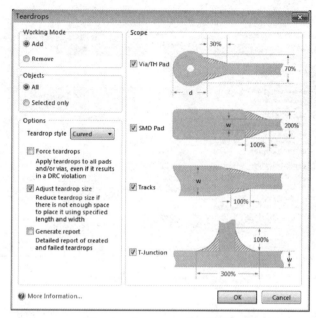

图 8-61 【Teardrops】对话框

该对话框内有 4 个设置区域，分别是【Working Mode】区域、【Objects】区域、【Options】区域和【Scope】区域。

①【Working Mode】区域

Add：添加泪滴；

Remove：删除泪滴。

②【Objects】区域

All：设置是否对所有的焊盘、过孔都进行泪滴化操作；

Selected only：设置只对所选中的元器件进行泪滴化操作。

③【Options】区域

Teardrop style：泪滴化类型，有以下四种类型。

Curved：选择圆弧形泪滴化；

Line：选择用导线形状泪滴化；

Force teardrops：设置是否忽略规则约束，强制进行泪滴化，此操作可能导致 DRC 违规；

Generate report：设置泪滴化操作结束后是否生成泪滴化报告文件。

④【Scope】区域：对各种焊盘及导线类型泪滴化面积的设置。

本例中的设置方式如图 8-62 所示。

设置完成后，单击【OK】按钮进行泪滴化操作，使用圆弧形泪滴化操作后的部分电路如图 8-63 所示。

若将图 8-62 中的 Generate report 项打钩，那么会生成泪滴化操作报告文件，显示泪滴化的结果，如图 8-64 所示。

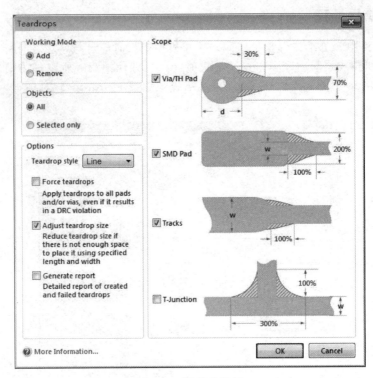

图 8-62　泪滴化设置

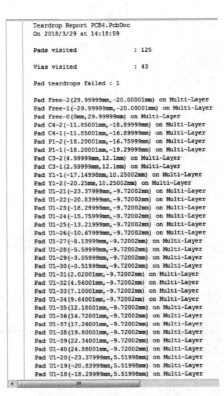

图 8-64　泪滴化操作报告文件

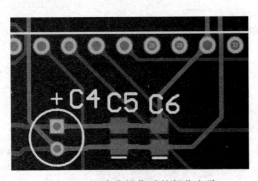

图 8-63　泪滴化操作后的部分电路

根据此方法，可以对单个焊盘或过孔，选中区域或者某一网络的所有元件的焊盘和过孔进行泪滴化操作。

## 8.5.2 覆铜处理

流水灯PCB的覆铜

所谓覆铜，就是将PCB上闲置的空间作为基准面，然后用固体铜填充。覆铜具有以下意义。

① 对大面积的接地或电源覆铜，会起到屏蔽作用；对某些特殊地，如PGND，可起到防护作用。

② 覆铜是PCB工艺要求。一般为了保证电镀效果，或者层压不变形，应对于布线较少的PCB板层进行覆铜。

③ 覆铜是信号完整性要求。它可给高频数字信号一个完整的回流路径，并减少直流网络的布线。

④ 散热及特殊器件安装也要求覆铜。

1）规则覆铜

单击【布线】工具栏中的【放置多边形平面】图标 ▦ ，系统弹出【多边形覆铜】对话框，如图8-65所示。它包含【填充模式】区域、【属性】区域和【网络选项】区域三部分。

①【填充模式】区域：系统给出了3种覆铜的填充模式。

Solid（Copper Regions）：覆铜区域内为全铜铺设；

Hatched（Tracks/Arcs）：覆铜区域内填入网格状的覆铜；

None（Outlines Only）：只保留覆铜的边界，内部无填充。

②【属性】区域：用于设定覆铜所在工作层面、最小图元的长度、是否选择锁定覆铜和覆铜区域的命名等。

③【网络选项】区域：在该区域可以进行与覆铜有关的网络设置。

链接到网络：设定覆铜所要连接的网络，可以在下拉菜单中选取。

死铜移除：设置是否去死铜。所谓死铜，就是指没有连接到指定网络图元上的封闭区域内的铜。

该区域中还包含一个下拉菜单，下拉菜单中的各项命令意义如下。

Don't Pour Over Same Net Objects：覆铜的内部填充不会覆盖具有相同网络名称的导线，并且只与同网络的焊盘相连。

Pour Over All Same Net Objects：覆铜将只覆盖具有相同网络名称的多边形填充，不会覆盖具有相同网络名称的导线。

Pour Over Same Net Polygons Only：覆铜的内部填充将覆盖具有相同网络名称的导线，并与同网络的所有图元相连，如焊盘、过孔等。

本项目中对控制器时钟电路进行接地保护覆铜，具体参数设置如图8-66所示。

设置完成后，单击【确定】按钮完成设置。此时光标以十字形状显示，单击鼠标左键，拖动鼠标即可绘制线，如图8-67所示。单击鼠标右键退出画线状态，系统自动进行覆铜，覆铜结果如图8-68所示。从图中可以看出来，覆铜是以圆角的形式出现的。

双击电路中的覆铜部分，系统将弹出覆铜设置对话框，在对话框中选择八角形覆铜，如图8-69所示。设置完成后，单击【确定】按钮确认设置，此时系统将弹出确认重新覆铜对话框，如图8-70所示。

项目 8 设计流水灯PCB

271

图 8-65　【多边形覆铜】对话框

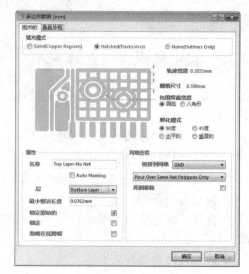

图 8-66　覆铜选项设置

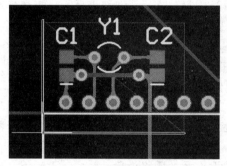

图 8-67　用鼠标绘制线确定覆铜范围

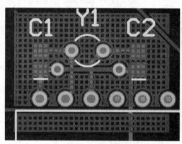

图 8-68　覆铜结果

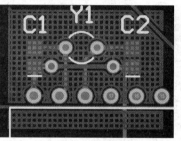

图8-68（彩图）

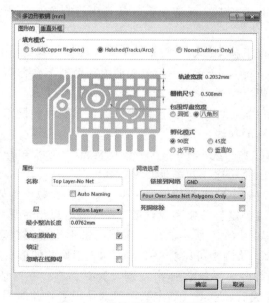

图 8-69　设置采用八角形覆铜

272

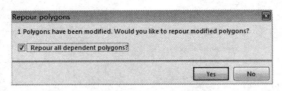

图 8-70　重新覆铜信息

单击【Yes】按钮，系统重新覆铜，八角形覆铜如图 8-71 所示。八角形和圆形各有优点，通常采用圆角形式的居多。仔细观察图 8-71 可以发现，电路中有些位置的地线线宽不一致，如图 8-72 所示。

图8-71(彩图)

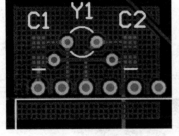

图8-72(彩图)

图 8-71　八角形覆铜　　　　　图 8-72　电路中的地线线宽不一致

图 8-72 中，与 GND 相连的线路宽度不同，此时用户需要再次设置规则。执行菜单命令【设计】→【规则】，在弹出的【PCB 规则及约束编辑器】对话框中，选择【Plane】规则中的【Polygon Connect Style】子规则，如图 8-73 所示。

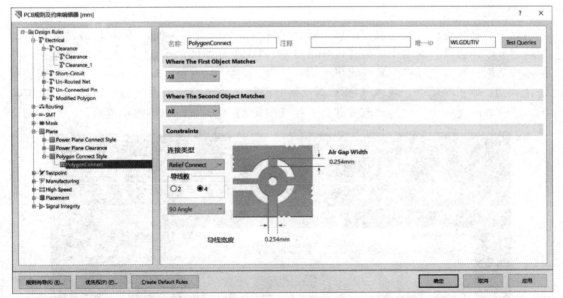

图 8-73　【Polygon Connect Style】子规则设置对话框

在该设置窗口中，导线宽度为 0.254mm，而用户设置的 GND 导线宽度为 0.4mm，因此需要修改导线宽度值为 0.4mm，如图 8-74 所示。设置完成后，单击【确定】按钮，确认设置，然后重新覆铜，结果如图 8-75 所示。从图中可以看到，与 GND 相连的线路宽度相同了。

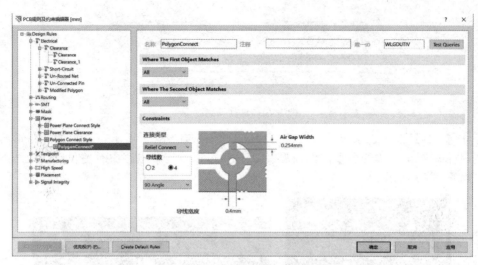

图 8-74　设置导线宽度

图8-75（彩图）

图 8-75　设置覆铜导线宽度后重新覆铜的结果

2）删除覆铜

如果要删除覆铜，操作也很简单。以删除时钟电路的覆铜为例，在 PCB 编辑界面中的板层标签中，选择当前工作层为【Bottom Layer】，在覆铜区单击鼠标，选中底层覆铜。然后拖动鼠标，释放鼠标后，系统弹出询问对话框，如图 8-76 所示，询问是否重新覆铜。单击【Yes】，则重新覆铜，单击【No】自动恢复原样。在覆铜区单击鼠标左键，选中该覆铜区，然后单击【剪切】工具或者按键盘上的【Delete】键，就可以将覆铜删除。

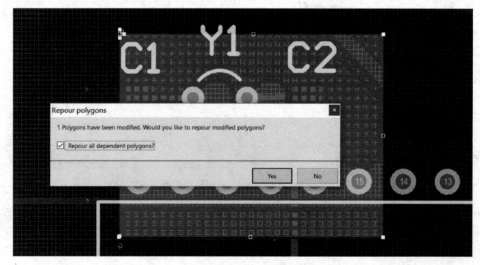

图 8-76　询问是否重新覆铜

数字电路中存在大量的尖峰脉冲电流，因此降低地线阻抗显得更加有必要。覆铜的好处就是能降低地线阻抗。

流水灯PCB的设计
规则检查

 任务 8.6　设计规则检查

布线完成后，可以利用 Altium Designer 提供的检测功能进行规则检测，查看布线后的结果是否符合所设置的要求，或者电路中是否还有未完成的网络布线。

执行菜单命令【工具】→【设计规则检查】，弹出【设计规则检测】对话框，如图 8-77 所示。

该对话框包含两部分设置内容：DRC 报告选项设置（Report Options）和检查规则设置（Rules To Check）。

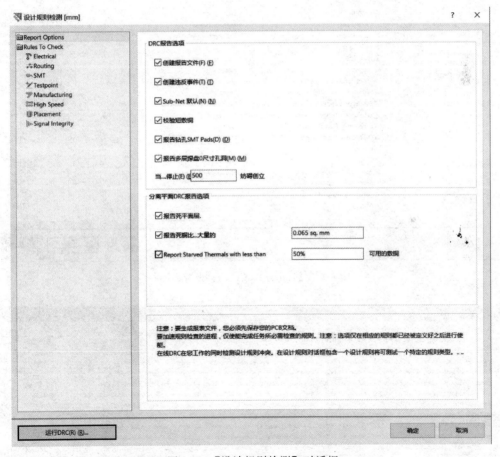

图 8-77　【设计规则检测】对话框

Report Options：设置生成的 DRC 报告中所包含的内容。

Rules To Check：设置需要进行检验的设计规则，以及进行检验时所采用的方式（在线/批量），其设置界面如图 8-78 所示。

设置完成后，单击【运行 DRC】按钮，Altium Designer 系统弹出【Messages】（信息）窗口，如图 8-79 所示。如果检测有错误，【Messages】窗口中会提供所有的错误信息；如果检测没有错误，【Messages】窗口将会是空白的。

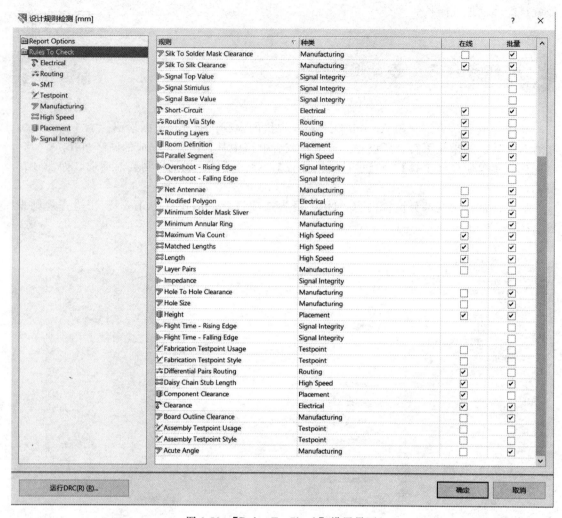

图 8-78 【Rules To Check】设置界面

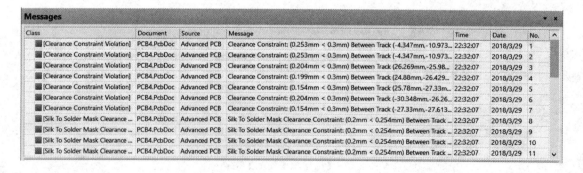

图 8-79 【Messages】窗口

由图 8-79 可以看到，错误有以下几种类型：【Clearance Constraint Violation】、【Silk to Solder Mask】和【Minimum Solder Mask Silver】。这些错误会直接显示在 PCB 上，有一些会直接高亮度显示，如安全距离冲突，如图 8-80 所示。放大后如图 8-81 所示。从图中可以看出，印制导线与焊盘 31 间的距离小于设定的最小安全距离 0.3mm。

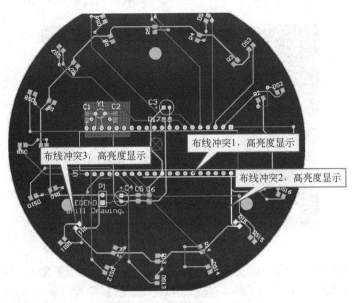

图8-80(彩图)

图 8-80　布线冲突高亮度显示

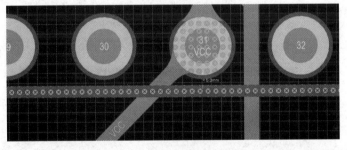

图8-81(彩图)

图 8-81　布线冲突 1 放大图

对于由于印制线与焊盘之间的间距太小引起的错误，修改的方法比较简单，将不符合规则的印制导线拆除，然后重新手工走线即可。采用相同的方法修改其余两个布线冲突，然后再次进行设计规则检测，系统弹出【Messages】对话框，如图 8-82 所示。

| Messages | | | | | | |
| --- | --- | --- | --- | --- | --- | --- |
| Class | Document | Source | Message | Time | Date | No. |
| [Minimum S... | PCB4.PcbDoc | Advanced... | Minimum Solder Mask Sliver Constraint: (0.23443mm < 0.254mm) Between Via (18.85mm,40.75mm) from ... | 12:00:07 | 2018/3/30 | 1 |
| [Minimum S... | PCB4.PcbDoc | Advanced... | Minimum Solder Mask Sliver Constraint: (0.15825mm < 0.254mm) Between Via (-15.113mm,-40.6969mm) ... | 12:00:07 | 2018/3/30 | 2 |
| [Minimum S... | PCB4.PcbDoc | Advanced... | Minimum Solder Mask Sliver Constraint: (0.0618mm < 0.254mm) Between Via (-21.64998mm,8.39998mm) ... | 12:00:07 | 2018/3/30 | 3 |
| [Minimum S... | PCB4.PcbDoc | Advanced... | Minimum Solder Mask Sliver Constraint: (0.1938mm < 0.254mm) Between Via (0mm,42.0878mm) from To... | 12:00:07 | 2018/3/30 | 4 |
| [Minimum S... | PCB4.PcbDoc | Advanced... | Minimum Solder Mask Sliver Constraint: (0.16008mm < 0.254mm) Between Via (-32.49158mm,26.49718m... | 12:00:07 | 2018/3/30 | 5 |
| [Silk To Sold... | PCB4.PcbDoc | Advanced... | Silk To Solder Mask Clearance Constraint: (0.20001mm < 0.254mm) Between Track (-6.79999mm,-19.6999... | 12:00:07 | 2018/3/30 | 6 |
| [Silk To Sold... | PCB4.PcbDoc | Advanced... | Silk To Solder Mask Clearance Constraint: (0.19996mm < 0.254mm) Between Track (-3.04998mm,-19.7499... | 12:00:07 | 2018/3/30 | 7 |
| [Silk To Sold... | PCB4.PcbDoc | Advanced... | Silk To Solder Mask Clearance Constraint: (0.19996mm < 0.254mm) Between Track (-14.25001mm,7.4500... | 12:00:07 | 2018/3/30 | 8 |
| [Silk To Sold... | PCB4.PcbDoc | Advanced... | Silk To Solder Mask Clearance Constraint: (0.19996mm < 0.254mm) Between Track (-23.95002mm,7.4500... | 12:00:07 | 2018/3/30 | 9 |

图 8-82　【Messages】对话框

从图 8-82 可以看出，第一类错误已经没有了。说明，修改是有效的。

第 2 类错误是丝印到阻焊层掩膜间距不够，可以调整丝印的位置。在本项目中，这个错误主要是 4 个贴片电容封装的丝印离焊盘阻焊层太近造成的，如图 8-83 所示，这个错误不会影响印制板，所以可以不考虑。第 3 类错误属于阻焊规则，一般不用考虑。

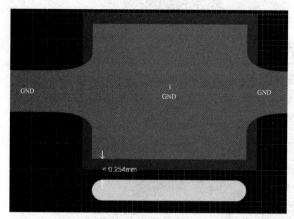

图 8-83　丝印离阻焊层掩膜间距不够

为了不出现这两类错误的错误提示，可以在【设计规则检测】对话框中，设置忽略【Silk to Solder Mask】和【Minimum Solder Mask Silver】检查，如图 8-84 所示。

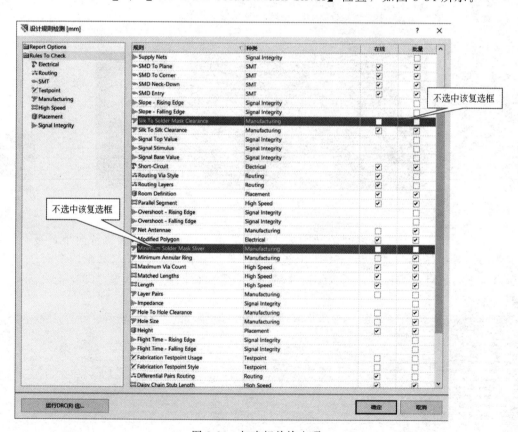

图 8-84　忽略相关检查项

再次点击【运行 DRC】按钮，【Messages】窗口如图 8-85 所示。在【Messages】窗口中没有了错误信息提示，同时输出报表，如图 8-86 所示。

该报表由两部分组成，上半部分给出了报表的创建信息，下半部分列出了错误信息和违反各项设计规则的数目。本设计没有违反任何一条设计规则的要求，通过 DRC 检测。

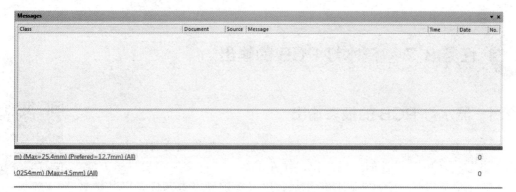

| Class | Document | Source | Message | Time | Date | No. |
|-------|----------|--------|---------|------|------|-----|

| m) (Max=25.4mm) (Prefered=12.7mm) (All) | | | | | | 0 |
| .0254mm) (Max=4.5mm) (All) | | | | | | 0 |

图 8-85 【Messages】窗口

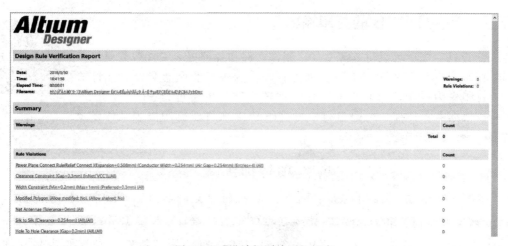

图 8-86 【设计规则检测】报表

完成布线和 DRC 检查的流水灯 PCB 如图 8-87 所示。

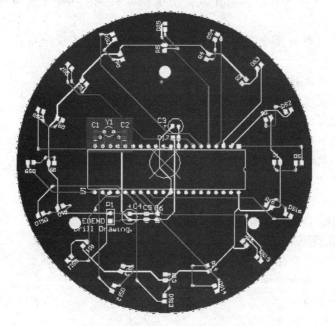

流水灯PCB板3D
演示

图 8-87　流水灯 PCB 布线结果

**任务 8.7　流水灯 PCB 的输出**

## 8.7.1　流水灯 PCB 的报表输出

Altium Designer 16 提供的丰富的报表功能，这些报表文件有着不同的功能和用途，为 PCB 设计的后期制作、元件采购、文件交流等提供了方便。此处主要介绍常用的三个报表文件的生成：PCB 图的网络表文件、PCB 信息报表以及元件清单报表，读者可以扫描二维码自行学习。

流水灯PCB的
报表生成

## 8.7.2　流水灯 PCB 的打印输出

PCB 设计完成后可以将其源文件、制作文件和各种报表文件按需要进行存档、打印、输出。比如，将 PCB 文件打印作为焊接装配指导，将元件清单报表打印作为采购清单，生成胶片文件送交加工单位进行 PCB 加工等。读者可以根据需要扫描二维码自行学习打印 PCB 文件、打印报表文件以及生成 Gerber 文件操作。

流水灯PCB的打印
输出

### 项目训练

1. 本项目中，在原理图绘制阶段，使用"特殊粘贴"工具，可以提高绘图效率；在 PCB 预布局阶段，也使用了"特殊粘贴"工具，使 16 个发光二极管均匀分布在圆周。对比两次特殊粘贴工具的使用，简要叙述两次使用"特殊粘贴"的步骤和注意事项。

2. 本项目中，在 PCB 布局时，为什么要使用预布局？怎样保证预布局的元件在加载 PCB 元件时不会移动？

3. 自动布局能达到布局要求吗？在 PCB 设计中通常设计人员采用什么方法进行 PCB 布局？

4. 自动布线前要设置的布线规则通常有哪些？

5. 如何在同一种设计规则下设定多个限制规则？

6. 怎么对设计规则检查项进行合理设置？

7. 绘制七段数码显示电路原理图，并根据要求设计 PCB。

（1）七段数码显示电路原理图如图 8-88 所示，元件参数如表 8-2 所示。

（2）PCB 设计要求如下。

① PCB 板尺寸为 3370mil×1100mil，双面板布线，边框线宽为 10mil，同时在 mechanical 标出边框尺寸。

② 设置自动布线规则。

a. 导线与导线、导线与孔、孔与焊盘的最小安全距离设为 10mil。

b. 布线板层设为双面板布线，设定如下：

Top Layer：Vertical；

Bottom Layer：Horizontal。

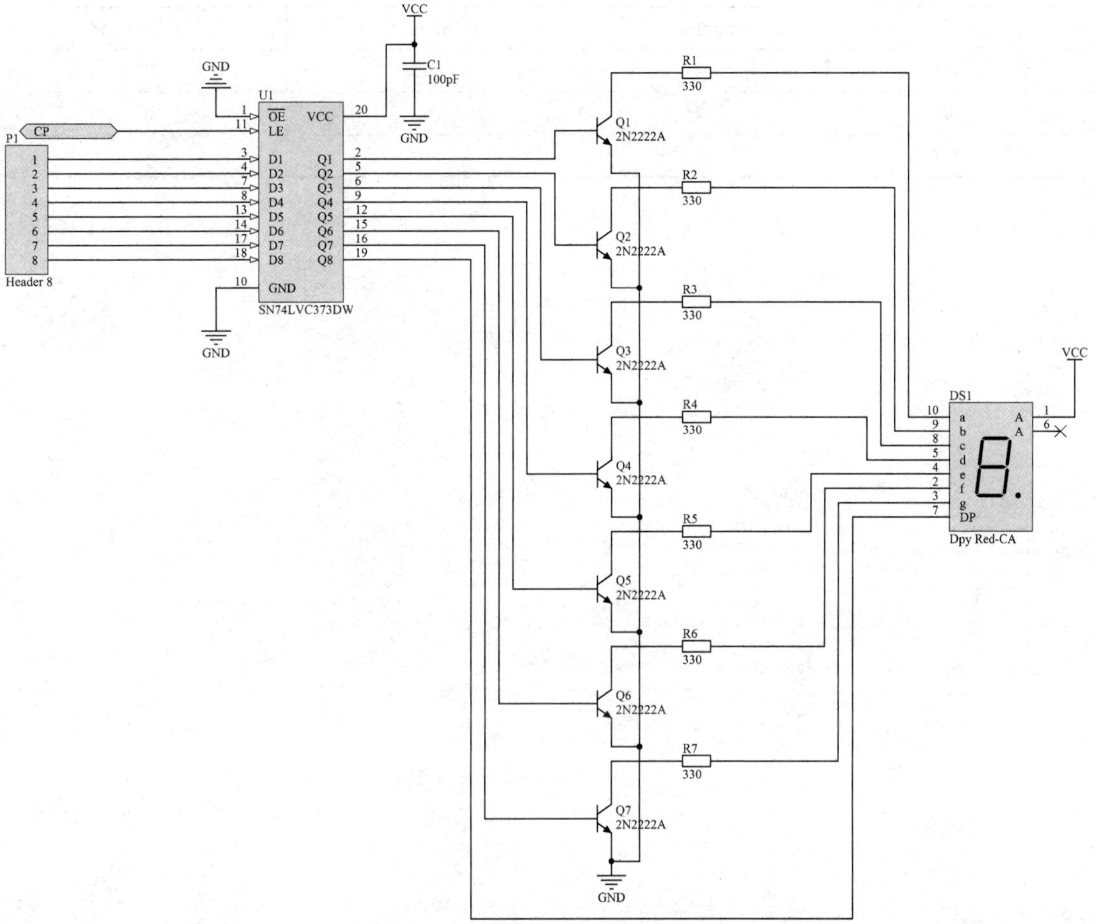

图 8-88 七段数码显示电路原理图

表 8-2 元件参数表

| 元件类型 | 序号 | 封装 | 在库文件中的名称 | 器件类型或型号 | 封装库 | 数量 |
|---|---|---|---|---|---|---|
| 电容 | C1 | RAD-0.3 | Cap | 100pF | Miscellaneous Devices.IntLib | 1 |
| 七段数码管 | DS1 | LEDDIP-10/C5.08RHD | Dpy Red-CA | | Miscellaneous Devices.IntLib | 1 |
| 接插口 | P1 | HDR1X8 | Header 8 | | Miscellaneous Connectors.IntLib | 1 |
| 三极管 | Q1，Q2，Q3，Q4，Q5，Q6，Q7 | CAN-3/D5.8 | 2N2222A | | ST Discrete BJT.IntLib | 7 |
| 电阻 | R1，R2，R3，R4，R5，R6，R7 | AXIAL-0.4 | Res2 | 330 | Miscellaneous Devices.IntLib | 7 |
| 集成电路 | U1 | DIP-20 | SN74LVC373DW | | TI Logic Latch.IntLib | 1 |

c. 规定线宽设定如下：

| 名称 | Minimum/mil | Maximum/mil | Preferred/mil |
|------|-------------|-------------|---------------|
| 电源线 | 10 | 30 | 20 |
| 地线 | 10 | 30 | 20 |
| 其余线 | 10 | 20 | 10 |

# 常用键盘快捷键

 **附录 A    绘制原理图常用键盘快捷键**

| 键盘快捷键 | 功能 | 键盘快捷键 | 功能 |
|---|---|---|---|
| Enter | 选取或启动 | Backspace | 放置导线或多边形时,删除最末一个顶点 |
| Esc | 放弃或取消 | Delete | 放置导线或多边形时,删除最末一个顶点 |
| Tab | 启动浮动对象的属性窗口 | Ctrl＋Tab | 在打开的各个设计文件文档之间切换 |
| PgUp | 放大窗口显示比例 | Alt＋Tab | 在打开的各个应用程序之间切换 |
| PgDn | 缩小窗口显示比例 | 左箭头 | 光标左移 1 个电气栅格 |
| Del | 删除选取的元件 | Shift＋左箭头 | 光标左移 10 个电气栅格 |
| X＋a | 取消所有被选取对象的选取状态 | 右箭头 | 光标右移 1 个电气栅格 |
| X | 将浮动对象左右翻转 | Shift＋右箭头 | 光标右移 10 个电气栅格 |
| Y | 将浮动对象上下翻转 | 上箭头 | 光标上移 1 个电气栅格 |
| Space | 将浮动对象旋转 90° | Shift＋上箭头 | 光标上移 10 个电气栅格 |
| Space＋Shift | 绘制导线、直线或总线时,改变走线模式 | 下箭头 | 光标下移 1 个电气栅格 |
| V＋d | 缩放视图,以显示整张电路图 | Shift＋下箭头 | 光标下移 10 个电气栅格 |
| V＋f | 缩放视图,以显示所有电路部件 | 按 Ctrl | 后移动对象时,连接的导线跟着一起移动 |
| Home | 以光标位置为中心,刷新屏幕 | 按 Alt | 后移动对象时,保持垂直方向 |
| Esc | 终止当前正在进行的操作,返回待命状态 | Ctrl＋S | 保存文件 |

附录 B    设计印制电路板时常用键盘快捷键

| 键盘快捷键 | 功能 |
| --- | --- |
| Backspace | 删除布线过程中的最后一个布线的转角 |
| Ctrl＋G | 启动捕获网络设置对话框 |
| Ctrl＋H | 高亮度显示选中的走线 |
| Ctrl＋Shift＋单击左键 | 选取连接的铜膜走线 |
| Ctrl＋M | 测量距离 |
| G | 弹出捕获网格菜单 |
| L | 启动设置工作板层及颜色对话框 |
| M＋V | 垂直移动分割的内电层 |
| N | 在移动元件同时隐藏预拉线 |
| O＋D | 启动 Preferences 对话框中的 Show/Hide 选项卡 |
| Q | 切换公制和英制单位 |
| Shift＋R | 在 3 种布线模式之间进行切换 |
| Shift＋Space | 切换布线过程中的布线拐角模式（顺时针旋转浮动的对象） |
| Shift＋S | 打开或关闭单层显示模式 |
| Space | 改变布线过程中的开始或结束模式（逆时针旋转浮动的对象） |
| ＋ | 将工作层切换到下一个工作层（数字键盘） |
| － | 将工作层切换到上一个工作层（数字键盘） |
| V＋b | 三位显示图翻面 |
| ＊ | 切换板层（数字键盘） |
| 3 | 进入三维显示模式 |
| 2 | 返回二维显示模式 |
| Shift＋Ctrl＋G | 设置跳转栅格 |
| Shift＋W | 布线时切换走线宽度 |
| Shift＋F | 查找相同对象 |
| Shift＋M | 打开放大镜 |
| Ctrl＋PgDn | 远离工作区时,迅速回到工作区 |
| Alt＋F5 | 全屏显示 |
| ＜　　＞ | 45°或 90°圆弧转角模式走线时,调整圆弧角度大小 |

# 参 考 文 献

［1］ 郭勇.Protel DXP 2004 SP2 印制电路板设计教程.北京：机械工业出版社，2009.

［2］ 杨宗德.Protel DXP 电路设计制版 100 例.北京：人民邮电出版社，2005.

［3］ 高锐，高芳.电子 CAD 绘图与制版项目教程.北京：电子工业出版社，2012.

［4］ 陈学平，谢俐.Altium Designer 9.0 电路设计与制作.北京：电子工业出版社，2013.

［5］ 周润景，李志，张大山.Altium Designer 原理图与 PCB 设计.北京：电子工业出版社，2015.

［6］ 缪晓中.电子 CAD——Protel 99 SE.北京：化学工业出版社，2015.